柞蚕生产及综合利用技术

陈忠艺　雷伍群　主编

河南科学技术出版社
·郑州·

图书在版编目（CIP）数据

柞蚕生产及综合利用技术 / 陈忠艺，雷伍群主编 . —郑州：河南科学技术出版社，2021. 1

ISBN 978-7-5725-0129-6

Ⅰ. ①柞…　Ⅱ. ①陈…　②雷…　Ⅲ. ①柞蚕　Ⅳ. ①S885. 1

中国版本图书馆 CIP 数据核字（2020）第 153463 号

出版发行：河南科学技术出版社
地址：郑州市郑东新区祥盛街 27 号　　邮编：450016
电话：（0371）65737028　65788613
网址：www. hnstp. cn
策划编辑：李义坤　陈　艳
责任编辑：陈　艳
责任校对：翟慧丽
封面设计：张　伟
责任印制：张艳芳
印　　刷：河南省环发印务有限公司
经　　销：全国新华书店
开　　本：850 mm×1 168 mm　1/32　印张：10　字数：280 千字　彩插：8 面
版　　次：2021 年 1 月第 1 版　　2021 年 1 月第 1 次印刷
定　　价：29. 80 元

《柞蚕生产及综合利用技术》
编者名单

主　编　陈忠艺　雷伍群

副主编　李红超　杨朝改　曹彩风　夏建军　李灵芹

编　者　（按姓氏笔画为序）

马艺珂　马滋露　王延松　石艳艳

刘鲁云　汤尚鑫　李长安　李红超

李灵芹　杨朝改　余付德　陈忠艺

范浥春　赵红旗　赵萌萌　赵新锋

夏建军　郭亚光　曹彩风　雷伍群

前　言

柞蚕生产是河南省农业生产中的一项传统优势产业，河南省是全国典型的一化性柞蚕生产区，柞树资源丰富，养蚕历史悠久。柞蚕生产曾作为传统的特色产业、绿色产业和创汇产业，在繁荣河南省山区农业农村经济中占有十分重要的地位。近年来河南省柞蚕生产受多种因素制约，其生产能力与技术水平离实现柞蚕规模化、产业化、现代化还有一定的差距，从而影响了河南省柞蚕生产发展步伐。为此，改变柞蚕生产传统的养殖管理模式，进一步探索、实践、总结柞蚕生产先进技术和管理方法，加快柞蚕生产科技成果的转化，促使蚕业资源综合开发和高效利用，不断提高柞蚕生产的质量和效益已成为当务之急、发展之需。

为了尽快普及科学养蚕知识，推进柞蚕生产的可持续发展，带动山区群众早日脱贫致富，我们编写了这本《柞蚕生产及综合利用技术》。全书共 13 章，内容包括：河南柞蚕概况、柞蚕的外部形态及其内在生理机能、柞蚕生态学基础、春柞蚕暖茧及制种、柞蚕放养、柞蚕饲料和柞园建设、秋柞蚕的制种与放养、柞蚕种茧的保护与检验、柞蚕良种及其繁育、柞蚕病害及其防治、柞蚕的敌害及其防治、柞树病虫害及其防治、柞蚕业资源的综合利用技术。

本书以柞蚕基础理论为支撑，总结吸收河南省内外先进的经验、成果和技术，结合河南省柞蚕生产的实际编写而成。内容通俗易懂，简洁明了，实用性、可操作性强，可供蚕区养蚕群众和基层蚕业技术人员学习应用，也可作为柞蚕生产技术培训教材。

本书在撰稿过程中参考了一些专家的资料，在此表示感谢。书中不妥之处敬请读者指正。

编者

2019 年 11 月

目　录

第一章　河南柞蚕概况

第一节　河南柞蚕的发展史

河南地处中原，位于北纬 31°23′～36°22′，东经 110°21′～116°39′，属南北气候过渡带，是经营柞蚕业的老区，主产区分布在河南省的西南部。河南的柞蚕放养区基本在北纬 35°以南，由于降水日数和降水量比较多，加上柞树发芽早、老化迟，整个蚕期日光照射时数均在 14 h 以下、12 h 以上，平均气温 4 月 16 ℃、5 月 22 ℃、6 月 27 ℃。特殊的气候条件使河南柞蚕一年只羽化 1 次，一年基本养一季春蚕，故河南成为全国典型的、稳定的一化性柞蚕生产基地。蚕区涉及南召、鲁山、临汝、嵩县、伊川、宝丰、汝阳、桐柏、舞钢、方城、镇平、内乡、淅川、叶县等县市，其中以南召、镇平、内乡、方城、鲁山等为主要产区。正是由于这种有利的条件，河南茧丝质量好，解舒率和出丝率高，茧丝光泽好，拉力强，无静电反应，被誉为“纤维皇后”。河南手工柞绸以其坚韧牢固、轻薄柔软、幽雅含蓄、吸湿透气、冬暖夏凉、抗紫外线、穿着高雅、舒适护肤等特点而驰名国内外，在国际市场上素有“王牌货”之称。

《古今注》中记载：“元帝永光四年，东莱郡东牟山有野蚕为茧。”“柞蚕”二字的正式提出是在西晋的《广志》中。在我国，山东是柞蚕业的发源地，因河南与山东相邻，很快传入河南。河南柞蚕种从山东引进并发展迅猛，经河南饲育后又向各省出售柞蚕茧种。也有人认为河南是柞蚕的发源地之一。

河南是柞蚕丝利用较早的地区之一。从资料记载来看，周代已经使用。《周礼·冬官考工记·筑氏/玉人》云："大圭长三尺，杼上终葵首，天子服之。"其中终葵即柞树。西汉末年，天下连年灾蝗，南阳饥荒，以至"黄金一斤，易粟一斗"。唐代天佑三年（906年），南阳比阳（今驻马店泌阳县）县令朱全忠把绢布作为贡品，敬奉皇室。明代以来，柞蚕放养与缫丝织绸逐渐发展，明嘉靖年间（1522—1566年），《南阳府志》记载："绸分山丝绸和家丝绸2种，家丝绸以南阳为最，近已衰落。山丝绸则南阳镇平、内乡、方城、泌阳、桐柏、舞阳、叶县有所出。而南召、镇平最盛。"可见当时柞蚕放养与缫丝已经成为豫西山区的一项重要副业。明末清初，天灾、战乱频繁，人口大减，山坡属于"猎无初禁"，山民养蚕可以任意占用。清雍正至乾隆年间人口日增，时值养柞蚕有利，喂养柞蚕渐广，仅南召一县，已是"蚕坡放蚕，每岁春秋二季"。全县养蚕之坡五六十处，处处皆槎坡饶耳利，蚕坡茧丝盈，柞蚕成败与"民利攸关"。

鸦片战争以后，我国柞蚕丝绸的出口额不断扩大，加上价格不断上涨，进一步促进了柞蚕生产。20世纪初，柞蚕茧产量不断增高，尤其在1921~1931年，河南省柞蚕生产达到全盛时期，放养蚕种10万余千克，柞坡利用面积达到1 000多万亩，涉及蚕农10万余户，织机3万余台，年产茧26万担（1担=50 kg），产丝100多万千克，丝绸15万余匹（1匹≈33.33 m），远销美、英、法、俄，出口创汇1 600多万两白银。蚕区老百姓以"养蚕为业，植柞为本"，有"妇孺会络经，满城梭子声"之说。随着日本帝国主义对我国的入侵，柞蚕生产几乎停产，直到新中国成立前夕，全国柞蚕产量只有 23 万多担。

新中国成立后，党和政府十分重视柞蚕生产，实行蚕种贷款的方式，积极扶持促进蚕业发展，使柞蚕业迅速兴旺起来，山区农民像重视粮食一样对待柞蚕生产，流传着“大忙一年，种地养蚕，种地吃饭，养蚕花钱”的农谚。1966 年河南省柞蚕生产达到鼎盛时期，是新中国成立后第一个丰收年，河南省使用柞坡 660 000 hm^2，放养柞蚕种 45 000 kg，产鲜茧 24.9 万担，是新中国成立初期的 26 倍，接近历史最高水平，当年实现出口创汇 2 000多万美元。同时，河南省相继恢复并新建了柞蚕科学研究机构，在南召县云阳镇设立了蚕业试验场，主要在柞蚕场地（柞园）建设、柞蚕放养、柞蚕育种、柞蚕病虫害防治及柞蚕生产新技术应用等方面进行了详细的攻关和规范，并取得了可喜的成绩。

第二节　河南柞蚕的发展现状

河南省现有蚕坡资源 430 000 hm^2，覆盖率达 87%，养蚕利用蚕坡面积不到 50 000 hm^2，放养柞蚕卵量 5 000 kg 左右。河南省柞蚕生产主要聚集在南召县和鲁山县内，方城县也有少量生产（图 1-1）。进入 21 世纪以来，随着人们对绿色食品的青

图 1-1　生态高效柞园

睐，富含高级蛋白质的柞蚕蛹被推向了食品的顶端，加上河南一化性柞蚕蛹比东北蛹口感好、营养丰富、含水分低等优点，河南省柞蚕茧主要以蚕蛹的质量、颜色作为蚕茧价格的标准进行售卖，供不应求（图 1-2、图 1-3）。2010 年以后，随着国家改革开放不断深入，人们的收入呈现了多元化发展态势，柞蚕这种劳动密集型产业不再吃香，2010~ 2014 年，河南省柞蚕生产再一次进入低谷，大量的蚕坡柞墩长成树林。

图 1-2　河 13

图 1-3　柞蚕蛹

为扭转河南省柞蚕生产被动的局面，一是各地政府尤其是南召、鲁山加大了蚕业投入力度，不仅对蚕种、蚕茧实行政策补贴，稳定蚕农收入，而且重点打造示范园区，把本地区的蚕业亮点展现出来，从而带动周边发展；二是蚕业部门采取了积极的应对措施，不仅加大培训力度，提高养蚕科技含量，培育出养蚕专业户，而且积极引进二化性蚕种，使河南省习惯一年养一次春柞蚕变成一年养春秋两季，以此增加蚕农收入。上述措施使河南省柞蚕生产逐渐好转，柞蚕生产模式逐渐由以往零散模式向集中模式方向发展（图1-4），以集约型、规模化发展规避柞蚕野外放养的弊端，从而达到柞蚕生产的稳产高产。

图 1-4　塑料大棚坑床浴

第二章　柞蚕的外部形态及其内在生理机能

第一节　柞蚕在分类学上的概述及生活史

一、柞蚕在分类学上的概述

柞蚕是一种经济价值很高的泌丝昆虫，在分类学上属于节肢动物门，昆虫纲，鳞翅目，大蚕蛾科，柞蚕属，柞蚕种。

二、柞蚕的生活史

柞蚕学名为 *Antheraea pernyi*（Guerin-Meneville），是完全变态昆虫，即在 1 个世代中，经过卵、幼虫、蛹和成虫 4 个变态，并以蛹态越冬。越冬后的蚕蛹感受适宜的温度（15~20 ℃）、湿度（75%~80%）和必要的空气、光线等条件，经过 30 d 即可出蛾。在温度 20~22 ℃、干湿差 2~3 ℃条件下，蛾期经 2~3 d 完成产卵，卵期经 10 个阶段（10 d 左右）孵化成幼虫。幼虫通过取食柞叶，经过 4 眠 5 龄而老熟营茧，全龄期 45~50 d。

第二节　柞蚕的外部形态

一、柞蚕卵

柞蚕卵略呈椭圆形，扁平，一端稍尖狭，一端稍钝。卵的大小与品种和幼虫期的营养条件有关，卵直径 2.5~3 mm，厚 1.5~2 mm，每粒卵重为 0.008 5~0.009 5 g，每千克卵粒数为 10 万~11 万粒。

柞蚕卵壳的固有色为乳白色，但由于蚕蛾的黏液腺分泌一种胶质物黏在卵的表面，所以卵在产出时呈现浅褐色或深褐色。偶尔可见到白色或灰白色卵，多是由于黏液腺发生故障或产卵接近终了时黏液枯竭所致。

柞蚕卵壳由坚硬而不透明的卵壳质组成，是雌蛾卵巢的卵泡细胞所分泌，厚度约 40 μm，其成分主要是蛋白质，外层含有酚类物质，起鞣化作用，使卵壳具有一定的坚韧性，从而起到保护胚胎的作用。较钝一端的中央部分卵壳较薄，有受精孔。精孔向卵内呈管状延伸的管道，称为精孔管，呈辐射状排列，每条管的长度平均约为 22 μm。精子由精孔管进入卵内。在卵壳表面分布有多角形网状脊纹，称为卵纹，是分泌卵壳的卵泡细胞外形的印痕。精孔区的卵纹呈菊花瓣状，其余部位卵纹多呈六角形。气孔分布在卵纹的各顶角处，孔口直径约 4.7 μm，气孔向内延伸至次级气孔开口，直至卵壳内表面，气孔内开口直径为 0.4~0.8 μm。柞蚕卵气孔的这种特殊构造，既可防止卵内水分过分蒸发，又可保证胚胎和外界持续地进行气体交换，所以气孔是胚胎呼吸时空气出入的通道。

卵的内容物由卵黄膜、浆液膜、卵黄和胚子组成。卵黄膜是紧挨卵壳内面的一层均匀的透明薄膜。浆液膜位于卵黄膜内，是一层大型扁平的多角形细胞，由合子所分裂的细胞生成，具有保护胚子的作用。卵黄分散在卵的细胞质内，主要含有蛋白质、糖类和脂肪等物质，是胚胎发育所需的营养来源。胚胎在前期深埋在卵黄中，通过不断摄取营养而逐渐发育，最后形成蚁蚕。

卵在刚产出时较为饱满，随着胚子的发育，卵内营养物质逐渐消耗，加上卵内水分也不断蒸发，卵壳表面会出现凹陷，称为卵涡。当胚子发育至器官形成期时，卵壳再行鼓起，此时会发出轻微响声，称为卵鸣，俗称“炸籽”。

二、幼虫

柞蚕幼虫呈长筒状，体躯由头部、胸部、腹部三部分组成，雌蚕体长一般为 77. 69 mm，体宽为 17. 87 mm，体重为 21. 12g，雄蚕相比雌蚕短而轻。蚁蚕体重一般为 7. 14 mg，到 5 龄盛食期，增长 2 698 倍。柞蚕幼虫的体色，除蚁蚕为黑色外，其余龄期幼虫因品种而异，一般一化性蚕品种多为黄色，二化性品种为青黄色。目前已有黄绿色、天蓝色、银白色和红色等柞蚕品种。

幼虫头部为半圆形骨质构造，外面覆有褐色的头壳，比较坚硬，具有保护头部的作用。在头部的下方是口器和吐丝器。柞蚕的口器为咀嚼式，由上唇、上颚、下颚、下唇和舌 5 部分组成，上唇前缘中央有深裂凹缺，有助于取食时夹持叶片。幼虫体部共由 13 个环节组成，体皮生长有许多刚毛和棒突。

幼虫胸部由 3 节组成，分别为前胸、中胸、后胸，以前胸最为短小，后胸最大。胸足不发达，其主要功能是夹持叶片，协助取食，也有辅助泌丝的作用。

腹部由 10 个环节组成，第 3~6 腹节和第 10 腹节的腹面各生 1 对腹足。第 10 腹节的腹足又称尾足，比其他腹足发达。腹足基部为不分节的筒状构造，称为基节；下部是能伸缩的囊状构造，称为趾钩，其数目随龄期而增加，5 龄一般在 60 个以上。趾钩在抓握物体及休息、眠中固定蚕体等方面具有很大作用。

另外，柞蚕体躯两侧有明显的气门线，从第 5 环节直通尾部。气门线一般为槟榔棕色。幼虫气门为椭圆形，共 9 对，分别生于第 1，第 4~11 环节的两侧。在第 3~10 环节的亚背线瘤突的外侧和气门上线瘤突的下方，常有金属光泽的辉点，为银白色。

幼虫外部性征：雌蚕在第 8 和第 9 腹节腹面各有 2 个乳白色小圆点，称为石渡氏腺；雄蚕则在第 9 腹节腹面前缘中央有 2 条短纵线，称为海氏腺。这种特性在 5 龄期比较明显。

三、柞蚕蛹

柞蚕蛹为幼虫与成虫之间的变态阶段，为被蛹。在外形上已呈现成虫的雏形，呈椭圆形。初化的蛹表皮柔软，体色浅，之后表皮逐渐硬化，体色由浅变深，成为黄褐色或黑褐色。雌蛹个体明显大于雄蛹，外观上可分为头、胸、腹 3 部分。

蛹的头部很小，头壳呈乳白色，半透明，称为颅顶板。颅顶板随着蛹体向前发育逐渐呈浅褐色，标志成虫已临近羽化。触角着生在头部两侧，沿前翅内缘向腹面延伸；雄蛹触角比雌蛹发达。复眼位于触角基部内侧。蛹的口器极度退化。

蛹的胸部分为前、中、后 3 个胸节，仅在背面可见，侧面及腹面被翅和胸足等遮盖。腹部由 10 个环节构成，前 3 个腹节侧腹面被翅覆盖，仅背面可见，其余腹节则裸露在外，界限明显，以第 4~7 腹节能够活动。

雌蛹在第 8~9 腹节腹面中央各有 1 个生殖孔，分别相当于雌蛾的交配孔和产卵孔，两孔与前后缘似成 X 形线纹；雄蛹在第 9 腹节腹面中央仅有 1 个点状生殖孔。

四、成虫

成虫是柞蚕发育到最后的形态，通称柞蚕蛾，此时性已成熟，经过1周时间的交配、产卵等过程而自然死亡。在外形上，雌蛾大于雄蛾。蛾体密布黄褐色鳞毛和鳞片，分为头、胸、腹3部分。

成虫头部有触角1对，呈双栉齿状，由柄节、梗节和鞭节构成，雄蛾触角宽大（长约14 mm，宽7 mm），雌蛾触角狭长（长约13 mm，宽2.5 mm），是鉴别雌、雄蛾的主要特征。触角主要起嗅觉作用，对性引诱有强烈反应。复眼1对，位于头部两侧。成虫口器极度退化，虽有上唇、上颚和下唇等结构，但形态上已显现不清。

胸部由前、中、后3个胸节组成。3个胸节各有胸足1对，每只胸足先端有钩爪和感觉突起。中、后胸各有翅1对，前翅比后翅发达，翅表面密覆鳞片，各翅中央部位均有1个无鳞片的圆形透明区，称为眼点。前胸两侧各具气门1对。

成虫腹部由10个环节构成，雌蛾腹部比雄蛾膨大。第1~7腹节两侧各具气门1对。外观上雌蛾能见到7个腹节，雄蛾8个腹节，其后面的腹节已缩合成生殖器官。雄蛾外生殖器由第9~10两个腹节构成，第9腹节长有1对发达的抱握器。雌蛾外生殖器由第8~10腹节构成。

第三节　柞蚕的内部器官组织和生理作用

柞蚕幼虫的内部器官组织包括消化、循环、排泄、呼吸、丝腺、神经、内分泌、肌肉和生殖等系统。这些内部器官共同构成了一个有机体，以幼虫期的消化器官最发达，摄取和贮存大量食物营养，为蛹期和蛾期奠定营养基础。5 龄后期，消化器官开始萎缩，丝腺逐渐发达。吐丝结束后，这时幼虫期的器官组织都要经历改造或组织分解，构成蛹的形态。到蛹的中后期，经过组织转化发生阶段，进入蚕蛾期。在蛾期其生殖器官和与生殖活动相关的其他器官组织进入发达期，完成交配产卵。

一、消化系统

柞蚕的消化系统由消化管和涎腺组成。幼虫的消化管是一条由口腔至肛门纵贯体腔中央的管道，由于幼虫期是柞蚕整个世代发育中唯一的取食阶段，需要大量营养贮备，所以为满足柞蚕发育需要，其消化系统特别发达，其他时期的消化器官因不取食而大大退化。

（一）消化器官的内部构造

根据发生、组织构造和生理功能的不同，幼虫消化管分为前肠、中肠和后肠 3 部分。

1. 前肠　前肠是消化管的最前端，从口腔开始到前胸后缘。由于构造和机能不同，前肠又分为口腔、咽喉和食道 3 部分。口腔是前肠前端部分，口腔前端被上颚封闭，其后部与咽喉相连。叶片由上颚咬下后即在口腔内与涎腺分泌的涎液相混合，进而被咽入咽喉。咽喉前接口腔，后连食道，其外形为一中间粗、两端细的短小管道。紧连咽喉其后的是食道，其前端较细，后部大，略呈漏斗形。食道容积较大，是暂时贮存食物的地方。在食道与中肠交界处有瓣膜构造，称为贲门瓣。在功能上贲门瓣具有防止已进入中肠的食物倒流到前肠的作用。整个前肠是由外胚层内陷而成，由外向内由底膜、上皮细胞层和内膜所组成，在底膜外包有肌肉层。底膜为一层无细胞结构的透明薄膜，包被在上皮细胞层外，具有保护上皮细胞层的作用。上皮细胞层除贲门瓣外均由单层细胞组成，胞体不发达，较扁平，呈多角形或不规则形。贲门瓣由前肠向中肠前端褶陷而成，故为双层细胞结构。内膜在口腔和咽喉部分比较厚，富有弹性，食道的内膜比较薄。在内膜壁上长有倒向的小刺状突起，有助于食物单向运输。底膜外包有横肌和纵肌，咽喉部分除横肌十分发达外，尚有发达的张肌，对叶片的吞咽和运送有重要作用。食道部分的肌肉层排列稀疏。前肠上皮细胞仅有分泌内膜的功能，并无分泌消化液和吸收营养物质的作用。故前肠的机能主要是吞咽食物并将其运送至中肠。每次蜕皮时前肠内膜也随之更新，旧内膜随同体壁旧表皮一并蜕去。

2. 中肠 前连食道，后接幽门区，从中胸开始，止于第6腹节中部。中肠是消化管最发达的部分，外观呈长筒形，直径大于前、后肠，长度达蚕体的1/2。中肠表面具有很多横皱，其后端1/3部位横皱更为发达，5龄尤为明显。中肠形成大量横皱，导致表面积增大，从而增强了中肠的消化吸收作用。中肠自外而内由底膜、上皮细胞层和围食膜组成。中肠外围也包有肌肉层。中肠底膜也是一层无细胞结构的透明薄膜，包在上皮细胞的外面，具有保护上皮的作用。食物的消化吸收主要是中肠上皮细胞层的作用，在形态构造上中肠上皮细胞层也相应地特别发达，尤其在大蚕期，细胞排列拥挤，致使上皮形成很多横皱。围食膜是一层位于上皮细胞层内的长筒形透明薄膜，其前端固定在贲门瓣基部，向后一直延伸到中肠末端。围食膜与中肠上皮十分靠近，但不贴合。围食膜由中肠上皮细胞分泌，本身又由数层细胞构成，主要含有几丁质和蛋白质，蛋白质含量约占40%，与几丁质骨架紧密结合。围食膜具有保护上皮免受肠腔内食物直接擦伤的作用，同时也能防止病原菌侵入中肠上皮细胞层。围食膜具有高度选择透过性，凡中肠上皮细胞分泌的消化酶及已经消化的小分子营养物质均可无阻地透过围食膜，所以围食膜还起了微滤器的作用。围食膜随幼虫生长而增长，但眠期和熟蚕期围食膜都要破裂，并在眠起后随粪便排出，由中肠上皮细胞重新分泌容积相应增大的新围食膜，每龄更新一次。

3. 后肠　后肠是消化管的最后一部分，其前端与中肠相接，后端开口即为肛门。根据形态和功能的不同，后肠又可分为幽门区、结肠和直肠3部分。幽门区是后肠的前端部分，位于第6腹节后半部，前大后小，呈漏斗状。在幽门区的狭颈部位有幽门瓣，通过幽门瓣的启闭活动，可以控制中肠食物进入后肠。结肠位于第7、8两腹节内。结肠中部有一个较深的缢束，将结肠分为两部分，分别为第1结肠和第2结肠。直肠是消化管最后一段，中间膨大，后部渐小，其末端开口为肛门。后肠也是由外胚层内陷而成，自外而内由底膜、上皮和内膜所组成。底膜外为肌肉层。底膜也是一层无结构薄膜，具有保护上皮的作用。后肠上皮细胞不发达，成扁平多角形。在幽门区和结肠的内膜表面尚有很多小刺状突起，但直肠无刺突。后肠的肌肉层比较发达，在排列上除结肠部位全为发达的横肌外，其余均横肌在内、纵肌在外。此外，在幽门区颈部和肛门周围均有发达的括约肌。幽门括约肌控制中肠食物进入后肠，肛门括约肌控制粪便的排出。如同前肠一样，在生理机能上后肠也无分泌消化液的作用，但结肠和直肠具有从食物残渣中大量吸水的功能。来自中肠的食物残渣和马氏管运来的代谢终产物，通过结肠环肌强有力的收缩作用以及结肠的吸水作用，在结肠内形成粪粒雏形，继而经过直肠肌的作用和直肠进一步吸水，最终形成了六棱柱形的干粪粒，经由肛门排出体外。

4. 涎腺　涎腺是一对浅黄色腺体，前端开口在上颚基部，向后沿咽喉及食道腹面两侧延伸，止于前胸后端，有2~3个曲折。涎腺是由外胚层内陷而成，在组织上自外而内由底膜、腺细胞层和内膜组成。底膜也是透明无细胞结构的薄膜，具有保护腺细胞作用。腺细胞层由单层细胞构成，细胞多角形，细胞核大，呈分枝状。内膜上有很多微孔，腺细胞所合成的涎液即通过这些微孔进入腺腔。涎腺分泌的涎液呈弱碱性，含有糖酶，故涎腺起部分消化作用。此外，涎腺还可湿润食物，便于吞咽。涎腺内膜在每次蜕皮时也要更新，旧内膜则逐渐解体破坏。

成虫（蛾期）的消化管也分为前肠、中肠和后肠 3 部分。前肠大部分变为细管状，与中肠相接的部位形成壁薄而透明的嗉囊，囊内充满主要含有 $KHCO_3$ 的弱碱性液体以及来自中肠的溶茧酶。成虫中肠较小，略呈扁椭圆形，其上皮细胞能合成溶茧酶。后肠除直肠呈囊状外，其余部分呈管状。整个蛹期排泄的代谢废物积存在直肠内，在蚕蛾羽化后由肛门排出（俗称蛾尿），排量约 1 mL。

（二）柞蚕的取食和消化吸收

1. 柞蚕的取食和食下量 柞蚕是多食性昆虫，除了取食柞叶外，还能取食其他多种植物，比如蒿柳、桦树叶等。柞蚕自 1 龄起即从柞叶叶缘开始咬食，健康的小蚕食后仅留下主脉（“牙板”硬），而弱蚕常留下部分支脉或残叶（“牙板”软），所以从食叶情况也可大致判断小蚕的健康程度。柞蚕昼夜都取食，但受温度、光照影响较大。柞蚕多在室外放养，其取食次数在夜间和阴雨天因低温影响常少于日间和晴天。

柞蚕的食下量因品种、环境条件等不同而差异较大，但食下量随龄期增大而增加，且 5 龄期的食下量又占全龄的绝大部分（一般占 80%）。在同一龄期内的食下量则以龄中最大，龄初和龄末较少。柞蚕的食下量与产丝量多呈正相关，即凡食下量较大的蚕群或品种，其产丝量往往也较多，全茧量和茧层量也较重。

2. 柞蚕的消化吸收 叶片经口器咬断后由前肠输送到中肠，中肠是食物被消化吸收的场所。食物中除小分子营养物质可被中肠上皮细胞直接吸收外，大分子营养物质（包括蛋白质、脂肪和分子较大的糖类等）在中肠内必须在有关消化酶的作用下分解为较小的分子后才能被吸收利用。消化酶则要求一定范围的酸碱环境，而且每种酶均有最适的 pH，因此食物的消化要求中肠液保持相对稳定的 pH。中肠前端 2/3 部位分泌的肠液呈强碱性，据测定 pH 在 10.5~10.7 范围内，后端 1/3 部位分泌的肠液则接近于中性，pH 约为 7.1。中肠液保持强碱性对防病有重要意义，一般进入中肠的致病微生物大多因中肠液的强碱环境而被杀死或抑制。中肠消化酶由中肠上皮细胞合成和分泌，主要有蛋白酶、糖酶和脂肪酶等，这些酶分别作用于蛋白质、糖类和脂肪等物质，在这些消化酶的催化下，营养基质被分解为较简单的小分子化合物。蛋白质经过类胰蛋白酶水解为肽类化合物，肽类化合物在中肠上皮细胞内又全部被水解为氨基酸，因此，由中肠细胞进入血淋巴的蛋白质水解产物几乎全部为游离氨基酸，这与家蚕有所不同。饲料中的糖类仅葡萄糖、果糖等单糖能直接被中肠吸收，蔗糖、麦芽糖和淀粉等必须在有关糖酶的作用下分解成单糖后才能被吸收利用。中肠不含纤维素分解酶，所以食物中的纤维素不能被消化吸收。脂肪经脂肪酶作用水解成脂肪酸和甘油。

当食物由前肠进入中肠后，叶片细胞由于机械的破坏和消化液的作用而被杀死，细胞失去半渗透性能，从而中肠液便无阻地渗入到叶片细胞内部，在各种消化酶的作用下，较大分子的营养物质被消化分解。食物中的水分、无机盐类及其他小分子营养物质则可不经消化而被中肠细胞直接吸收。经消化后的营养物质主要在中肠后端 1/3 部位被吸收，未经消化吸收的残余物质则经过幽门区进入结肠，在结肠肌作用下，大量液汁从食物残渣中被压出，其中一部分由于后肠的强烈收缩而流回中肠，在中肠后部再进行吸收，而存留在结肠中的残渣便和来自马氏管的代谢产物——尿形成粪便的雏形，被运入直肠，在此进行水分再吸收，最终形成成形的粪粒，由肛门排出。

柞蚕的消化量随龄期增大而增加，消化率则随龄期的增加而减少。体重随龄期增大而快速增加，个体的食下量和消化量也随着龄期增大而增加。5 龄期的消化量占全龄的绝大部分，这与 5 龄期除本身生长发育所需外，尚需为其他发育阶段积累大量营养物质有关。同一龄期，消化量在盛食期前逐日增加，盛食期后显著减少。而消化率在一个龄期内的总趋势是逐日减少，至 5 龄后期这种趋势更明显。从消化率来看，柞蚕对饲料的利用率是比较低的，提高柞蚕的饲料利用率存在着一定潜力。

二、循环系统

柞蚕的循环系统同其他昆虫一样是开放式的，各种器官组织都浸浴在体液（血淋巴）中。体液不仅是重要的中间代谢场所，而且对营养物质的贮运、内部生理环境的保持、压力的传递及对外来病原微生物的吞噬和免疫等都具有重要作用。

（一）背血管

背血管是一条纵贯在体腔背面中央的管状器官，从头部大脑前方开始，止于第 9 腹节，其直径由前向后逐渐增大。背血管可分为大血管和心脏两部分。大血管是背血管的前端部分，开口在脑下，止于前胸，是一条匀直的细管，管壁肌肉层较薄。自中胸以后的部分为心脏，以盲端终于第 9 腹节。心脏背壁按体节向背面呈峰突状鼓起，外观上呈波浪状，其腹面则较平直。心脏管壁两侧，中胸至第 9 腹节，每个体节各有 1 对心门，共计 11 对。心门裂隙略与体轴垂直，裂隙前后的管壁形成心门瓣，控制血液进出。在心脏腹壁两侧，第 1~8 腹节每节各有 1 对呈三角形的翼肌，翼肌对心脏的搏动起辅助作用。蚕蛾的背血管大致与幼虫相似，但大血管较长，由头壳延伸至后胸，在中胸处有一小血窦，它对体液的循环流动有一定的作用；心脏位于第 1~7 腹节。

（二）血淋巴

血淋巴约占体重的 1/4，由血浆和血细胞组成。血浆透明浅绿，有黏滞性。血细胞大致分为 4 类，即原白细胞、吞噬细胞、小球细胞和类绛色细胞。原白细胞是尚未分化的血细胞，其他血细胞均由原白细胞分化形成。在幼虫血细胞总数中，原白细胞占20%~60%，吞噬细胞占20%~60%，小球细胞占16%~22%，类绛色细胞仅占2%~8%。成虫期，原白细胞已消失，吞噬细胞也减少。血细胞的功能主要是吞噬侵入体内的病原微生物及其他杂物，同时具有愈伤的作用。

柞蚕血淋巴呈微酸性，发育时期不同，其pH也有一定的变化。虽有变化，但变化幅度并不大，经常保持在稳定的状态，血淋巴的这种特性是由于含有碳酸盐和磷酸盐等弱酸盐类及氨基酸和蛋白质等，从而使血淋巴具有很强的缓冲作用。

血淋巴的含水量约为90%，占体重总含水量的40%左右。血淋巴含有大量的蛋白质。在5龄期，血淋巴蛋白质含量逐日增长，用于合成丝蛋白，另外也用以保证在成虫组织发生代谢过程中对蛋白质的需求。柞蚕5龄期血淋巴中游离氨基酸含量逐日下降，其原因是5龄期丝腺细胞从血淋巴中大量吸收游离氨基酸用以合成丝蛋白，而且吸收量逐渐增加，致使血淋巴中游离氨基酸逐日减少，但当进入化蛹初期，由于正处于变态过程中的组织分解阶段，所以血淋巴中游离氨基酸含量又开始上升。血淋巴中的糖类主要是海藻糖，而葡萄糖、果糖等含量很少，这是因为蚕体的血糖是海藻糖，当血淋巴中海藻糖被其他器官组织消耗利用时，可以由脂肪体新合成的海藻糖及时给予补充，从而使血淋巴中的海藻糖含量经常保持在动态平衡状态；但在眠期和熟蚕期，血淋巴中海藻糖含量显著下降，因为此时大量血糖和糖原被利用。

血淋巴中还含有丙酮酸，一般在盛食期含量较大，说明此时糖类物质的氧化过程比较强烈。在5龄幼虫血淋巴中，丙酮酸的含量总趋势随蚕体生长而增加，这与在柞蚕丝素的氨基酸组分中丙氨酸的含量多（40%左右）有关；丙酮酸在相应的转氨酶作用下转化为丙氨酸，后者可参与丝素的合成。血淋巴中含有较多的无机盐类，这对血淋巴 pH 和渗透压的相对稳定有重要意义。血淋巴中的无机盐以磷酸盐含量较多。血淋巴还含有各种重要的酶类，包括蛋白酶、糖酶、酯酶和氧化酶等，因此血淋巴也是蚕体的重要中间代谢场所。

（三）血淋巴循环

血淋巴的循环主要是由背血管搏动（心肌本身有节律的收缩和舒张）所引起。心脏由后向前有节律地呈波浪式搏动，从而使心脏内的血淋巴持续地向前流动，并经过大血管，由大血管的前端开口流入头腔，导致头腔血压增高，迫使血淋巴往血压低的体腔后方流动；当血淋巴流至蚕体后部时，便从心门（主要是第 7、第 8 两腹节的心门）进入心脏，继续进行循环。在血淋巴循环过程中，血细胞并不进入心脏。血淋巴的反复循环绝不是简单的重复，随着生命活动的发展，血淋巴每次循环所包含的物质（营养和代谢物质、酶类、激素等）都有差异。心脏搏动的频率因龄期、营养状况等而异，一般小蚕大于大蚕，龄中大于眠中。如秋蚕 2~4 龄每分钟 55~77 次，而 5 龄则为 50 次左右（均为盛食期）。此外，柞蚕多在室外饲养，其心搏频率受外界气温影响很大。据调查，秋蚕 5 龄盛食期因昼夜温差较大，心搏频率也发生很大变化，如早上 6 时，当气温为 11 ℃时每分钟心搏约 25 次，13 时气温为 27 ℃时约 46 次，18 时气温为 22 ℃时则约 36 次，而在 0 时 30 min 气温降至 10 ℃时，心率每分钟仅约 15 次。

（四）血淋巴的功能

血淋巴对蚕的生命活动具有重要意义，其功能有以下方面：①血淋巴是中间代谢的重要场所，含有各种重要的酶类，积极参与物质的转化代谢。②血淋巴循环周身，不断输送营养物质至各器官组织；代谢终产物也借助于血淋巴的运输而得以排除。此外，各种激素主要也是由血淋巴传送至蚕体各部分。③血淋巴不仅具有很强的缓冲作用，而且还能调节渗透压，从而保证代谢活动的正常进行。④血淋巴能传递压力，对蚕的蜕皮、蚕蛾羽化、幼虫爬行等均具有重要作用。⑤血淋巴还能贮存一部分营养物质供代谢需要，尤其在眠期或饥饿时，蚕体大量动用血淋巴中的贮存养分。⑥血淋巴能调节蚕体内部器官组织的水分，使体内水分经常保持在动态平衡状态。⑦血淋巴含有吞噬细胞和抗体物质，对外来病原微生物和有害物质具有一定的吞噬、免疫和解毒作用。⑧血淋巴中常溶解一定量的氧气和二氧化碳，在某种意义上血淋巴对呼吸也有一定作用。由此可见，血淋巴具有重要的生理作用，因此在饲养过程中要防止蚕体出血，对眠蚕、起蚕和熟蚕尤其应该注意，因此时幼虫不食，如大量失血不易恢复，对蚕体体质影响较大，还影响茧丝的产量和品质。

三、脂肪体

脂肪体是疏松柔软、白色片状或带状组织，本身并不形成一个完整连续的结构，而是散布在体腔各部位，并常由结缔组织缀连在一起。在脂肪体组织之间，还分布着丰富的气管，不仅对脂肪体细胞充分供氧，而且还有固定脂肪体位置的作用。柞蚕幼虫脂肪体除分布在体腔周缘外，还紧密地包封在消化管、马氏管、丝腺等周围，表面由一层白色结缔组织缀连成片，在5龄期尤为明显；在腹神经索两侧，脂肪体成片。脂肪体来源于中胚层，由脂肪细胞聚合而成，细胞呈多角形，少数椭圆形或圆形；细胞核常为分枝状。脂肪细胞随龄期不断增大，细胞体也随之增大。细胞体及细胞核以盛食期最大，5龄尤其明显，但起蚕和眠中均较小。脂肪体虽然构造比较简单，但其不仅是贮存营养物质的组织，而且本身还是物质中间代谢的重要场所，其生理重要性在某些方面相当于哺乳动物的肝。

脂肪体呈叶片状或带状浸浴在血淋巴中，以较大的表面与血淋巴相接触，从而更有利于与血淋巴迅速交换代谢物质。此外，脂肪体内密布微气管，以适应脂肪细胞在旺盛的代谢过程中对物质氧化的需要。

脂肪体是合成并贮存糖原的主要组织。糖原是糖类物质的贮存形态，蚕在眠期和结茧期所消耗的糖类物质主要是脂肪体内的贮存糖原。糖原是在有关酶类的催化下由葡萄糖经过磷酸化等一系列步骤聚合而成的。糖原的合成过程在5龄中后期尤为显著。当蚕体组织需要时，糖原再分解为葡萄糖，后者再进一步参与有关的代谢过程。柞蚕的血糖主要是海藻糖，其合成过程也是在脂肪体内进行的。海藻糖在脂肪体内合成后即被释放到血淋巴中，当血淋巴中海藻糖被其他器官组织耗用时，脂肪体即重新合成海藻糖以补充血糖之不足，从而使血糖含量经常保持在动态平衡水平。

蚕体内作为能源贮备物质的脂肪主要由糖类转化而成，而脂肪体也是蚕体合成和贮存脂肪的主要场所。脂肪的大量合成主要在5龄期。脂肪的消耗，胚胎阶段主要在发育后半期，幼虫阶段在眠期；整个蛹期都要消耗大量脂肪，尤其在后半期。脂肪体也参与蚕体蛋白质和氨基酸的代谢。血淋巴中的蛋白质主要由脂肪体合成。柞蚕丝素的最主要成分——丙氨酸很大一部分是由脂肪体合成的。含氮物质在代谢过程中所产生的大量游离氨对蚕体是有毒的，蚕体主要以形成尿酸等排泄物的方式来排除这类有害代谢产物。从脂肪体的代谢过程来看，5龄幼虫（尤其后半期）脂肪体合成糖原和脂肪的代谢十分旺盛，而作为合成糖原和脂肪的原料主要来自饲料中的糖类。此外，糖类也参与蛋白质和氨基酸的合成代谢，因此5龄蚕对叶质的要求，除必须含有丰富的蛋白质外，还应保证充足的糖类物质，这一点对种茧发育尤为重要。弱蚕和病蚕的脂肪组织，其生理机能或减弱或失调，甚至受到破坏，严重时脂肪组织解体而游离在血淋巴中，致使血淋巴混浊变白。

四、排泄系统

蚕体必须及时排出代谢终产物以保持一定的内部生理环境，借以保证机体内各种代谢活动的正常进行。除气态排泄物（二氧化碳）大部分由气管系统排出外，其余形态的排泄物主要通过排泄器官——马氏管排至体外。马氏管开口在幽门瓣后腹面两侧，管内排泄物由这两个开口进入后肠，再随同食物残渣以粪粒形态排出。马氏管基部膨大呈囊状，称为膀胱。左右膀胱各发出 1 根很短的共通管，由共通管再经 2 次分支而形成背支、背侧支和腹支共 3 对马氏管，其中背支沿中肠背中线两侧向前延伸至第 2 腹节中后部再向后折回，背侧支的折回点则在第 2 腹节前缘部位，腹支的折回点与背支相似。这 3 对马氏管在幽门区和结肠部位形成很多弯折，然后再插入直肠前端两侧的肠壁内；在直肠壁内马氏管又回曲盘旋形成隐肾管，最后以盲端告终。

柞蚕马氏管呈鲜黄色，其向前延伸部分外形略呈波纹状，向后折回的管壁则形成交叉的乳头状突起，在结肠部位这种突起尤其明显，肉眼即可辨认。这种特殊的突起可以大大增加管壁的表面积，从而增强从血淋巴中对代谢产物的吸收和排泄的能力。柞蚕成虫的马氏管也由 6 条支管组成，但表面比较平滑，且 6 条支管全部游离在蚕蛾腹腔中。由马氏管排泄的含氮排泄物以尿酸为主，据对柞蚕蛾尿的分析，干物约占 5%，干物中尿酸含量达 26.2%，游离氨约为 0.6%，氨基酸约为 31%，而尿素仅微量。马氏管除排泄含氮排泄物外，还排泄较多的草酸钙及少量无机盐类如碳酸盐和磷酸盐等。马氏管内的排泄物向基部开口作单向流动。幼虫在每次蜕皮时，马氏管内的尿酸盐和草酸盐排至后肠新旧两层内膜之间，并经由肛门周缘分布至蚕体新、旧表皮之间，致使眠起后在蚕体表覆有一层粉末状结晶，而马氏管内几乎无排泄物。

五、呼吸系统

蚕体呼吸是能量转换的过程，蚕体必须不断吸入氧气，体内的营养物质才得以持续氧化，从而不断释放出生命活动所必需的能量。当组织呼吸受到阻碍或者氧气供给不充分时，便会直接影响物质代谢，导致生长发育不良，严重时会造成死亡。柞蚕多在野外饲养，一般不存在呼吸障碍的问题（环境污染除外）。柞蚕是通过气管系统进行呼吸的。气管是在胚胎时期由外胚层沿蚕体两侧发生的内陷发展而成的，陷口部位构成了控制气体出入的气门，而内陷的管道则不断分支，形成了分布到体内各种组织器官的复杂的气管系统。

（一）气门

气门位于蚕体的两侧，幼虫期一共 9 对，即前胸 1 对，腹部第 1~8 节各 1 对，中、后胸之间的两侧节间膜部位尚有 1 对退化气门。气门外观呈椭圆形，周围一圈较硬化的表皮称气门片，起加固作用。气门里面为由体壁内陷而成的气门室；在气门片内缘长出两列相向的表皮质突起，在气门中间结合；突起上还长出很多短细分支，其上又密生短毛，这就构成了具有无数微孔隙的滤器（又称筛板），空气可自由通过，而尘埃或病原物被阻在外。在气门室壁上具有控制气体进出的启闭构造。

（二）气管

在每个气门内气管分支成丛，构成了蚕体两侧的 9 对气管丛，气管丛又不断分支，形成了遍布体内的复杂的气管网。气管在分支过程中直径越分越小，直至最后分布到细胞时，管径不到 1 μm，这种极其微细的气管末梢称为微气管，组织细胞的气体交换就是通过微气管直接进行的。

蚕体内气管系统的分布大致分为纵走和横走两大类。纵干直径大，又接近气门，是气体交换的主要通道。气管在组织上与体壁相似，但层次相反，外层为底膜，中间是由一层扁平多角形细胞组成的管壁细胞层，内层为内膜，相当于体壁的表皮；气管内膜也分为3层，相当于外表皮的中层内膜特化成环绕气管壁的螺旋丝，这就大大增加了气管壁的弹性和延展性，使气管始终保持扩张的状态，保证气体在气管内畅通无阻。柞蚕幼虫气管的螺旋丝为白色，与桑蚕不同。蜕皮时气管内膜也随旧表皮同时蜕去，并由气管壁细胞重新分泌直径相应增大的新内膜。

（三）蚕的呼吸

柞蚕以气管进行呼吸，氧气由气门进入后，通过扩散作用经主气管、支气管，最后由微气管进入组织细胞内，参与细胞内的物质氧化。二氧化碳的排出主要是通过扩散作用经气管系统由气门排出，但一部分二氧化碳（总量的1/4~1/3）是由体壁向外扩散。

蚕的呼吸量因发育阶段而异。在卵期，无论以个体计还是以单位卵重计，呼吸量均随胚胎发育而渐增。以个体计柞蚕卵的呼吸量，柞蚕卵在胚胎发育的初期，呼吸量增加幅度并不显著，但后期的增长幅度就比较明显，说明卵的呼吸强度与胚胎发育的进程是一致的。幼虫的呼吸量以个体计是随蚕龄而增加，尤其大蚕期增加幅度十分显著；但就单位体重呼吸量而言，则情况完全相反，即蚕龄越小，呼吸强度越大，而且龄期越小，梯度差也越大。这就说明，蚕龄越小，新陈代谢也越旺盛。

此外，同一龄期，呼吸量以盛食期最大，起蚕和催眠期较小，眠期最小。非滞育蛹期的呼吸量则前期高，中期低，后期又高，至羽化前又稍降，大致呈U形曲线，这一变化规律反映了蛹体内的生理变化过程。滞育蛹在滞育阶段的呼吸量降至极低水平，呼吸商仅为0.4~0.6。蛾期的呼吸量在交配前较高，交配后显著下降。

六、丝腺

丝腺是由下唇腺特化而成，主要存在于鳞翅目、膜翅目等昆虫中。柞蚕孵化后，丝腺就有泌丝活动；但丝腺在前 4 龄并不发达，所泌的丝主要用于固定眠蚕的位置，丝腺的急剧生长主要在 5 龄后半期。5 龄末期泌丝营茧完毕，丝腺便开始萎缩。及至蛹期，中、后部丝腺逐渐解体消失，前部丝腺则转化成分泌主要含碳酸氢钾的弱碱性液体的腺体。

（一）丝腺的形态

丝腺是成对的管状构造，按形态和机能的不同分为 4 个部分，即吐丝管、前部丝腺、中部丝腺和后部丝腺，另外还有 1 对菲氏腺。

1. 吐丝管　吐丝管位于头腔内，本身又可分为吐丝区、压丝区和共通区 3 部分。吐丝区位于最前端，是一根很短的细管，其端部开口即为吐丝口。压丝区是吐丝管的中段膨大部分，管壁厚且坚韧，管内径很小，背中线的管壁色深骨化，形成压杆；压丝区部位着生多组肌肉，控制着丝物质的流速和流量，调整丝的纤度，并将两股丝压合成丝纤维。吐丝管的后段是较短的共通区，是前部丝腺端部汇合的部分。

2. 前部丝腺　前部丝腺接在共通区之后，位于头腔至第 3 腹节腹面，直径较细且均匀，有几个弯曲。前部丝腺是丝液运输的通道，具有使丝液纤维化的作用；前部丝腺无泌丝机能。

3. 中部丝腺　中部丝腺位于第 1～4 腹节的背侧面，形成较多横折。中部丝腺并不发达，在 5 龄中后期直径远比后部丝腺细小。在机能上中部丝腺仅分泌丝胶，并无贮存丝素的作用，只是在营茧前才充满丝液。

4. 后部丝腺　后部丝腺位于第 4～8 腹节的背侧面，本身形成十多个粗大的横折；在营茧初期，长度为体长的 5 倍多（37

cm 左右），直径约达 1.5 mm，是丝腺最发达的部分。后部丝腺兼有分泌并暂时贮存丝素的功能。

5. 菲氏腺　菲氏腺是一对葡萄串状腺体，其导管分别开口在前部丝腺端部背面。菲氏腺的生理机能尚不明确。

（二）丝腺的组织构造

丝腺在组织上由底膜、腺细胞和内膜 3 层构成，中间部分为腺腔。

1. 底膜　底膜是指包在腺壁外面的一层透明而富有弹性的薄膜，该膜具有保护作用。

2. 腺细胞　腺细胞呈长六角形。整个腺壁由这些六角形腺细胞呈两列交错围抱而成。腺细胞大小因部位而异，后部丝腺最发达，营茧第 1 d 腺细胞宽度达 688 μm 左右，而前部和中部丝腺分别仅约 224 μm 和 315 μm。腺细胞核的形态随龄期而变化，中部丝腺的细胞核在蚁蚕期即开始分支，至大蚕期细胞核分支更为发达。后部丝腺腺细胞核在 3 龄前很少分支，一般 3 龄中期开始分支；5 龄第 4~5 d 后细胞核剧烈分支，可充满整个腺细胞，甚至连成一个整体。

3. 内膜　内膜在腺壁里层，含几丁质。前部丝腺的内膜较其他两部分厚。中、后部丝腺内膜具有很多微小孔道，丝胶和丝素即通过这些微孔泌入腺腔。内膜也具有保护作用。

（三）丝腺的生长

丝腺的生长在器官组织中有其特殊性，表现在丝腺体积的增大并不是通过腺细胞分裂增殖而是单纯由于腺细胞本身体积增大所致，这可从腺细胞数目自小蚕到大蚕基本上一致的事实得到证明。另外，丝腺生长速度与其他器官组织不同，即丝腺的生长以 5 龄期最快，而其他器官组织的生长速度则与龄期相反。

（四）茧丝生成和营茧

蚕的后部丝腺合成并分泌丝素，中部丝腺合成并分泌丝胶，前部丝腺无合成分泌机能，但对茧丝物质的纤维化具促进作用。柞蚕5龄期丝腺质量的急剧增长始于第3 d，开始吐丝营茧时达到高峰，此时丝腺质量为5龄初的33倍；后部丝腺增长幅度达65倍，此时后部丝腺的质量为丝腺总质量的87%左右。

在前4个龄期，饲料中的蛋白质主要用于构建蚕体组织，5龄以后，则主要用于合成茧丝。因此，保证5龄蚕饲料中的蛋白质和糖类物质是柞蚕体质强健、茧丝物质大量生成的必要物质基础。丝蛋白质在丝腺细胞内合成后即通过内膜微孔以液态分泌至腺腔内。刚分泌到腺腔内的茧丝物质含水量很高，尚未纤维化。丝素在腺腔内向前流动的过程中，遇酸性较大的丝胶后聚合度随即增加；加上在流动过程中由于分子间的摩擦和分子的定向排列使丝素逐渐脱水而浓缩，从而使黏度不断增大。在丝液经过前部丝腺时，丝素进一步纤维化；当丝物质由吐丝孔吐出时，通过头、胸部的牵引，即凝固成茧丝。

熟蚕在找到适当结茧场所后即开始吐丝营茧。首先用少量丝将2~3片柞叶缀合成架，再泌丝形成茧衣，之后即伸出前部身体在小柞枝上做成茧柄，然后再回到茧衣内吐丝营茧。泌丝结束后，由肛门排出含有尿酸钙的液体（每头蚕2~5 mL）涂抹在茧层上（俗称“上浆”），充满纤维间空隙，增加保护作用，同时也会增加缫丝时解舒的困难。

七、神经系统

神经系统是蚕体联系周围环境的组织，也是蚕体本身各种器官组织生命活动的协调中心。根据形态构造和生理机能的不同，蚕的神经系统分为3个部分，即中枢神经系统、交感神经系统和外周神经系统。这3个部分是作为一个相互密切联系的、完整的器官系统而存在的，但在生理功能上又有差别，其中中枢神经系统起主导作用。

（一）中枢神经系统

中枢神经系统由脑和腹神经索组成，后者由咽下神经节、胸部3个神经节和腹部8个神经节及这些神经节间的连索组成。

（二）外周神经系统

外周神经系统是由各个神经节向蚕体周缘部位器官组织所发出的神经及其分支，系统还控制这些部位的反射活动。

（三）交感神经系统

交感神经系统是由各神经节发出的，分布到消化管、背血管、气门等各内脏器官的神经系统，系统还控制这些器官的反射活动。

（四）感觉器官

柞蚕的感觉器官分为触觉、嗅觉、味觉和视觉4种。触觉感器主要分布在体表，多呈毛状，感受机械的刺激。嗅觉感器主要分布在触角上，感受气态分子的刺激。味觉感器分布在口器上，感受液态分子的刺激。幼虫6对侧单眼即为视觉感器。蛾神经系统与幼虫期的区别主要表现在腹部神经节发生愈合，仅存4个。蛾的器官与幼虫差异很大，触角十分发达。视觉感官为1对复眼。味觉感器因不取食而退化。神经组织是兴奋性最强的组织。当感受器接受刺激后，即发生兴奋，由传入神经传至中枢，经中枢的综合和分析后，产生或抑制兴奋的反射，并由一定的传出神经传至效应器（运动肌、内脏肌和内分泌腺等），从而使效应器产生相应的反应。

神经系统的基本构造单位是神经元。神经元本身兴奋的传导是通过动作电位的变化而发生的。神经元之间的兴奋传导则是通过突触部位进行的，即当神经元轴突发生兴奋冲动后，由神经末梢释放出乙酰胆碱，后者作用于另一神经元而使其发生神经冲动，因此乙酰胆碱是神经元之间的兴奋传递介质。当神经元之间传导兴奋完成后，乙酰胆碱即在胆碱酯酶的作用下水解成乙酸和胆碱。有机磷杀虫剂能抑制胆碱酯酶的活性，从而使作为兴奋传递介质的乙酰胆碱不能及时分解，导致乙酰胆碱大量积聚，使蚕处于过度兴奋状态，狂躁乱爬、晃动吐液，最后麻痹死亡。有机氯杀虫剂也会破坏其神经系统的正常生理机能，养蚕中应严禁接触或接近农药。

八、内分泌系统

柞蚕的内分泌系统包括神经内分泌系统和腺体内分泌系统两类。柞蚕的神经内分泌系统有脑和咽下神经节，柞蚕的腺体内分泌系统中生理功能比较明确的有咽侧体和前胸腺。

（一）神经内分泌系统

脑位于柞蚕头部，其神经分泌细胞分泌多种神经激素，一般为多肽，主要有促前胸腺激素、羽化激素等。这些激素控制着柞蚕其他神经细胞和腺体的分泌活动，从而调控柞蚕的生长发育。在内分泌系统中，脑激素起主导作用。促前胸腺激素是由大脑神经分泌细胞分泌，通过心侧体分泌到血淋巴中，通过血淋巴循环作用于前胸腺，促进前胸腺细胞核内 RNA 的合成及细胞质内蛋白质代谢活动的增强，激发前胸腺分泌蜕皮激素（MH）。柞蚕羽化激素是一种分子质量约为 9 000 Da（道尔顿）的蛋白质，由脑的中央细胞群所分泌，调节幼虫态、蛹态及成虫态蜕去旧壳行为。羽化激素自脑分泌后暂时贮存在心侧体内，释放具有一定的节律性。柞蚕预成虫虽具有发达的中枢神经系统，但并无羽化行为，必须在羽化激素的激发下，各种羽化行为才相继出现。羽化激素可能通过 CAMP 和 Ca^{2+} 的作用而促使羽化行为的发生。鳞翅目昆虫在幼虫各龄乃至卵期也有羽化激素，其作用是促进蜕皮。柞蚕咽下神经节位于咽喉腹面，主要控制口器各部分的活动。柞蚕的咽下神经节分泌一种多肽类物质，可以控制柞蚕的滞育。如将柞蚕的咽下神经节移植到产不越年卵的家蚕体内，即可促使家蚕产下越年卵。

（二）腺体内分泌系统

1. 咽侧体 咽侧体是1对白色内分泌腺，位于咽喉两侧、心侧体的后面，与心侧体有神经相连。咽侧体外观呈小串葡萄状，由很多大型腺细胞集合而成，细胞核大，形状不规则。咽侧体随龄期增加而逐渐增大，其机能是分泌保幼激素（JH），这种激素具有促进幼态性状发展而抑制变态发生的作用。变态后，保幼激素具有促进卵巢发育、卵黄积蓄及保持睾丸生理活性的机能。

2. 前胸腺 前胸腺是1对位于前胸第1气管丛内侧的白色带状腺体，外观略呈不规则的“工”字形，其前端分支为二，伸达前胸前缘，后端分支较粗大，分别伸向食道的背腹方；中干分支延伸至前胸气门内方。前胸腺随龄期而增大。前胸腺合成的是α-蜕皮素，释放到血淋巴中后即随血淋巴至各器官组织，在组织内转变为β-蜕皮素，其作用是促成蜕皮和促进变态的发生，蛾期前胸腺即解体消失。

除上述2种内分泌腺分泌激素外，柞蚕的心侧体和气门下腺也具有内分泌的功能，目前尚欠深入研究。

幼虫1~4龄，咽侧体分泌保幼激素的活动在每龄盛食前逐渐旺盛，盛食后逐渐下降；而前胸腺分泌蜕皮激素的活动则在盛食期后逐渐增强。保幼激素和蜕皮激素的共同作用，使幼虫发生生长性蜕皮，蜕皮后仍然保持幼虫虫态。5龄幼虫，保幼激素的分泌以第1 d最盛，以后即衰退，而前胸腺仍然常分泌蜕皮激素，致使到5龄末时仅有蜕皮激素在起作用，这就导致了变态性蜕皮的发生，蜕皮后幼虫变为蛹态。因此，柞蚕的蜕皮和变态是由咽侧体和前胸腺的分泌活动所控制；咽侧体和前胸腺的分泌活动又受脑激素的控制，所以在蚕的内分泌系统中脑激素起着主导作用。

柞蚕是以蛹态滞育的。滞育的发生受复等位基因控制，复等位基因通过脑而起作用。当脑神经分泌细胞停止分泌脑激素（BH）时，便导致咽侧体和前胸腺均因缺乏脑激素的促活作用而处于非活化状态，蛹体发育因而中止，于是便进入滞育状态。决定柞蚕蛹滞育与否的外因主要是幼虫期的环境条件，其中以光周期为主。研究表明，决定滞育发生与否的临界光照为 14 h。当蚕体感受光周期信号刺激后，即转变为神经冲动传至脑部，脑再向脑神经分泌细胞发出信息，由此决定蛹态滞育发生与否。除光照外，温度、营养等因素对滞育的发生也有影响。滞育的解除也必须以环境条件作为刺激因子。实验证明，低温和长光照均能解除滞育，此时脑神经分泌细胞转入活化状态而开始分泌脑激素，从而促使咽侧体和前胸腺活化，导致蛹体继续发育。

九、肌肉系统

蚕体的各种运动和内脏器官的活动均借助肌肉的收缩而发生。肌肉在收缩过程中同时释放大量能量，其中一部分转为机械能而做功，另一部分则变为热能，增加体温，促进代谢。蚕的肌肉有体壁肌、内脏肌和体壁内脏肌 3 类。幼虫头部肌肉中以上颚肌肉最为发达。蚕的胸腹部体壁肌排列比较规则，大致可分为内、中、外 3 层，其中内层主要是纵肌，肌纤维最长，排列也较密；中层肌肉长度较短，排列较疏；外层肌肉长度更短，排列稀疏。成虫则以胸部肌肉最为发达，尤其是中后胸，与蛾翅的活动有直接关系。此外，成虫还具有发达的与交配生殖活动有关的肌肉。

肌肉由很多并列的肌纤维组成，在肌纤维间充满具有多数细胞核的肌浆，肌纤维由较细的肌原纤维组成，肌原纤维又由更细的粗纤丝和细纤丝构成，肌纤维外面包有一层坚韧有弹性的透明薄膜——肌膜，具有支持和保护作用。肌肉具有兴奋性、收缩性、展长性和弹性等生理特性。肌肉组织的兴奋性仅次于神经组织。肌肉在神经冲动刺激下引起兴奋，当兴奋达到一定强度时肌肉便开始收缩，肌肉有展长性，在外力作用下能够伸长；肌肉变形后在弹性的作用下又可恢复到原来的长度，肌肉的收缩和舒张就是由于这些生理特性引起的。

十、生殖系统

（一）幼虫期的生殖器官

1. 雄性生殖器官 雄性生殖器官由睾丸、生殖导管和海氏腺3个部分组成。睾丸位于第5腹节背面背血管两侧，外观略呈肾形。小蚕期睾丸表面光滑，大蚕期呈现3条放射状浅沟，此时睾丸内部已分成4个精室，精室内充满生殖细胞。生殖细胞在1~2龄时处于精原细胞状态，3~4龄已发育为精母细胞，在5龄前期精母细胞进行成熟分裂，至5龄后期发育成为精细胞，化蛹前精细胞已发育成精子。生殖导管由睾丸凹面处发出，向后延伸，绕过第9气管丛与海氏腺前端两侧相连接。导管以后发育成输精管。海氏腺位于第8~9腹节交界处的腹中线部位，外观呈梨状，前端与导管相连，后端开口在第9腹节腹面中央前缘。海氏腺以后发育为贮精囊、射精管和附腺。

2. 雌性生殖器官 雌性生殖器官由卵巢、生殖导管和石渡氏腺3个部分组成。卵巢位于第5腹节背面背血管两侧，外观略呈梨形，其后端外侧与生殖导管相连。1龄幼虫卵巢尚未完全分化，仅形成4个简单的卵室，卵室内为卵原细胞。3龄后卵室逐渐发育成4根卵巢管，至大蚕期卵巢管伸长、弯曲，此时卵巢管内卵细胞已分化。每个卵巢小室内有1个卵母细胞和7个滋养细胞，卵母细胞的营养由滋养细胞供给，蛹期滋养细胞萎缩消失，卵母细胞所需营养则由卵室周围的卵泡细胞供给，卵壳也由卵泡细胞在蛹期分泌形成。生殖导管由卵巢后端外侧向后延伸，绕过第8气管丛，终止于第7腹节腹面的后缘。生殖导管以后发育为输卵管。石渡氏腺由体壁内陷而成，共2对，前对位于第8腹节，后对位于第9腹节。石渡氏腺以后发育成为受精囊、交配囊、黏液腺和产卵管。

（二）成虫的生殖器官

蛾期是交配产卵、繁衍后代的阶段，内生殖器官十分发达，尤其是雌蛾，几乎占了腹腔的大部分。

1. 雄蛾的内生殖器官 雄蛾的内生殖器官由睾丸、输精管、贮精囊、射精管和附属腺5个部分组成。

（1）睾丸是一对浅黄色的球状体，是生成精子的场所，位于第5腹节亚背部，表面有许多气管分布。睾丸外面包被一层结缔组织围鞘。每个睾丸由4个睾丸管组成，管内充满成熟的精子束，端部则有1个大型端细胞，为精细胞的发育提供营养。

（2）输精管是1对连接睾丸的管状构造，直径粗细不均，中部较细，是输送精子的通道，后端与贮精囊相连接。

（3）贮精囊是1对膨大的管状构造，是暂时贮存精子的场所，本身还分泌保护精子的液体。射精前，精子在贮精囊内静止不动。

（4）射精管是连接在贮精囊后端的1根细长管道，末端开口在内阳茎的端部。交配时，精液由射精管通过阳茎注入雌蛾交配囊内。

（5）附属腺是1对细长的管状腺体，基部与贮精囊相连，末端为盲端。附属腺分泌液不仅供给精子养分，且有利于精子游动，与精子混合后成为精液。

2. 雌蛾的内生殖器官 雌蛾内生殖器官由卵巢、侧输卵管、中输卵管、产卵管、受精囊、黏液腺和交配囊组成。

（1）卵巢。雌蛾羽化时卵已形成，所以卵巢十分发达，充满在腹腔内。每条卵管端部形成细端丝，4根端丝集合成悬带附着在体壁上。卵巢管壁由外层的无结构管壁膜和内层的卵泡细胞层组成。卵巢管内的卵细胞顺次排列，近端部的卵细胞因营养不良逐渐变小。产卵时，卵巢管强烈蠕动而促进排卵。8 条卵巢管交替排卵，排卵过程由中枢神经系统控制。

（2）侧输卵管是 1 对分别与左右卵巢基部相接的短管，产卵时卵经侧输卵管到达中输卵管。

（3）中输卵管和产卵管。中输卵管是由侧输卵管汇合成的 1 条较粗短的管道，也是卵经过的通道，其后与产卵管相连。产卵管（即阴道）前接中输卵管，直径与中输卵管相同，末端的开口即为产卵孔。

（4）受精囊为 1 个小型囊状构造，开口在中输卵管和产卵管之间的背面部位。雌蛾在交配后受精前，精子暂时贮存在受精囊内。排卵时，精子从受精囊经导管由精孔进入卵内。受精囊基部还连有 1 条管状腺体，为受精囊腺，其细管状端部形成小分叉。受精囊腺分泌的液体具有保持精子活力的作用。

（5）黏液腺是 1 对分泌黏液的腺体，呈长细管状，有些个体端部分支。黏液腺的基部膨大成贮液囊，两囊的基部合为一体，开口在产卵管的后端背面，产卵前用以暂时贮存黏液。合成和分泌黏液的腺体部分呈长细管状，正常者不分支，所分泌的黏液呈深褐色，因此贮液部外观也呈黑褐色。黏液可将产下的卵粘在物体上，故卵粒产下时表面已呈深浅不匀的褐色，卵壳固有的乳白色已被掩盖。

（6）交配囊是 1 个膨大的囊状体，位于中输卵管腹面。交配囊由硬化的导管开口在第 8 腹节腹面，开口处即为交配孔。交配囊中间部位有 1 个缢缩，由此发出 1 条细短的精子导管，开口在总输卵管后端部位。交配囊是雄蛾阳茎注入精子的场所。交配后，精子从交配囊经精子导管再通过中输卵管而进入受精囊内暂时贮存。

第四节　柞蚕的营养物质代谢

柞蚕的营养是其生长发育的物质基础，柞蚕生活所必需的营养物质可分为蛋白质、糖类、脂类、维生素、无机盐、空气和水等。

柞蚕营养物质通过消化系统，经过一系列化学变化，转变成蚕体自身新的组成部分，同时将体内原有的物质成分分解氧化，释放出能量供蚕体生命活动消耗，排出代谢的终产物。前者是食物中营养物质转化为生物体新组成部分的过程，称同化作用；后者是原有物质成分分解氧化的过程，称异化作用。蚕体内不断进行着新陈代谢，完成蚕的生长发育。

第五节　柞蚕的生长与发育

生长和发育是生物体在生命发展过程中所持有的属性，是对立统一的关系。生长是生物体在质量和体积方面的增大，发育则是生物体一系列特性变化和性器官形成的过程。生长是发育的基础，发育是生长的前提。

蚕体各种器官组织的生长主要有 3 种方式，即细胞分裂、细胞增大和细胞既分裂又增大。进行细胞分裂的细胞如血细胞，小蚕和大蚕的血细胞大小没有什么差异，但血细胞数则随着蚕的生长发育而增多；丝腺、马氏管、涎腺和蜕皮腺等器官的细胞在幼虫期不进行分裂，只有细胞的体积增大，这些器官的细胞只在胚胎发育时增殖，孵化以前的细胞数和熟蚕的细胞数相同；属于第 3 种生长方式的器官、组织最多，如体壁真皮细胞，各种器官的上皮细胞及脂肪体细胞等。柞蚕的卵期是以胚胎发育为特征，最终发育成完整的蚁蚕。幼虫期是以生长为主的阶段，其间经过4次生长性蜕皮而进入第5龄期。第5龄幼虫生长老熟后即发生变态性蜕皮而变成蚕蛹。

一、幼虫的生长发育

幼虫期主要是生长的阶段，从蚁蚕到第5龄盛食期，体重增加2 600余倍，体长增加13倍，体宽增加10倍左右。幼虫的生长速度随龄期增长而减小，蚕龄越小，生长速度越快。在同一龄期内，前期快于后期。所以在幼虫生长过程中，蚕龄越小，其单位体重在单位时间内所需营养物质（包括水分）就越多，代谢强度也越大，表现在呼吸强度上也具相似的规律性。此外，蚕体表面积与体重或体积的比值也随蚕龄增大而减小，与之相关联的蚕体热量的散失和水分的蒸发也因蚕龄增长而减少。

二、激素对柞蚕生长发育的抑制作用

柞蚕的生长发育完全受激素的控制，激素中脑激素具有主导作用。脑激素激发咽侧体和前胸腺，促使咽侧体分泌保幼激素，前胸腺分泌蜕皮激素。当这两种激素同时在体内多量存在时，便导致幼虫生长性蜕皮；当蜕皮激素多量存在而保幼激素仅有少量时，便促成变态性蜕皮的发生。在幼虫的前4个龄期，咽侧体分泌保幼激素的活动在每龄盛食期前均逐渐旺盛，其后即渐降；而前胸腺分泌的蜕皮激素每龄前期少，盛食期后逐渐增多，结果促使龄中幼虫不断生长，龄末发生生长性蜕皮。进入第5龄，保幼激素的分泌以龄初最盛，以后渐衰；而前胸腺分泌蜕皮激素在第5龄仍逐日增长，致使第5龄的蚕体一方面保持着幼虫的性状，同时各器官组织又表现出向蛹态过渡，在第5龄后期尤其明显。及至第5龄末，由于蚕体主要受蜕皮激素的控制，最终导致变态性蜕皮发生，幼虫变为蛹。在蛹期，蜕皮激素仍然起主导作用，含量约为 0.006 mg/kg，促使器官组织的发育和各种代谢活动积极向成虫方向发展，形成蚕蛾，并引起第 2 次变态性蜕皮的发生。同时在羽化激素的作用下，蛾羽化，脱茧而出。

第六节　蜕皮与变态

一、蜕皮

蜕皮过程就是眠起的过程。蚕的生长是连续的，而体壁的生长有局限性。由于体重的增长速度远远大于体表面积的增长速度，因此随着蚕龄的日益增大，这种矛盾也会越来越大，最终引起了体壁的更新，即蜕皮。蜕皮过程中，真皮细胞分解，吸收旧表皮，分泌新表皮。旧表皮分解中起主要作用的是由真皮细胞分泌的蜕皮液中的蛋白质分解酶和几丁质分解酶。几丁质分解酶也存在于血淋巴、消化管和丝腺中，这些部位的活性变化和蜕皮变态期在体壁中所观察到的活性变化相似，表明了几丁质代谢系统是受相同调节机制控制的，从而保障了与蜕皮有关组织的协调性。柞蚕蜕皮受保幼激素和蜕皮激素调控，在幼虫每个龄期，蜕皮都是受这两种激素共同协调作用的结果，而变态蜕皮是蜕皮激素单独作用的结果。

二、变态

柞蚕由幼虫经过蛹发育为成虫的形态变化，称为变态。柞蚕幼虫期的生长是以外骨骼周期性的更新为基础的，以不连续的方式进行；蛹期虫体通过幼虫组织、器官的解离及成虫芽发育形成与此相连的成虫组织器官，完成其变态过程。在变态过程中出现化蛹和化蛾二次蜕皮，它们虽然同幼虫的蜕皮过程基本相似，但在形态上却有显著不同。蛹体壁和蛾体壁的形成过程和幼虫有所不同，除上述之外，在变态过程中，内部器官组织也发生了很大变化，即化蛹后蛹体虽然静止不动，但蛹体内剧烈地进行着组织解离和组织发生两个过程，前一个过程破坏幼虫的器官和组织，后一个过程形成成虫的器官和组织。组织解离是幼虫组织在缺少保幼激素的情况下，该组织内的某些酶引起组织解离而失去生活机能。这种失去生活机能的组织或细胞，被血细胞吞噬，而其成分在成虫器官组织发生时被利用。组织发生是存在于幼虫体内的一些特殊细胞，在保幼激素缺乏而蜕皮激素大量存在时，迅速发育分化而形成成虫的器官或组织，这些特殊的细胞呈器官芽。成虫由器官芽发育成幼虫所没有的器官有翅、复眼和外生殖器；由器官芽发育和幼虫期同类的器官或组织有体壁、口器、雄足、涎腺、气管、消化管、马氏管、肌肉和脂肪体；幼虫组织局部破坏后继续分化发育并改变位置的有神经系统、背血管和咽侧体等；由幼虫气管继续分化发育的有成虫内部生殖器；完全消失的幼虫器官组织有蜕皮腺、前胸腺、菲氏腺、腹足、臀足、单眼等。

第七节　柞蚕的滞育和化性

一、柞蚕的滞育

滞育是柞蚕等节肢动物在其系统发育过程中所形成的一种生理遗传特性，在其生活年史中生长发育或生殖暂时中止的生理现象。滞育与休眠不同，休眠是由不利环境条件直接引起的，并可由适宜的环境条件来防止其发生，也可迅速使它解除；滞育则是由滞育之前一定发育阶段的环境条件所引起的，进入滞育以后，必须在严格的环境条件下才能解除。

柞蚕以蛹态滞育。这种以蛹滞育的生理遗传性是在系统发育过程中形成的，属于兼性滞育型。柞蚕滞育蛹发生与否取决于外界环境条件、遗传特性和生理状况。在外界环境因子中，光线、温度和营养等对滞育蛹的发生均有重要影响，而其中又以光线为主。柞蚕滞育蛹的发生与放养期间的光周期直接有关。顾青虹（1940 年）证实，柞蚕化性变化主要受幼虫第 4、5 龄日照的影响，而温度影响较少。第 4、5 龄短日照是柞蚕一化性形成的必要条件，长日照则为二化性产生的必需因素。在柞蚕幼虫期，尤其是第 4、5 龄，如昼夜光照在 8~13 h 范围内，则蛹期全部滞育。仅在第 5 龄给予短光照时，大部分蛹（约 80%）也发生滞育。当昼夜光照长于 15 h，则蛹全部不滞育。滞育发生的临界光照时间为 14 h。

温度对柞蚕滞育蛹的发生也有很大影响。试验证明，在临界光照（14 h 时）以下，稚蚕高温、壮蚕低温促使绝大部分蛹（90%）发生滞育，反之，如稚蚕低温、壮蚕高温则滞育蛹率低于 10%。再如在黑暗中饲育幼虫，当温度为 14 ℃时全部蛹进入滞育，18 ℃时 80%蛹发生滞育，而当升至 30 ℃时则一般不出现滞育蛹。

卵期感光时间长短和感温高低，与滞育蛹的发生也有关系。卵期长日照促进滞育蛹发生，短日照则相反。如果壮蚕期日照在 15 h 以上，不论卵期日照长短，蛹期均不发生滞育；当日照在 13 h 以下时则全部滞育。故光照对卵期的效应仅当壮蚕在临界光照（14 h）条件下才能表现出来。卵期感受高温对滞育蛹的发生率比低温高。

营养与柞蚕滞育蛹的发生也有关系。当饲料内富含糖类物质，体内的 N/C 比值小时，可促进滞育蛹的发生。决定柞蚕蛹滞育与否的内因是遗传特性和生理状况。滞育蛹的发生受复等位基因所控制，而复等位基因则通过内分泌系统而起作用。在内分泌系统中，脑的神经内分泌又具主导作用。当引起滞育蛹的外界条件存在时，脑神经分泌细胞即停止分泌脑激素，导致前胸腺因无脑激素的促活作用而处于不活化状态，蛹体内因而缺乏发育所必需的蜕皮激素，于是发育中止而进入滞育状态。实验证明，如摘除滞育蛹脑，即可使之成为永久性滞育蛹，即使每日给 14 h 以上的长光照，也不能解除滞育；如再植入蛹脑，用长光照处理即可解除滞育。此外，当二化性春季幼蛹脑被摘除后，蛹即进入滞育态而成为永久性滞育蛹；如不予植入蛹脑，即使给以长光照或其他解除滞育的条件，也不能解除滞育。

柞蚕滞育蛹在生理上有很多特性。蛹进入滞育后，脑内胆碱酯酶活性被抑制，神经元之间的突触传递中止，胆甾醇含量剧减，ATP 的含量处于极低值。呼吸酶系对氰化物、一氧化碳、麻醉剂等不敏感，呼吸强度始终保持在极低水平，氧耗量仅每小时 0.014 mm^3/mg，而在滞育解除、开始发育时，即升至 0.08 mm^3/mg。发育时期作为贮存糖类的糖原在滞育发生后即转变成甘油，这对滞育蛹的抗寒性具有重要意义。光周期对柞蚕滞育发生的生理效应在幼虫阶段即已产生。长日照放养的第 5 龄幼虫，细胞色素氧化酶和琥珀酸脱氢酶活性显著高于短日照放养的幼虫。幼虫组织内谷胱甘肽和维生素 C 含量也是长日照放养的幼虫多于短日照；但脂肪和蛋白质氮含量则以短日照放养的第 5 龄幼虫较多，而非蛋白质氮含量以长日照幼虫较多。所以从总的代谢水平来看，短日照放养的幼虫要低于长日照幼虫。

柞蚕蛹滞育的解除也受环境因子的制约，解除因子是温度和光周期。滞育解除的适宜低温是 -5~15 ℃，而最适低温为 10 ℃ 左右，时间约需 20 d。长光照也能解除蛹的滞育，临界光照时间为 14 h。光线系透过蛹的颅顶板而直达蛹脑。不同波长的光线对滞育解除的效果并不一样，短光波（398~508 nm）具有明显的解除效果，其中又以波长460 nm效果最佳。长光波（580 nm或640 nm）对滞育无解除效果。光源以乳白色光和蓝色光为佳。在内因方面，当滞育阶段脑神经分泌细胞所分泌的脑激素达到临界值量时，便刺激前胸腺合成分泌蜕皮激素，于是滞育解除，发育继续。CGMP对滞育的解除具有重要作用，当将CGMP注入有脑滞育蛹后，即能产生解除滞育的生理效应。

二、柞蚕的化性

化性是柞蚕在自然条件下，1年中所发生世代数的特性。1年中只发生1个世代的特性称为一化性；1年中发生2个世代的特性称为二化性；1年中发生3个世代以上的特性称为多化性。柞蚕因每个世代的生活周期较长，在自然条件下，只有一化性和二化性。

柞蚕化性是由生理遗传因素决定的，同时又受环境条件的影响。影响柞蚕生长发育的环境因子主要有光、温度、降水，这些环境因子从北到南存在地理性差异，这种地理性差异影响了柞蚕的分布。

光照度在地球表面有时间和空间的变化规律，在赤道附近光照度最强，随纬度增加，太阳高度变低，光照度相应减弱；同时，光照度还随海拔高度的升高而增强。在北半球温带地区太阳的位置偏南，因而南坡接受光照比平地、北坡多，温度也高；夏季光照度最强，冬季最弱。从光谱成分上看，随太阳高度升高，紫外线和可见光所占比例增大，低纬度地区短光波多，高纬度地区长光波多；夏季短光波多，冬季长光波多。纬度不同，光照时间也有差异，温度在地球不同纬度上也有明显的变化规律。在北半球，随纬度北移，温度逐渐降低，纬度每增加1 ℃，年平均气温约降低0.5 ℃，这种变化对柞蚕的生长发育有重要意义。从降水来看，我国从东南向西北降水量逐渐减少，可以划分为湿润、半干旱、干旱三大气候区。由于上述环境条件的变化主要是以纬度为中心，又与柞蚕的化性密切相关，因此形成了柞蚕的化性分布规律。柞蚕生产分为一化性地区和二化性地区。

柞蚕化性有明显的分界线，即35°N为分界线，35°N以北地区为二化性地区，35°N以南地区为一化性地区，35°N线附近为化性不稳定地区。苏伦安（1980年）认为，在地域上，柞蚕有一个化性不稳定的活动带。从山东的泰安（36°9′N）经河南的林县（36°N）至甘肃的平凉（35°25′N），即从东北微偏西南走向的一条自然产生二化性柞蚕的最南界，此线以北的山东、河北、辽宁、吉林、黑龙江、内蒙古等省饲育的柞蚕为二化性，这一区域称为二化性地区。从山东的莒县（35°N）经河南的嵩县（35°5′N）至甘肃的天水（34°25′），即从东北微偏西南走向的一条自然产生一化性柞蚕的最北界，此线以南的河南、江苏、浙江、安徽、贵州、四川、云南等省饲育的柞蚕为一化性，这一区域称为一化性地区。在柞蚕一化性北界线和二化性南界线之间，相距约1个维度的地域是柞蚕的化性不稳定地带，是一化性和二化性的过渡区域。在该区域内，既有一化性柞蚕品种，又分布有二化性品种。

自然地理环境对柞蚕的化性有较强的影响，如果将二化性品种移至一化性地区饲育，当代就有大部分蛹滞育变成一化性，以此滞育蛹继代选育，可以选育出一化性品种。反之也如此。此外，即使同一地区，由于饲养时期不同，生态条件存在差异，也可使柞蚕化性发生改变。如二化性地区春蚕饲养过早，秋蚕在8月下旬或9月上旬营茧，则出现部分非滞育蛹，羽化为“三化蛾”。如果春蚕饲育过迟，在7月上旬营茧，则常出现少量滞育蛹。

综上所述，柞蚕化性既受内在遗传因素控制，也受外界环境条件影响。

第八节　柞蚕的泌丝营茧

柞蚕在5龄期食下的饲料，除满足蚕体组织的构建外，饲料中剩下大量的蛋白质和氨基酸，已成为多余物质而必须排出。因此，从生理上看，蚕泌丝营茧是把蚕体内过剩的氨基酸以丝物质的形式排出体外；从生存角度看，这也是适应外界环境、保护蛹体以繁殖后代的一种措施。

柞蚕丝蛋白分为丝素和丝胶两部分，它们都是由丝腺细胞合成分泌的。构成丝素蛋白的主要氨基酸有丙氨酸、甘氨酸和丝氨酸，这3种氨基酸的含量约占全部氨基酸的75%；其次含量较多的是酪氨酸、天门冬氨酸等。柞蚕丝胶的主要组成氨基酸是丝氨酸、天门冬氨酸、苏氨酸和甘氨酸，这4种氨基酸约占全部氨基酸的60%。丝素和丝胶中氨基酸的组成与饲料中氨基酸的组成有显著的差异，构成丝蛋白的主要氨基酸除来自饲料外，还有一部分来自蚕体的蛋白质和氨基酸代谢。丝腺细胞通过对血淋巴中游离氨基酸的选择性吸收，以及腺细胞本身也能合成某些氨基酸，这样就在丝腺中合成大量的丝蛋白，而丝腺各个部位合成的丝蛋白也有一定的差异，中部丝腺合成丝胶，后部丝腺合成丝素。在丝素合成中谷胱甘肽硫转移酶（GSTT）和核糖体蛋白L8（RPL8）起着重要作用，丝素基因的表达是在转录水平上调控的，并且具有时间上的差异性。丝蛋白被合成后，就由丝腺细胞分泌出来贮存在腺腔内，后部丝腺分泌的丝素逐渐累积，不断地进入中部丝腺，中部丝腺分泌的丝胶就包裹在丝素表面。刚分泌到腺腔内的茧丝物质含水量很高，尚未纤维化，丝素在腺腔内向前流动过程中，遇酸性较大的丝胶后聚合度随即增加；加以在流动过程中由于分子间的摩擦和分子的定向排列使丝素逐渐脱水而浓缩，从而使黏度不断扩大，在丝液经过前部丝腺时，丝素进一步纤维化；当丝物质由吐丝孔吐出时，通过头胸部的牵引作用，最后凝固而成茧丝。

第三章　柞蚕生态学基础

第一节　柞蚕的生活习性

习性是柞蚕种群具有的生物学特性，包括柞蚕的活动和行为。柞蚕长期生活在野外，形成了在野外栎林食叶、活动、栖息的习性及抵御不良环境条件的能力，并能很好地生存和繁衍后代。

一、眠性

眠性是指幼虫眠的次数，是柞蚕在进化过程中形成的生理遗传特性。柞蚕幼虫从孵化到发育成熟营茧需要眠 4 次。眠性主要是由脑—咽侧体—前胸腺系统分泌的激素强弱决定的，当脑激素分泌弱时，保幼激素分泌强。一般情况下，每龄初咽侧体分泌强，龄中脑激素分泌后促进前胸腺分泌蜕皮激素，而保幼激素分泌弱，幼虫就出现眠和幼虫蜕皮。脑激素的分泌又受伴性复等位基因控制。另外，柞蚕的眠性还受光照、温度、营养等因素的影响。眠性与蚕的数量性状有密切的关系，一般眠数多的蚕，幼虫期经过时间长，食下量多，全茧量高；眠数少的蚕则相反。

在正常情况下，柞蚕幼虫都是经过 4 眠 5 龄而老熟结茧。但遇到气象环境不良，天气过于干旱，或柞叶偏老偏硬，或饲料调剂不及时，往往会出现5眠6龄蚕。在夏季环境条件过于恶劣时，甚至全批蚕会变成5眠蚕；反之，当气候正常、营养条件良好时，个别会出现3眠4龄而营茧的现象。因此，柞蚕的眠性，常因环境条件的影响而表现出不稳定性。

二、食性

柞蚕是植食性昆虫，以植物叶为饲料，具有一定的选择性，主要取食栎属植物。柞蚕能以在分类学上几乎无亲缘关系的多种植物为饲料，属多食性昆虫。柞蚕不仅对饲料植物有一定的选择性，而且对饲料植物的叶质也具有主动的选食活动。如蚁蚕喜聚枝梢选食嫩叶，当嫩叶被食尽后，再逐渐下移取食；如果叶量不足或叶质不良时，柞蚕为选食良叶会频频窜枝，3眠前后更为明显，尤其以春蚕为甚，故有“春蚕好动，秋蚕好静”“3眠的腿，老眠的嘴”之说。

刚孵化的蚁蚕喜食卵壳，蜕皮后的起蚕也喜食蜕皮，常将卵壳或蜕皮啮食殆尽。蚕农认为啮食卵壳或蜕皮多的蚕是体质强健的表现。

柞蚕食叶，清晨较少，以日出后露干时和落日前最盛，日中阳光强时食叶较少。5龄柞蚕，由于白天温度较高，食叶时间以清晨、傍晚及晚上为多。柞蚕能食栎属、桦木属、柳属、栗属及法国梧桐、苹果、李子、杏、山荆子等树的叶子，但以栎属柞叶为最好。柞蚕幼虫有直接饮水的习性，特别在久旱后的雨露天气，饮雨露最甚。

三、趋性

趋性是指蚕体对刺激来源的定向改变、定向移动，如趋光性、趋温性、趋化性等。蚕体对刺激物有趋向和背向2种反应，因此趋性也有正趋性和负趋性。

1. 趋光性 趋光性是蚕体通过视觉器官对光线的定向反应。小蚕期尤其是蚁蚕，呈正趋光性，有利于蚁蚕上树、取食嫩叶；大蚕期为负趋光性，有利于防高温及烈日直射。柞蚕的趋光性还与光质有关，正常情况下，柞蚕喜集于青光、紫光；在经冷藏、绝食或蚕体虚弱时，则趋于绿光、黄光。

2. 趋密性 趋密性又称群集性，是同种昆虫的大量个体高密度地聚集在一起的习性。柞蚕属临时群集类型，因蚕龄而不同，小蚕趋密性强，大蚕则分散。因此小蚕可以密放，大蚕必须稀放。

3. 趋温性 趋温性是柞蚕对热刺激和冷刺激的反应。当柞蚕同时遇到多种温度时，总是避开不适宜的温度，向它最适宜的温度移动。当温度低于适温时，呈正趋温性；当温度高于适温时，呈负趋温性。选用柞园时，春季应先用阳坡后用阴坡，撒蚁时先用柞墩的向阳处，秋蚕期则相反。

4. 趋湿性 趋湿性是柞蚕幼虫对湿度和水刺激的反应。当干旱或叶中水分低于蚕体生理要求时，柞蚕移向叶面饮露水或雨水。当低温多湿时，柞蚕不喜食雨露多的叶子。

5. 趋化性 趋化性是柞蚕通过嗅觉器官对化学物质刺激产生的反应。柞蚕幼虫趋向喜食树种及适熟叶，成虫趋向柞树枝叶产卵等。

6. 向上性 向上性是柞蚕幼虫背离地心引力向上运动的习性。柞蚕幼虫除选食迁移时会出现向下运动外，一般情况下总是向上运动，在有坡度的山坡上也向上爬行。春蚕收蚁和移蚕时，应撒在柞墩的坡下半墩枝条上；撒蚕时枝条应斜放或横放，使蚕在树上均匀分布。

四、抗逆性

柞蚕幼虫的抗逆性是指幼虫对营养缺乏、气候恶劣、病原、敌害等不良环境的抵抗能力。

1. 警觉性　柞蚕遇到外界物理因素如风吹枝动等刺激，便停止取食或爬行，进而体躯收缩、头胸昂举呈警戒状态。警觉性强的蚕抓着力强，抗御风、虫等能力也强；凡蚕体收缩紧、久的为健蚕。警觉性的强弱可以作为选蚕的依据之一。

2. 自卫、吐胃液　当外来刺激加强，蚕除收缩、停食不动、头胸昂举外，头胸还左右摇击自卫；刺激过大时，蚕便吐出胃液，对袭击的椿象、瓢虫等小害虫有驱逐作用。移蚕操作刺激过大时，蚕也会因受刺激而吐胃液，这会影响蚕的消化能力，不利于蚕体健康。

3. 知雨性　柞蚕对降雨来临有预感的习性。在降雨来临之前，柞蚕能从叶面转移到叶背隐藏起来，以防降雨为害。为减少雨害损失，应在降雨来临之前移蚕；雨季撒蚕不宜过密；降雨时不应移蚕、匀蚕。

4. 抓着力　柞蚕有随时用足抓住枝叶的习性，当蚕体受到振动或遇风雨等刺激时，抓着更为明显。养蚕中常见 2~4 龄蚕遭受蜂类为害后，蚕体尾部残留在柞枝上，这是因为柞蚕尾足、腹足有较强的抓着力。从枝条上取蚕时，应在警觉之前从尾端迅速抓下，以防损伤蚕体。蚕的抓着力大蚕强、小蚕弱，取食期强、眠中弱，起蚕强、将眠时弱。蚕的抓着力是警觉、自卫、抗风的基础。

第二节　柞蚕与气象环境的关系

柞蚕在野外饲育，直接受野外气象环境因子的影响。环境条件适宜，柞蚕的生长发育就正常；超出适宜环境的范围，柞蚕的生理代谢发生紊乱，生长、发育不正常，生命力下降。影响柞蚕的气象环境因子有温度、湿度、光线、风、降水、霜冻等。

一、温度

（一）温度与柞蚕生存的关系

柞蚕的生长发育和温度密切相关。柞蚕属变温动物，其新陈代谢类型与恒温动物不同，保持和调节体温的能力较弱，自身无稳定的体温。外界温度的变化直接影响蚕体温度。柞蚕幼虫饲养在适温环境中，蚕食欲旺盛、体质强健、生命力强，则茧质优良。如饲养在偏低或偏高温度环境中，则生命力减弱，易发生病害，死亡率高。研究表明，柞蚕在 8 ℃条件下饲育，1 龄就死亡，而在 30 ℃条件下饲育，仅有极少数蚕营茧，其蛹也在羽化前死亡，8 ℃和 30 ℃分别是柞蚕幼虫生活的最低和最高界限温度。在 24. 5 ℃和 26 ℃下，死亡率分别为 20%和 26%；在 28 ℃下，全龄经过显著缩短，但蚕的死亡率达 66%；在 13. 5 ℃下，全龄经过延长至 112 d，死亡率高达 70%。由此可见，温度偏高或偏低都不利于柞蚕的生长发育，只有在 16. 5~22. 0 ℃范围内，死亡率最低，茧丝质量也最优，是柞蚕幼虫生长发育的适温范围。

不同龄期对温度的敏感程度也不同。当平均温度高于 22 ℃时，死亡率以 3 龄、4 龄期最高，5 龄则显著降低；当温度低于 22 ℃时，1 龄、4 龄、5 龄期死亡率较高。所以，1 龄及 5 龄均不耐低温，2 龄、3 龄对较高温度的适应性较强，4 龄对偏高或偏低温度的适应性较差。根据我国柞蚕产区的实际情况，柞蚕幼虫的适温范围为 17~25 ℃，最适温度为 22 ℃，生活温度范围为 8~30 ℃。

（二）温度与柞蚕生长发育的关系

温度不仅影响柞蚕的生存，而且还影响柞蚕生长发育的速度。在适温范围内，蚕体代谢作用随温度的升高而增强，随温度的降低而减弱。全龄经过随温度升高而缩短。研究表明，平均温度为 28 ℃时，全龄经过最短，平均为 34 d；当温度高于 28 ℃时，全龄经过随温度升高而缩短，这是因为过高的温度抑制了蚕体内某些代谢酶的活性，引起发育障碍。若温度低于 20 ℃，全龄经过随温度下降而延长。当温度在 13 ℃时，全龄经过长达 112 d；低于 13 ℃时，蚕不能充分生长发育。而在 16.5 ℃和 20 ℃时，2 龄、3 龄幼虫的发育经过最短。

实践表明，平均温度为 22～25 ℃时，收蚁结茧率高、茧质好。如温度高于 28 ℃，则蚕多不食叶而到处乱爬；低于 20 ℃时，营茧率低，而且茧质差。柞蚕在生长发育过程中，需从外界摄取一定热量才能完成某一阶段的生长发育，各发育阶段所需要的总热量是一个常数，这个总热量称积温。计算公式为：$K=NT$。其中，K 为总积温（常数），N 为发育期所需时间（d），T 为发育期的平均温度（°C）。柞蚕发育起点温度不是 0 ℃，因此常用有效积温即用生物在发育期内感受有效温度（发育起点以上温度）的总和来表示。计算公式为：

$$K=N\ (T-C)$$

其中，C 为发育起点温度（℃），$T-C$ 为有效平均温度（℃），K 为有效积温（℃）。

（三）温度对柞蚕的影响

环境温度超过柞蚕最高的生活温度范围时，柞蚕生长发育异常，严重时引起死亡。这是因为高温能引起蚕体原生质变性或破坏代谢酶系统。高温的这种不良影响除直接作用于当龄幼虫或其他虫态外，还影响以后的生长发育。卵期、小蚕期接触高温，常常会出现大蚕期核型多角体病发病率高的现象；蛹期高温，会引起蛾羽化不齐，易发生卷翅蛾及造卵数减少等。

蚕体通过气门和体表蒸发对高温有一定的调节作用。当温度升高时，气门开放大，蚕体代谢加快，柞蚕气门开放时间较长，增大了体内水分的蒸发量，从而体温下降。但如遇高温多湿时，气门开放小，时间短，则体内水分蒸发困难，使呼吸率增高，体温升高快，易引起蚕体死亡。所以高温、高湿对柞蚕的影响更大。

低温也会造成柞蚕生长发育异常或死亡，从而影响柞蚕生产。柞蚕遭受低温为害多在早春和晚秋，早春的冻害会导致小蚕发育迟缓，严重时死亡；晚秋的低温冷害会延缓大蚕的生长发育，造成蚕体死亡或不能结茧。低温对柞蚕的致死作用主要是由于蚕体液结冰，使原生质遭到机械损伤、脱水及生理结构的破坏。当这种现象达到一定程度，体内组织细胞产生不可恢复的变化时，蚕体即死亡。柞蚕对低温的抵抗能力与过冷却现象有关，蚕体过冷却点越低，耐寒性越强。昆虫的过冷却现象是巴赫梅捷夫（1898）用热电偶法测量大戟天蛾蛹的结冰点时发现的。昆虫在低温条件下，体温开始下降，降至 0 ℃时，体液仍不结冰，即开始进入过冷却过程，当温度继续下降到某一温度时，体温突然以跳跃式上升，此温度为过冷却点，表示体液开始结冰，此时体温突然上升到 0 ℃以下的某一温度，并有一个短暂的稳定期，以后又缓慢下降，这一开始下降的温度称体液结冰点，表示体液大量结冰而致昆虫死亡。

二、湿度

柞蚕体重的 80%以上都是水分，水是柞蚕生命活动的物质基础，柞蚕体内的一切新陈代谢都以水为介质。水分不足会导致正常生理活动的终止，严重时引起死亡。柞蚕在长期的系统发育过程中已经形成了喜雨好湿的习性。同时，水分还可以通过食物和天敌间接对柞蚕发生影响。满足柞蚕对水分的生理需求，维持蚕体内的水分平衡，是获得优质、高产柞蚕茧的基础。

（一）柞蚕幼虫体内的水分来源

柞蚕幼虫体内的水分主要来自食料，其次是雨水、露和大气。柞叶的含水量也受降水和湿度的影响。柞蚕体内的水分平衡是通过水分的吸取和排出来调节的，柞蚕获得水分的主要途径有：①从食物获得水分，这是柞蚕取得水分的主要方式。②直接饮水。在干旱的时候，降雨或有露水时，柞蚕常爬到叶面上直接饮水，以补充食料水分之不足，大蚕可连续饮水 7~8 滴。③通过体壁或卵壳吸水。④利用体内代谢水，如越冬前或化蛹、羽化前，虫体内部贮藏的脂肪类物质降解产生大量水，可供生长发育需要。1 g 脂肪完全氧化可产生 1.07 g 水，1 g 糖氧化后可产生 0.55 g 水，1 g 蛋白质氧化后可产生 0.41 g 水。另外，柞蚕通过体壁与气门蒸发和排泄粪便排出多余水分。

（二）湿度对柞蚕生长发育的影响

当柞树叶含水量低或天气干旱时，柞蚕生长发育受到抑制，出现蚕体瘦小、龄期延长、窜枝和跑坡等选食迁移现象。一旦久旱降雨，蚕便在叶面上吞饮雨露。饮水后，蚕体肥大，体色正常，发育良好。研究表明，相对湿度为 85% ~88%时，小蚕期发育经过为 18 d；相对湿度为 100%时，发育经过延长；相对湿度低于 70%时，发育速度明显减慢；相对湿度为 40%~50%时，3 眠蜕皮前即死亡。湿度对不同龄期的影响是不同的，相对湿度饱和时，对 3 龄幼虫的生长发育不利，而对 1 龄、2 龄幼虫的生长发育有促进作用；相对湿度在 85%~100%时，3 眠蚕体重平均为 1.3 g；相对湿度低于 70%时，3 眠蚕体重仅为 0.8~0.9 g。刚孵化的蚁蚕或眠起时，雨水过多对蚕是不利的，容易发生“灌蚁子”“灌起子”等，导致蚕死亡。

（三）湿度对柞蚕幼虫生命力的影响

湿度对各龄蚕的影响是不同的。相对湿度饱和时，1~2 龄蚕生命力不受影响，发育经过稍快；3 龄蚕在多湿环境中生长，则龄期延长，死亡率高。当相对湿度低于 80%时，1 龄蚕的死亡率高；相对湿度为 100%时，1 龄、2 龄没有死亡，仅在 3 龄部分死亡。湿度对大蚕的影响较小。柞蚕小蚕期的适宜相对湿度为

85%~90%，1 龄蚕特别喜湿，3 龄蚕要求有一定的干湿差，大蚕期在自然条件下即可正常生长发育。

三、光线

光线不仅是柞蚕幼虫生长发育所必需的环境因素之一，而且是决定柞蚕滞育的主导因子。光照对柞蚕生长发育、茧质、繁殖等均有显著影响，如把柞蚕饲育在黑暗环境下，柞蚕全龄经过时间就会适当延长，蚕体色变淡，会降低茧的重量和茧层重量，也会减弱蛾的生殖力。

光线对各龄期蚕的影响不同，在第 5 龄后半期如缺少光线，则影响最大；只有在第 1 龄中，虽养在暗处，并不影响以后的发育、生殖力和茧量。这充分说明不同龄期对光的反应是不同的，柞蚕幼虫是需要光照的。光线虽是蚕生长发育所不可缺少的环境条件，但在过分强烈的日光下，对蚕也有不利的影响。如蚕在就眠时，由于剪移不及时，眠于光枝上，眠蚕受到烈日直射（俗称“晒眠子”），蚕体便容易虚弱，从而引起蚕病的发生。所以在就眠前，宜及时移蚕，使其眠于满叶上，避免强光。此外，光线强弱和每天光照时间还影响柞蚕的化性。

四、风和气流

（一）风对柞蚕的影响

风对柞蚕的影响是多方面的，适当的风量和风速可以调节柞园的小气候环境（温度、湿度、蒸发等），并促进蚕健康成长。但风速过大、风力过强，则对蚕的生命活动和生长发育有害。风的强弱，通常用无风、软风、轻风、微风、和风、清风、疾风、强风、大风、烈风、狂风、暴风等表示。大风、烈风等对柞蚕有害，软风、轻风、微风、和风对柞蚕有利。后者不仅能及时排湿保持柞园干燥，而且有利于降低蚕的体温，减轻高温闷热为害。

风吹枝动，可摇落叶面积粪、雨水，防止“灌蚁子”及病害发生。

（二）柞蚕对风力的适应范围

实践认为，收蚁时，无风最好；小蚕期间，以1~3级、风速1~5 m/s的软风、微风、轻风为好；大蚕的抓握力较大，以1~4级、风速1~7 m/s的软风、微风、轻风、和风对柞蚕生长有利。5龄蚕虽能抵抗较大的风速，但风速过大影响蚕的取食，导致蚕体虚弱，发育不齐。蚕对风的抵抗能力，大蚕大于小蚕，食叶中的蚕大于将眠蚕和眠蚕。柞蚕饲养中要求小蚕避大风，通小风，不窝风。春蚕把场以背风向阳为宜，并采用绑把收蚁养蚕或者室内饲育等措施防风保苗；秋蚕为防止高温高湿，小蚕期应选择通风较好、地势较高的蚕坡，同时采用绑把收蚁。大蚕期应注意通风，尤其是春蚕大蚕期遇高温闷热时，应选择通风良好的蚕坡。有条件的地区应建立密植、抗风的小蚕专用饲养场。另外，局部地形、地貌也会造成局部蚕坡风速增大，如山岭顶部、山脊及山坡的上半部，山脊的缺口处，马鞍形山势的鞍底部、山沟、山谷或V形地势的风道里等。在选择蚕场时，应考虑这些地形、地貌等因素，防止大风为害。

五、霜和霜冻

霜和霜冻会对柞蚕产生冻害，严重时对柞蚕生产构成威胁。我国河北的高寒山区，辽宁、吉林、黑龙江、内蒙古等省的柞蚕常受霜或霜冻为害，影响着这些地区的柞蚕生产。

（一）霜和霜冻对柞蚕的为害

春柞蚕1~2龄遭受晚霜为害时，常出现行动迟缓、食欲不振、生长缓慢、发育不齐、龄期延长等现象。受害严重时，1~2龄柞蚕死亡；受害轻时，大蚕期脓病发病率偏高。秋柞蚕5龄末期常遭受早霜为害，受害严重时，可被冻死，即使不被冻死，也会因无柞叶而饿死；受害轻时，多营薄茧或不营茧。

（二）霜和霜冻的预防

春季选用背风向阳的蚕场，而不用低洼地作把场；小蚕采用室内或室外保护育等。秋蚕预防早霜为害，多选用早熟品种或杂交种；在秋季制种时，适当采用加温暖种使其提早羽化，东北部高寒山区夜间气温低，也可采用加温暖卵，使之提早孵化，提早收蚁。在饲养技术上，采用勤匀、多移、嫩叶催蚕等方法，使蚕发育速度加快，缩短龄期；窝茧时选用阳坡温暖蚕场等。在无霜期短的地区如黑龙江、内蒙古及吉林、辽宁的东北部高寒山区等，可采用二化一放生产方式，避免霜冻为害。

六、冰雹和雾

蚕期遭受冰雹为害，会直接被其所伤，轻者受伤，重者死亡，在一定时间内还有冻害发生。同时，冰雹对柞树叶子也会造成伤害，可致使蚕期用叶不足。所以冰雹对柞蚕的直接伤害比较大。

雾对柞蚕影响不大，在天气干燥时期，通过雾还可以为蚕体补充水分，促进蚕体发育。

七、气象因素对柞蚕的综合影响

在自然界中，各种气象因素不是孤立存在的，柞蚕生活在小气候环境里，受到温度、湿度、光照、气流等气象因素的综合作用。气象因素之间既相互作用，又相互制约，相互之间又不可代替。只有了解各因素之间的相互关系，才能合理地调节利用气象资源发展柞蚕生产。如温度和湿度总是同时存在并相互影响，温度和湿度的组合不同，对柞蚕卵的孵化率、幼虫生命率、成虫羽化率及产卵量等均会产生不同程度的影响。这是因为适宜的温度范围会因湿度条件而转移，适宜的湿度范围也会因温度条件而变化。采用温湿度系数表示二者的作用关系是比较接近现实环境的，但是温湿度系数必须限定在一定的温度和湿度范围内，因不同的温度、湿度组合可以得到相同的温湿度系数。高温多湿下，气流可以减轻为害；光周期的变化往往同温度的变化相一致，也影响湿度的变化等。

第三节　柞蚕与自然地理环境条件的关系

据记载，我国柞蚕品种有140余个。柞蚕按化性可分为一化性品种和二化性品种，按体色可分为黄蚕血统、青黄蚕血统、蓝蚕血统、白蚕血统、青蚕血统、红蚕血统等。不同品种对环境条件的要求不同，柞蚕品种的分布存在明显的地区性。一化性品种主要分布在35°N以南的一化性地区，二化性品种则主要分布在35°N以北的二化性地区。柞蚕幼虫的体色不同，对温度、光照等环境条件的适应能力也不同。黄蚕血统品种因幼虫体色对太阳光具有较强的反射作用而比较耐高温环境，多分布在低纬度高温气候区，如山东、河南、四川、贵州等蚕区；青黄蚕血统品种对太阳光的反射作用较小而不耐高温，多分布于高纬度中温带气候区，如辽宁、吉林等北方蚕区。蓝蚕系统品种主要分布在胶东半岛，白蚕系统品种应用较少。我国柞蚕产区自然地理环境条件与柞蚕品种分布如下：

1. 辽宁、吉林、黑龙江、内蒙古等省　该区地处38°43′～53°42′N，属中温带季风气候区。柞园主要分布在大兴安岭、小兴安岭、长白山山脉及南延的吉林哈达岭、龙岗山脉、辽宁千山山脉的低山丘陵，海拔150～400 m，主要饲料植物是蒙古栎、辽东栎、麻栎，该区是典型的二化性地区，主要以青黄蚕血统品种为主，如青6号、青黄1号、抗大、选大2号、882、扎兰1号等。柞蚕茧产量占全国总产量的85%以上。

2. 山东、陕西、山西、甘肃等省 该区地处31°42′~42°40′N，属中温带至暖温带气候区。柞园主要分布在燕山山脉、太行山山脉、秦岭山脉及胶东半岛的低山丘陵，海拔100~500 m，主要饲料植物是麻栎、栓皮栎、蒙古栎。该区是一化性和二化性的过渡区域，既有一化性品种，又有二化性品种，有黄蚕血统品种、青黄蚕血统品种及蓝蚕血统品种，如杏黄、方山黄2号、胶蓝等。柞蚕茧产量约占全国总产量的6%。

3. 河南、安徽、湖北等省份 该区地处29°5′~36°22′N，属暖温带气候区。柞园主要分布在伏牛山、桐柏山、大别山等山脉及江南丘陵，主要饲料植物是麻栎、栓皮栎。该区是典型的一化性地区，主要以黄蚕血统品种为主，如河41、河33、河39、河101等。柞蚕茧产量约占全国总产量的5%。

4. 贵州、四川、广西等省（区） 该区地处21°8′~35°7′N，属暖温带至亚热带湿润季风气候区。柞园主要分布在江南丘陵、云贵高原海拔50~300m的低山丘陵，主要饲料植物是麻栎、栓皮栎、白栎。该区也是典型的一化性地区，主要以黄蚕系统品种为主，如101、河41 、豫6号等。

第四节　柞蚕与柞园地理环境的关系

柞园是饲养柞蚕的场所，为柞蚕提供生存空间和生活饲料。柞蚕放养在野外，全部生命活动都在蚕场完成，所以柞园的地理环境条件与柞蚕的生长发育有密切关系。影响柞园小气候的主要地理环境因素是海拔高度和坡向。

一、柞园的海拔高度与柞蚕饲育

海拔高度与柞园小气候有密切关系，同一柞园，由于海拔高度及地形不同，其环境条件也有较大差异。海拔高度高的高山或高原太阳辐射较强，空气稀薄，地面逆辐射的热量散失较快，气温较低。通常海拔高度每升高 100 m，年平均气温降低 0.5～0.6 ℃，同时气温还受地形、坡向等因素的影响。小气候环境也不完全如此，如坡面热量散失快，冷空气相对密度大，沿坡面下滑，集聚于洼地面上，使地面温度很快下降，所以无风夜晚洼地温度常比坡地低。而洼地常为导热率小的疏松土壤，易结霜，因此易受早霜、晚霜为害，俗称“霜打洼地”“冷潮”等。洼地蚕场易出现通风较差、湿度小、排水不良等情况，柞树发芽晚，易遭霜冻，不适合用作春季蚁场和茧场。地势较高的丘陵、山坡、山梁，白天空气流通，散热快，温度升高慢；夜间冷空气沿山坡下滑，使下面的热空气上升，在山坡交互混合，气温反而比山坡和洼地都高，形成暖带，而且温差也小，适合用作春季蚁场。因此春蚕饲育从山脚向山上放，先用低坡后用高坡，但不用洼地；秋蚕饲育先用山坡的中上部，但应避开风大的地方，茧场应选用中下部的蚕场。

二、柞园坡度、坡向与柞蚕饲育

坡度指山坡的陡峭程度，用垂直高度对水平距离的百分比来表示。坡度越大，单位水平面积的表面积也越大，按同种株行距栽植的柞树量，中等坡度的优良柞园比水平柞园的株数多，饲养柞蚕量偏大。坡度大，柞园小气候变化也大，10°～30°的坡地比1°～3°的平地的地表径流量约大 9.8 倍，泥沙流失量约大 16 倍。

（一）柞园坡向与太阳辐射

在北半球温带地区，太阳的位置偏南，南坡所接受的太阳辐射比平地及其他坡向多，因此南坡小气候的温度高，而且还影响南坡柞园的地温、湿度、土壤水分及柞树的生长发育。北坡接受太阳辐射量最少，温度偏低，湿度偏高。东坡早晨接受太阳辐射早，白天气温回升快。西坡白天气温回升慢，午后由于西照阳光的影响，使西坡的气温急剧偏高。有时温度过高会影响柞蚕的生长发育，尤其是沙化柞园对柞蚕的影响更为严重。因此东坡比西坡平均气温偏低，湿度也偏大。

（二）柞园坡向与风向

我国各地不同季节的主风向不同，对不同坡向柞园的小气候影响也较大。如盛夏西南干热风会使西南坡、南坡柞树叶质加速硬化。江淮和黄淮一带夏季的东南风和东风，不仅凉爽宜人，而且湿度大，这种风南坡受益较大。秋冬季的北风是我国大陆的主风，常常秋季来得早，冬季去得迟，影响柞树的叶质，这种风对北坡、东北坡、西北坡的柞树影响较大。

南坡等向阳、温暖、背风的蚕场柞树发芽早，有利于春小蚕的生长发育而选作春蚕蚁场，大蚕期则移至北坡饲育；但应避免使用受西照阳光的柞园。秋季蚁场应选择东向或东北向的柞园。

第五节　柞蚕与营养饲料

一、柞树

柞树叶营养成分直接影响柞蚕的生长发育。幼虫期摄取的营养不仅供自身的生长发育，而且也影响蛹、蛾、卵的发育和成长。

（一）柞叶的化学成分与柞蚕的营养需求

柞叶中所含的化学成分有水分、蛋白质、糖类、脂肪、灰分等，化学成分的含量和比例决定着柞叶营养价值的高低。柞叶化学成分不仅与柞树种类、树龄和叶位有关，而且还受土壤、气候及栽培条件等的影响。从柞叶的化学成分来看，辽东栎、蒙古栎、麻栎的干物重高于槲栎，麻栎含蛋白质多，辽东栎、蒙古栎含脂肪量高，因此营养价值高，而槲栎的营养价值相对较低。根据柞树叶的色泽、光滑度、软硬度、厚薄等物理性状及养蚕成绩等也可评价柞叶的营养价值，如叶色浓绿、叶面光滑的营养价值也高。麻栎叶面油润也称为油柞；槲栎以叶面具有光泽的油槲营养价值高，养蚕效果好。幼虫从柞叶中摄取必需的营养物质作为新陈代谢的物质基础，并为以后的各发育阶段积累足够的能量。柞叶的各种营养成分必须满足柞蚕生长发育的最低要求，否则，蚕体会因营养缺乏而发育不良。柞蚕所需要的营养物质主要有蛋白质（包括氨基酸）、糖类、脂类、维生素、无机盐类及水分等。

1. 蛋白质和氨基酸　蛋白质是构成蚕体的基本物质之一，是细胞分子结构中最重要的组成部分，一切生命过程都离不开蛋白质。柞叶中蛋白质含量及构成蛋白质的氨基酸组成直接影响蚕的生长发育和丝物质合成。在氨基酸组成中，有些氨基酸蚕体本身不能合成或合成量很少，必须从食料中获得，当食料中缺乏这些氨基酸中的任一种时，必将导致蚕体生长发育极度不良或死亡，这些氨基酸称为必需氨基酸。有些氨基酸蚕体本身能够合成，称为非必需氨基酸。也有的氨基酸虽非必需，但对蚕生长发育具有促进作用。

2. 糖类　糖类在生理上主要作为能源物质，也是蚕体的重要组成成分。在糖类中可溶性糖类的营养价值最高，如蔗糖、葡萄糖和果糖等。纤维素虽不能被消化利用，但在生理上却是必需的。

3. 脂类　脂类不溶于水，它是一种能源贮备物质，也是细胞结构的一部分，有的脂类是激素的前体。脂类主要包括脂肪、磷脂及甾醇等。脂肪在柞叶中含量很少，蚕体内的脂肪主要以单糖为前体在脂肪体中合成。蚕体不能合成甾醇类物质，必须从食料中获得。当缺乏甾醇类物质时，蚕体则不能生长而死亡。

4. 维生素 维生素是一类生理活性物质，主要是辅酶或其他催化剂的组成成分，是调节蚕体生理机能不可缺少的物质，在细胞代谢中起着重要作用。蚕体不能合成维生素，必须从食料中获得，其中以B族维生素和维生素C较为重要，缺乏时严重影响蚕生长发育甚至死亡。如添食维生素B_1和对氨基苯甲酸（叶酸的组成部分），均能促进柞蚕幼虫的生长发育并提高茧层率。

5. 无机盐类 无机盐类是蚕体不可缺少的营养物质，对保持细胞与血淋巴间渗透压的相对平衡、血淋巴pH的相对稳定、许多酶系的激活或抑制、呼吸链中电子传递和神经传递及肌肉运动等均具有重要作用。蚕所需要的无机盐类有钾、磷、镁、钙、锌、锰、铁等。添食适量的微量元素对柞蚕生长发育及产量形成等有不同程度的作用。

6. 水分 水分是构成蚕体物质中含量最多的成分，约占蚕体组成的80%。蚕体的生命过程离不开水，特别是消化过程中不可缺少。各种营养物质必须以水溶液状态进入细胞，一切生物化学反应也都必须在水溶液中进行，营养物质的运输及代谢废物的排泄也必须有水分参加。水又能调节体温，保持体温的相对稳定。柞蚕体内水分主要来自食料，柞蚕也有饮雨、露的习性。

柞蚕从柞叶中摄取的营养物质是进行新陈代谢的物质基础。如果蚕体从柞叶中所获得营养物质的量超过了最低要求时，则蚕生长发育正常；反之，柞叶中营养物质的量不足以满足蚕体的最低要求，则蚕不能正常生长发育。柞蚕幼虫不同发育阶段对营养物质的要求不同，小蚕期生长发育速度快，1龄体重增长春蚕为8.5倍，秋蚕为9.9倍，是全龄生长发育速度最快的时期。而蛋白质是构建蚕体的基础物质，柞蚕小蚕期尤其是1龄蚕要求柞叶中应有充足的蛋白质和水分，才能满足迅速生长的需要。糖类是蚕体充分利用柞叶蛋白质进行生长发育的能源物质，柞叶中必须含有足够的量。柞蚕小蚕期用叶既要含有丰富的蛋白质和水分，又必须含有足够的糖类；柞蚕大蚕期对营养物质的需求与小蚕期不同，随着蚕龄的增大，生长发育速度缓慢，5 龄蚕体重增长仅 3. 8 倍。这时蚕体对糖类的需求量逐渐增大，而水分和蛋白质的需求量相对减少。因此，大蚕用叶要求含有丰富的糖类和适量的蛋白质及水分。由于 5 龄蚕丝腺大量合成丝物质，除了利用糖类转化为丝蛋白外，多食蛋白质含量高的柞叶，也能促进丝蛋白的合成。

（二）柞叶质量与柞蚕生长发育的关系

柞叶质量直接关系到柞蚕生长发育及蚕茧的产量和质量，选择合适的树种、树龄及适当的饲育技术是提高柞蚕茧产量和质量的重要措施。

我国饲养柞蚕的栎属植物主要有蒙古栎、辽东栎、麻栎、槲、锐齿栎、槲栎、栓皮栎等。柞树种类不同，其生物特性、柞叶的物理性质和化学组成各不相同，决定了养蚕价值上的差异。辽东栎和蒙古栎发芽早，硬度适中，叶营养成分含量高，养蚕蚕体强健，适宜春秋蚕兼用，是饲养柞蚕的优良树种。从不同树种饲育秋柞蚕各龄眠蚕体重和熟蚕体重来看，以辽东栎、麻栎养蚕效果较好，槲栎最差。从全龄经过看，麻栎饲养区最快，辽东栎区次之，其余依次为蒙古栎区、槲区、槲栎区。不同树种养蚕对柞蚕抗病力有较大影响，蒙古栎饲养区对脓病抵抗力较强，其次为辽东栎、槲栎，槲区脓病发病率最高。对软化病的抵抗力则以辽东栎饲养区最强，其次依次为蒙古栎、槲栎、槲、麻栎等饲养区。从全国来看，麻栎为优良树种，槲栎最差；辽东栎、蒙古栎是东北地区的优良树种，但在辽西、山东则不如麻栎。栓皮栎在辽西适合用于茧场，但在河南、湖北、广西等地不仅适合用于收蚁，而且还是大蚕期的优良饲料树种。

柞树树龄不同，叶中营养物质的含量也不同，并且与养蚕效果关系密切。幼龄树水分和蛋白质含量比老树高，随树龄增进，含水量和蛋白质含量逐渐减少，糖类和脂肪含量逐渐增加。树龄不同，叶质的软硬程度也有差异，直接影响蚕的取食、消化和吸收，从而影响蚕的生长发育。根据蚕的生长发育特点，合理用叶，小蚕偏嫩叶，大蚕偏成熟叶，繁育种茧不宜用嫩柞叶。在河南春旱地区，大蚕期用二年生枝条老硬叶时，因营养差致蚕体虚弱不齐，软化病蚕多，遗失蚕率高，尤以 4 龄时吃老硬叶，窜枝、跑坡现象更为严重。采用剪梢等创造人工夏梢的方法，是在低纬度、温度高、湿度低、叶质老硬快地区进行柞蚕生产的有效措施。科学用叶，合理使用树龄，充分利用柞叶中水分和蛋白质等，解决小蚕生长快和天旱叶老硬的矛盾是发展旱区柞蚕生产的关键。

同一株树的叶位不同，其叶质也不同，直接影响养蚕效果。选用适当叶位的柞叶养蚕，是防病增产的关键措施。上位叶（柞墩 1/2 以上柞叶）5 月中旬以前比当时的下位叶含水量偏多，5 月中旬以后，则上位叶的含水量比下位叶低。下位叶的含氮量、粗蛋白含量比上位叶高，单糖、粗脂肪则上位叶含量高。

蚕龄不同，对适熟叶的要求不一。小蚕应选用质地柔嫩，水分、蛋白质含量高，糖类含量充足的适熟叶，如果 1~2 龄蚕食叶质差的老硬叶，则蚕体虚弱，遗失率高，以后即使食适熟叶也难以恢复。大蚕应选用质地不过于柔嫩，水分、蛋白质含量充足，糖类含量多的适熟叶。

不同生长时期的柞叶，其营养成分含量显著不同。春叶含水量多，糖类少，全氮量、粗蛋白氮含量高；秋叶含水量少，糖类、脂肪含量高，全氮量、粗蛋白含量少。从叶质营养成分看，春叶不如秋叶。柞叶的含糖量随柞叶成熟而逐渐增加，含水量则逐渐减少。

不同土壤、地势、气候条件下生长的柞叶对柞蚕有不同的结果。郑珍著《樗茧谱》记载："相地之法，泥为上，挟沙次之，红沙火石为下。砂石者，所生柞叶细而瘦，茧也如之。"可见土壤条件与柞树生长发育和蚕茧质量的关系极为密切。地势高的蚕场，通风好，温度低，湿度低，虫害少，露水少，饲养柞蚕则蚕体瘦小，但不受高温闷热等为害。水肥条件好的蚕场，柞树生长旺盛，蚕生长发育良好。同时，树型养成与柞蚕生产也有直接关系。根刈柞叶硬化快，底叶污染重，易潜伏敌害，柞蚕发病率高；中干柞叶能增加产叶量，担蚕量高，新生枝叶含水量高，叶质硬化迟，通风透光好，养蚕效果好，尤其是繁育种茧更应提倡用中干柞树养蚕，提高蚕种质量。柞树的适当修剪也是提高柞叶质量和产量的重要手段之一。山东、河南等地为解决春季干旱、柞叶老硬，采取柞树修剪的方法，创造夏梢，获得了较好的效果。

二、栎属以外的植物饲料

柞蚕是多食性的昆虫，除柞树叶外，还可以食蒿柳、枫、桦、板栗、苹果、李和杏树等树叶（辽宁省蚕业科学研究所对蒿柳养蚕进行了较为系统的研究，并取得了可喜的成绩）。

1. 蒿柳　蒿柳又称绢柳、簸箕柳。乔木，呈灌木状。树皮灰绿色，有的浅紫绿色。枝条细长柔软，一年生枝及梢部具灰白色绒毛，老枝光滑。叶窄狭长，叶面绿色，叶背密生银白色绢毛，是区别于其他柳树的显著特征。侧脉不明显，达 28 对左右。叶全缘，叶柄短，柔荑花序。花期 4 月，芽期 4 月，10 月上旬叶黄，叶绿期达 180 d 左右。多用营养繁殖，扦插易生根，成活率高，生长快。河南、辽宁、吉林、内蒙古、西藏、新疆等地均有分布。

蒿柳喜光、喜湿润、喜肥沃土壤，多生于沿河两岸，对温度适应性强。蒿柳的叶质成分中含水量比麻栎高，比辽东栎、蒙古栎低，粗蛋白质含量比麻栎、辽东栎、蒙古栎都高，粗脂肪含量略低于上述三种栎树。全糖含量高于辽东栎，低于麻栎、蒙古栎，淀粉含量比上述三种栎树高。因此，蒿柳适合饲养柞小蚕。

用蒿柳养蚕春季收蚁保苗率高于辽东栎，秋季低于麻栎；春季结茧率不如蒙古栎和辽东栎，但秋季结茧率比麻栎、辽东栎、蒙古栎都高；千粒茧重春、秋季都低于辽东栎和蒙古栎；龄期经过春季比辽东栎、蒙古栎都长 1~2 d，但秋季比麻栎、辽东栎、蒙古栎都短 2~3 d。所以，蒿柳养蚕适于养秋季稚蚕。据辽宁省丹东市楼房蚕种场早期用蒿柳养蚕试验，春、秋季的收蚁保苗率、收蚁结茧率都高于一般柞树蚕场，龄期经过春季比柞树蚕场晚2 d，秋季比柞树蚕场早 4 d。

2. 枫　枫又称三角枫、枫香树。落叶乔木，叶掌状三裂，有锯齿。据华南农业大学试验，以春、夏、秋整期全龄枫香叶饲养，蚕发育经过良好，体色、体态正常，与麻栎对照区及同品种在原产地用柞树放养的成绩比较，蚕期全龄经过缩短，蚕体大小和重量均较大、较重，茧的大小和全茧量、茧层量、茧层率均有增加。因此枫香叶也是柞蚕优良的代用饲料之一。我国的枫香树分布地区较广，如能加以人工整理，培植利用，并有计划地营造枫林放蚕，不但可以为发展柞蚕生产开创一条途径，而且可以促进造林业的发展。

3. 桦树　落叶灌木或乔木，树皮灰白色。分枝多，枝条较细，红褐色。叶长卵形或纺锤形，有浅锯齿。在我国华北、东北分布较多。据资料介绍，食桦叶的柞蚕茧色较淡，重量较大，丝长较长。

4. 山荆子　小乔木。幼枝较细，红褐色，无毛。叶卵圆形或椭圆形，长 3~8 cm，先端渐尖，叶柄长 2~5 cm。分布于东北、黄河流域各地，多生于林缘或向阳山坡。深根性、耐寒性强，叶早发。据辽宁省蚕业科学研究所试验，4 月 20 日左右利用山荆子叶在室内养蚕，比一般野外利用柞树养蚕提早 30 d 左右。1~3 龄用山荆子叶养，4~5 龄用柞叶养，其全茧量高于全龄柞叶养，并且发育也快。反之，1~3 龄用柞叶养，4~5 龄再用山荆子叶养，茧量和蚕的发育都差。食用山荆子叶的柞蚕，其蛹体脂肪含量高于食柞叶的蛹，这是由于山荆子叶内的单糖和蛋白质含量均高于柞叶。

三、人工饲料

人工饲料是根据柞蚕的食性及生理需要，选择适宜的天然物质或化学物质配制而成的饲料。从广义上讲，凡是经过加工制作的任何饲料都称为人工饲料。采用人工饲料饲养柞蚕，可以减少病虫为害，防止环境污染；1 龄蚕用人工饲料饲养，对于北方地区解决霜害、低温冷害问题具有实用意义。人工饲料对于研究柞蚕生理和病理等也具有重要意义。采用人工饲料全龄饲养柞蚕可以完成生长发育，但畸形蛹和短翅蛾率较高，茧丝质量不如柞叶饲育好。

（一）人工饲料的组成

人工饲料按其组成成分的来源，可分为混合饲料、半合成饲料和合成饲料。含有柞叶粉的人工饲料，称混合饲料；不含有柞叶粉但含有其他天然物质的人工饲料，称半合成饲料；完全由氨基酸及其他化学物质组成的人工饲料，称合成饲料。柞蚕人工饲料必须满足以下基本条件：满足蚕的营养需求（营养成分），有适当的物理性状（造型成分），有防腐性能（防腐成分），适合柞蚕的食性（含诱食因子、咬食因子、吞咽因子）。

（二）人工饲料的配制

人工饲料的配制包括对原料的选择加工及调制。饲料的调制要注意各种原料的充分混合，不影响饲料的营养价值。

1. 原料的选择与加工

（1）柞叶粉。柞叶的叶质因树种及采集时期而变化，采集后的管理对饲料质量也有影响。不同树种的柞叶粉养蚕效果不同，以麻栎、蒙古栎最佳，辽东栎、槲栎较差。采集无污染、无病斑的柞叶，在 50~60 ℃下鼓风干燥，然后粉碎成粉末并过 60 目筛（孔径为 250 μm），分装于灭菌的容器内，保存在低温黑暗处，防止吸湿发霉。

（2）蛋白质。大豆粉的蛋白质及氨基酸含量适合柞蚕生长发育的需要，可以直接作为人工饲料的原料。由于大豆中含有少量影响取食的脂溶性物质，多采用脱脂大豆粉为原料。日本多采用石油酵母蛋白为原料，其蛋白质含量在 50%以上。

（3）糖类。糖类一般为蔗糖、葡萄糖、淀粉。纤维素的添加有利于蚕体吞咽和消化，有利于饲料成型。

（4）防腐剂。常用的防腐物质有山梨酸、丙酸等，也可加入抗生素类药物如氯霉素等。

（5）脂类。含柞叶粉的人工饲料一般不需要加入脂类，但必须添加甾醇类物质。各种植物油中营养价值较高的是大豆油。

（6）维生素。如维生素 C、B 族维生素等。麦麸粉中 B 族维生素含量高，常作为人工饲料的原料。

（7）无机盐类。市售的无机盐类按一定比例混合而成。

（8）成型剂。琼脂、淀粉是人工饲料中常用的成型剂。适量增加淀粉含量，少用或不用琼脂可降低成本。纤维素也有改善饲料物理性状的作用。

2. 饲料的调制　将鲜柞叶在 50~60 ℃下鼓风烘干，粉碎成粉末并过 60 目筛（孔径为 250 μm）后待用；大豆粉碎后在 120 ℃烘箱内烘烤 1~1.5 h，过 60 目筛后与柞叶粉以一定比例混合。微量的添加剂如山梨酸、氯霉素等，为使其均匀地混合到饲料中去，先溶于少量水中，并与一定量淀粉混合，使这些药物均匀地黏附于淀粉颗粒的表面。脂溶性的β-谷甾醇可先用有机溶剂溶解，再加入上述混合的原料中，待有机溶剂挥发后使用。最后加入无机盐类和维生素等物质，边搅拌边蒸煮，在 95 ℃下蒸煮 20 min 即可，或在 117 ℃下高压灭菌 40 min。蒸煮后的饲料冷却后，用聚乙烯保鲜膜包装后贮藏于低温（10 ℃以下）条件下待用。

第六节 柞蚕茧和柞蚕丝

一、柞蚕茧

（一）柞蚕茧的形成

柞蚕幼虫老熟时，用腹足抓住枝条，胸足、尾足离枝悬空，头胸部和腹部用力收缩，增加体腔内压力，将体内稀粪和液体排出。排液后的老熟幼虫在枝叶间找到适当的营茧位置后开始吐丝营茧。营茧时先牵拢 2~3 片柞叶缀合成营茧位置，再吐丝结成丝网（茧衣），之后爬向叶柄和细枝间吐丝形成茧柄（茧蒂）并固定于柞枝上。茧柄长 33~66 mm，可防止茧在柞叶枯落时脱落。茧柄形成后，蚕体缩回茧衣内，再进行有规律的吐丝营茧。柞蚕吐丝营茧后期有排泄现象，排泄物 2~5 mL，主要成分是草酸钙，占 78%~80%，并含有少量尿酸盐和单宁等物质。这些排泄物借助蚕体爬行和转动而涂布整个茧腔，因茧层丝缕间有毛细管作用，使茧层和茧柄都受此液浸润，俗称“上浆”。

柞蚕吐丝营茧的时间长短受气候、蚕期、品种、蚕场等因素影响而有所差异。气温高时经过短，气温低时经过长；春蚕经过短，秋蚕经过长；青黄蚕系统经过短，黄蚕系统经过长；阳坡蚕场经过短，阴坡蚕场经过长。单头蚕吐丝结茧经过需 70~80 h；

一批蚕营茧至化蛹，春蚕约经过 6 d 时间，秋蚕约 15 d。山东、河南等南部蚕区和二化一放秋柞蚕地区的秋柞蚕营茧时间经过相对较短。柞蚕在野外吐丝营茧，昼夜温差变化很大，蚕时而吐时而停，形成间歇性吐丝。不同时间吐出的丝不能很好地黏合在一起，形成很多层次，缫丝时易出现成团的丝片，影响生丝质量。柞蚕营茧时在茧柄下留有羽化孔，羽化孔处的丝紧密度不适当时，解舒处理易产生“破口茧”。

（二）柞蚕茧的特性

柞蚕茧由茧衣、茧柄、茧层、蛹体及蜕皮组成。不属于柞蚕的变态，而是柞蚕变态过程中的附属物。柞蚕幼虫发育成熟时分泌绢丝蛋白，在柞树上吐丝结茧，借以保护长眠的蛹体。

柞蚕茧呈淡褐色，椭圆形，平均长 40 ~ 50 mm，宽 20 ~ 25 mm，一端有茧蒂（茧柄），茧蒂长 20 ~ 60 mm。一般雌茧形体大，两端钝圆，茧腰较软；雄茧形体小，两端略尖，茧腰硬。柞蚕茧为一薄壁结构，厚度为 0. 3 ~ 0. 5 mm。断面分茧衣、外层、中层和内层四部分。茧衣为幼虫开始拉叶作茧时所吐的乱丝。外层、中层和内层的丝缕排列形式比较规整，主要呈“8”形，其次是呈“S”形。“S”形的丝缕多分布于外层的中部，中层和内层很少。“8”形和“S”形统称为菱形。外层菱形较大，内层较小。茧柄端的菱形丝缕均从四周向顶端延伸，交错封闭顶孔。顶孔茧层虽然闭得相当严密，但是被成虫吐出的溶茧酶浸润之后，很容易解开，蚕丝没有丝毫损伤，故口茧仍可缫丝。柞蚕茧层除丝缕外，还有一种难溶于水的灰白色固体物质，主要成分是草酸钙（占 78% ~ 80%），并有尿酸铵盐或钠盐的含氮物等。这种物质起硬化茧层、降低茧层的通气性和通水性等作用，使茧壳能够更好地保护蚕蛹。20 世纪 60 年代柞蚕茧的全茧量为 5 ~ 9 g，茧层量为 0. 54 ~ 0. 85 g，茧层率为 10% ~ 11%。80 年代柞蚕全茧量达到 8. 5 g 左右，茧层量达到 1. 0 g 左右，茧层率达到 12%左右。

多丝量品种的茧层量达到1.3 g，茧层率达到14%~15%。一般雌茧大而重，雄茧小而轻。

二、柞蚕丝

柞蚕丝原为淡褐色，经缫丝处理以后，生丝呈淡黄色。柞丝纤度为6D（旦尼尔）左右，单茧丝长950 m，多丝量品种的单茧丝长达1 300 m左右。一根茧丝由两条纤维组成。茧丝前部粗，截面近椭圆形，前100 m丝断面的长径为93.0 μm，短径55.8 μm，向后逐渐变细，断面形态由长椭圆形变为扁平状。柞丝外层为丝胶，内层为丝素。丝素的构造由许多细纤维平行排列而成，细纤维大小比较一致，边缘平滑，直径为0.75~0.96 μm。细纤维之间有空隙，距离0.53~0.60 μm，这可能就是柞丝多孔性的实质。沿着每根细纤维的长轴方向，还有一些微小纵线。柞丝的主要成分是蛋白质，丝素蛋白质含18种氨基酸，其中以甘氨酸、丙氨酸、丝氨酸和酪氨酸的含量最多；丝胶含15种氨基酸，其中以丙氨酸含量多。

柞蚕丝具有许多优良性质。在化学性质方面，柞蚕丝的耐酸、耐碱性高于桑蚕丝的1.13倍；柞丝在氧化锌、氯化钙、氯化镁等浓盐溶液中颇难溶解，对硼酸钾、过氧化氢等氧化剂也较稳定。在物理性能方面，柞蚕丝的强力仅次于麻，比桑蚕丝、棉花、羊毛和人造丝强；柞蚕丝的伸度，干燥时仅次于羊毛，湿润时伸度高于其他纤维；柞蚕丝具有一定的卷曲性，这对长纤维来说是缺点，而对短纤维来说是一种优点。因为纤维卷曲，可促成多种纤维结合，具有较好的混纺性能。柞蚕丝内部结构比较疏松，故吸收和散发水分的性能高于桑蚕丝，在标准状态下柞蚕丝的回潮率为12%~14%，桑蚕丝为10%~11%。柞丝的耐热性高于桑蚕丝，桑蚕丝加热到130~150 ℃时，丝色变成黄褐色，强力与深度显著下降；温度升到170 ℃时，1 h后纤维发生收缩而分解。柞蚕丝在140 ℃高温条件下经过0.5 h，强力仍无显著下降，升到200 ℃时，纤维才开始分解，强力显著下降。柞蚕丝纤维的孔隙内充满空气，由于空气是热的不良导体，所以柞蚕丝导热性能较差，热绝缘性和保温性能好，是良好的保暖材料；柞丝在紫外线照射下，脆化性比桑蚕丝弱。柞蚕丝为电的不良导体，其柞蚕丝的绝缘性高于桑蚕丝，在相同条件下，桑蚕丝抗电压能力为5 kV，而柞蚕丝抗电压能力为6~8 kV。

第四章　春柞蚕暖茧及制种

滞育的柞蚕蛹于冬季感受一定量的低温便转化为活性蛹。活性蛹接触 10 ℃以上温度逐渐发育成蛾。初春往往气温偏低而多变，蚕蛹发育缓慢，蛾羽化不齐，出蚕不适时，直接影响蚕茧生产。为此，人们采用室内加温补湿的方法，促进蛹体适时发育而羽化出蛾，这种技术方法被称为“暖茧”，河南习惯称之为“大蛾房”。

第一节　暖茧

一、暖茧前的准备

（一）暖茧升温时期的确定

各地自然气候不同，柞蚕出蚕时期各异，要根据各地气候状况、饲料种类、柞树发芽期、暖茧升温标准和卵期保护时间，确定暖茧开始日期。所以暖茧时间应根据当地气候变化的规律、出蚕适期、升温方法、蚕蛹发育所需要的有效积温和卵期保护时间来确定。确定暖茧时间的方法是：先预定出蚕适期，再按照暖茧、制种、保卵和孵卵的经过日数向前推算。例如，预定河南省平顶山市鲁山县出蚕适期为 4 月 10 日，若采用平温暖茧法补温，蚕蛹需要 20 d 左右出蛾，从开始发蛾到制种结束约需 10 d，卵期保护时间为 20 d。把各阶段的时间加在一起为 50 d。然后从出蚕适期（4 月 10 日）向前推移 50 d。这样，暖茧期开始升温的时间就在 2 月 20 日左右。又如，预定出蚕时间为 5 月 6 日，用快速加温方法暖茧，需要 29 d 发蛾，从发蛾到制种结束需要 12 d，卵期 15 d，共 56 d。那么，从出蚕时间向前推算 56 d，则应于 3 月 11 日开始加温暖茧。

（二）暖茧前的物资准备

1. 暖茧室 暖茧室是种茧通过加温补湿、蚕蛹羽化发蛾的场所。要求暖茧室保温，容易补湿、换气，工作方便。一般按每平方米挂茧 3 000 粒来计算暖茧室的面积。暖茧室加温设备有地火龙、火墙和水暖箱等，有条件的地方可采用电热、暖气或热风等设备加温。

（1）地火龙。使用地火龙加温，火力柔和，室内温度稳定而均匀、无烟无味，有利于蛹体发育和暖茧人员的身心健康，加温燃料不分类别，可以就地取材；地火龙暖茧方法简便，成本低廉。修地火龙房屋的条件：地势高燥，阳光充足，空气流通，环境清洁，坐北向南，房屋内有天花板，有砖铺或水泥地坪，有前后窗。修地火龙的形式有地下火龙和地上火龙两种；火道的走向有平行火道、斜行火道和回转火道三种；炉膛有柴用和煤用两种。

地火龙的构造由炉膛、火道和烟囱三部分组成。炉膛设在地坪以下。炉齿上面为火腔，炉齿下面为灰腔，外口分设火门和灰门，内连火道。火道的平面分左右两个平行道；火道的剖面由低向高前行至烟囱。烟囱设在暖茧室的山墙外，高度以吸烟顺利为适宜。在烟囱基部安装闸门，加火时打开闸门，停火时关闭。在烟囱底部留一个贮灰窝，以便清除烟囱上的烟尘。为了使暖茧室四边温度均匀，可在四角挖补温池。补温池为三角形，中高

33 cm，深 20 cm。每天烧火结束时，将火炭放入补温池内。

（2）火墙。火墙一般修建于暖茧室的中央，用砖砌成长方形火墙，火墙一端连接出烟管道，管道通向室外。火墙内有三层火道，最下层设炉膛。炉齿以上为火腔，以下为灰腔，外口分设火门和灰门；炉膛内口连接火道。柴用炉膛内腔应稍大一些，煤用炉膛内腔应稍小一些。有些火墙修建在暖茧室的一侧或墙角处，炉门设在室外。这样室内较整洁，但室内温度不均匀。火墙的大小随房屋容积而定，一般掌握火墙与暖茧室的体积比为 1∶85。如修建一个高 1.5 m、长 1.3 m、宽 0.6 m 的火墙，所散发出来的热量可供 30 m^2 的暖茧室使用。

（3）水暖箱。水暖箱是山东省蚕业研究所推广的一种设备。这种设备方便适用，具有温度均匀平稳、室内清洁卫生等优点。水暖箱的构造，分锅炉、导管和水箱三部分。锅炉设于室外，在锅炉上安装进水管和出水管。同时进入室内，与暖茧室四壁安装的水箱相连接。锅炉呈圆柱形，内部设炉膛，上接烟囱。炉膛下面设灰腔。外口分设火门和灰门。在炉膛上方，焊接一个倾斜向上的椭圆形炉心。炉心上端连接出水管，下端连接进水管。暖茧加温时，在水箱中灌满清水，在炉膛中燃煤升火。此时，炉心内清水受热而膨胀，自动流入出水管，热水在水箱中散热后，再回流入进水管，抵达炉心再次受热。

加温炉高 480 mm（不包括灰腔部分），直径 600 mm。炉膛宽 300 mm，四周贮水箱宽 150 mm。室内散热水箱高 750 mm、宽 700 mm、厚 150 mm。输水管，主干为粗管，支管为细管。在锅炉和水箱外面的水管上，各安装相应大小的开关。

（4）电热线加温。此方法是在暖茧室内直接利用电热丝加温。电热丝利用温控开关来控制室内温度，先设置暖茧温度为目的温度，然后通过不断重复地加温、断电，实现温度的平稳。室内湿度可利用电子补湿仪直接补湿，也可利用湿度控制阀进行自动调节，从而达到室内加温的自动化。一般每 20 m^2 的房间，可用 4 盘 1 000 W 的加热丝直接加热，此方法是把电热丝挂于室内四周墙壁上，不仅可以充分节约空间，而且可以使室内温度相对稳定，操作方便，环境卫生。

2. 暖茧用具 河南按 40 m^2 的暖茧室挂茧 15 万粒计算，需要立柱 8 根，横条杆 6 根，茧杆 19 根，温度计 5～6 支。另外，配置一些补湿布、水桶、穿茧绳、穿茧针、燃料、炉钩、炉铲、扫帚及其他消耗用品。辽宁按 30 m^2 的暖茧室计算，需要茧床 30 张，干湿温度计 4 支及其他用品。河南柞蚕暖茧室的挂茧设备，除挂原原种需要特别茧笼外，挂原种和普通种均可搭设茧架。茧架搭设方法是：茧架四周距墙 70 cm 左右，作为人行道及放置蛾筐的地方。四角及中间栽立柱，立柱高约 1.8 m。在距地 1.7 m 的顶端，以横条杆沿前后墙，按前后窗的方向联结立柱，横条杆上棚茧杆，茧杆间距不少于 30 cm。

二、暖茧的标准和方法

（一）选茧

选茧是提高蚕卵质量和蚕茧产量的重要环节。因此，各地必须按良种繁育制度所规定的标准，严格选留各级种茧，汰劣留优，确保种茧质量。

种茧标准：茧形端正，大小均匀，茧蛹沉重，颜色鲜净，茧层厚匀，封口紧密。抽查蚕蛹时，蛹体表现饱满油润，体色鲜明，颅顶板（玉门）洁白透亮，腹部环节紧凑，摇动敏捷，血液呈固有色泽，黏稠度大，脂肪细腻，蛹胃附近的脂肪无黑褐色小渣点。为了保证异蛾区交配和品种间杂交，选择各级种茧时都要做好雌雄鉴别工作。雌雄茧的比例，一般掌握雌 40%、雄 60%，或雌 45%、雄 55%。

（二）穿茧

原原种、原种和普通（杂交）种均应以雌、雄分别穿茧。穿茧时（以制原种、普通种为例）可用 1.8 m 长的细绳，一端贯以大针，斜穿茧底的茧衣，让茧柄向外方倾斜，呈麦穗形，茧串长 1.3 m，缀茧 230 粒左右。穿妥后，在茧串的两端各绑一个小木棒，木棒长约 5 cm，以防脱落。

穿茧注意事项：穿茧衣时避免破坏茧层丝缕。穿茧要牢固，以免茧粒脱落。茧柄必须向外，便于蚕蛾羽化后自茧内爬出。在茧串末端系上卡片，注明品种区号。

（三）挂茧

挂茧时要把原原种、原种的对交区和杂交品种的雌雄茧隔离开来，以保证异区和品种间的交配。采取竖向挂茧，将茧串一端系于茧杆上。为了方便工作并防止蚕蛾拥挤引起互相抓伤或落地，一般掌握茧串的距离为 2 cm，茧串高度以便于抓蛾为准，下端距地 50 cm 以上。河南茧杆间距 30 cm 左右，茧串距离 5 cm。辽宁挂茧行距 65 cm，串距 15 cm。为避免发蛾后期缺雄茧，可留 10%～15%的雄茧于暖茧 3～7 d 后分批挂入暖茧室。

（四）暖茧升温方法

1. 暖茧升温标准　全国暖茧升温标准有以下几种：

（1）贵州暖茧。温度从 10 ℃起，每 2 天升温 0.56 ℃，干湿差 5 ℃，至 12 日止。再从 13 日起，每日升温 0.56 ℃，升至 20 ℃保持平温。干湿差 4～5 ℃。暖茧 37 d 出蛾。

（2）河南暖茧。一般采用平温法，即从自然温度（如18 ℃）起，每天升温 2 ℃，至 22 ℃时保持平温，直至发蛾。相对湿度 70%～75%。暖茧期 20 d 左右。

（3）山东暖茧。多采用变温快速方法，即从 10 ℃开始，每天升温 1 ℃，达 15 ℃，保持平温 2～3 d，再每天升温 2 ℃（或 1 ℃），到 20 ℃时保持平温。暖茧期 28 d 左右。

(4) 辽宁暖茧。于暖茧前一天就把室内温度升到 10 ℃，让种茧感受中间温度。此后每日升温 1 ℃，到 19 ℃时保持平温。暖茧湿度，前期保持干湿差 3 ℃，中期差 2.5 ℃，后期差 2 ℃，暖茧 28 d，积温满 200 ℃时见蛾。

2. 种茧调位 为了使种茧感温均匀，暖茧期有必要把各处放的种茧调换一下位置。河南用地火龙暖茧，室内温度是上部偏低，下部偏高，可以采取“撩串”措施调节。撩串方法：将挂在木杆上茧串末端的小木棒提起，插入上端绳环内即可。见苗蛾时再放下茧串。二化性蚕区使用茧床盛茧，一般离火墙近的地方温度偏高，远的偏低。可将茧床调换一下位置。具体做法是：暖茧前期每天调位 1 次，中期每 2 天 1 次，后期每天 1 次，按上、下、左、右顺序轮换调动，并翻动床内种茧。

3. 通风换气 为保持室内空气新鲜，暖茧期每天换气 1~2 次，暖茧后期每天换气 2~3 次。换气时间，一般在 10 时至 14 时外温转暖时，换气 20~30 min，也可结合调温工作开窗换气。外温过低或大风雨天气，暂不换气。

(五) 暖茧升温表的制订

制订暖茧升温表时，先确定暖茧升温方法，找出柞蚕品种的有效积温（230~240 ℃），计算每天蚕蛹感受的有效温度（蚕蛹发育起点温度为 10 ℃）及从暖茧开始至发蛾所需要的天数，再减去暖茧升温前蚕蛹已感受的有效积温，然后制订暖茧升温时间表（表 4-1）。

(六) 暖茧环境对蛹体发育的影响

在暖茧过程中，蛹体发育与暖茧环境密切相关。尤其是温度对蛹体发育影响最大，在适温范围内蛹体的发育速度随着温度的升高而加快。湿度过大或过小对柞蚕都不利，湿度过大会影响蛹、蛾的生命力，反之会增加缩膛蛹的发生，蛾的产卵量降低。一化性柞蚕种茧采用不同温度暖茧，其发育速度、羽化整齐度及蛾的生命力等有明显差异。如果用 15 ℃暖茧，经 33～36 d 羽化出蛾，且羽化不齐，并且在湿度大时，卵的孵化率和幼虫生命力都会明显下降；如果用 21 ℃暖茧，经过 20 d 时间羽化出蛾，羽化率、产卵量、孵化率和幼虫生命力均表现优良；如果在 27 ℃中暖茧，经过时间缩短，羽化也较整齐，但蛾的交配能力差，产卵量少，孵化率低；在 32 ℃中暖茧，大部分蛾不能羽化，生命力很低，而且湿度越大，生命力越低。因此，河南一化性柞蚕暖茧适温为 21 ℃，相对湿度为 70%～75%。

（七）蛹体发育调节

不同柞蚕品种的蛹体所需要的有效积温各异。欲达到不同品种间杂交的目的，在暖茧时，一方面根据不同品种的积温，采用不同始温时间的方法来调节；另一方面在补温期间，定时解剖蛹体，观察蛹体外形及内部器官变化的情况，判断蛹体发育的程度，然后根据蛹体发育情况，适当调节室内温度或调换种茧位置。观察蛹体发育程度，可采取一看外形、二看内部器官的方法，从茧壳中取出蚕蛹，先看颅顶板颜色变化，然后撕开触角观察头胸部位的变化，再撕开蛹皮，观察蛹体内部组织器官的变化。蚕蛹发育的主要特征见表 4-2。观察蛹体发育的程度也可以不撕蛹，方法是将蚕蛹发育的有效积温分为 10 个阶段，根据各发育阶段蚕蛹颅顶板的变化情况，即可确定蛹体感受积温的多少。各阶段蚕蛹颅顶板的变化特征见表 4-3。

表 4-1　春柞蚕暖茧加温进度表

项目日期		0	1	2	3	4	5	6	7	8	9	10	11	12	13	14	15	16	17	18	19	20	21	22	23	24	25	26	27	28	29
（河南）火龙平温暖茧	温度（℃）	16	18	20	22	22	22	22	22	22	22	22	22	22	22	22	22	22	22	22	22	22	22	22	22	22	22	22	22	22	22
	有效积温（℃）	6	14	24	36	48	60	72	84	96	108	120	132	144	156	168	180	192	204	216	228										
	干湿差	2.5~3.5																													
（山东）快速暖茧	温度（℃）	10	11	12	13	14	15	15	16	17	18	19	20	20	20	20	20	20	20	20	20	20	20	20	20	20	20	20	20	20	20
	有效积温（℃）	0	1	3	6	10	15	20	26	33	41	50	60	70	80	90	100	110	120	130	140	150	160	170	180	190	200	210	220		
	干湿差	3.0									2.5										2.0										
（辽宁）一般暖茧	温度（℃）	10	11	12	13	14	15	16	17	18	19	19	19	19	19	19	19	19	19	19	19	19	19	19	19	19	19	19	19	19	19
	有效积温（℃）	0	1	3	6	10	15	21	28	36	45	54	63	72	81	90	99	108	117	126	135	144	153	162	171	180	189	198	207	216	225
	干湿差	3.0								2.5										2.0											

注：发蛾有效起点温度为 10℃。

表 4-2　不同发育阶段的柞蚕蛹主要器官变化的特征

发育阶段	有效积温（℃）	蛹体发育情况	
		胃囊	其他组织
0		似雀舌状，硬而有折纹，外部覆盖一层白色薄膜	复眼中有 1 个黑色小点，触须和翅生有纵走主脉
1	6~12	白色薄膜发虚，外膜内层发虚，变为青色，有黏性，但以手捏之，不易破碎，中央较硬，外部软化，大部分外膜变为青色	复眼中有 1 个黑色小点，触须和翅生有纵走主脉，其他组织较前显著发育，可发育八条卵管
2	30	胃囊较前柔软，可捏成圆饼	触须及胸足显出环节
3	66	胃囊较软	触须及胸足显出环节
4	90	胃囊更软	触须分离，个别复眼变红
5	114	胃囊更软，河南俗称“小溏”	翅脉变粗，可以取出，复眼变为红色，接着复眼变深红，个别变成黑色
6	138	直肠囊膨大，内有白色代谢物，胃囊液化，俗称“大溏”，代谢物淡黄色	腿环节变黄色，腹部嫩白，新旧皮可以脱离
7	162	胃囊逐渐缩小	蛾体基本形成，白色无毛，能与蛹皮脱离，腿淡黄，显钩爪，触须呈淡黄色，翅肩稍硬，卵淡绿色
8	186	胃囊逐渐缩小	胸足、蛾翅及触须变成褐色
9	210	胃内容物消失，留下黄色空囊	蛾体全部淡黄色，胶液腺变深红色，逐步变成黑色
10	230		蛾体逐步形成，开始羽化

注：发育起点温度为 10℃。

表 4-3　不同发育阶段柞蚕蛹颅顶板变化特征

发育阶段	有效积温（℃）	颅顶板（玉门）色泽变化	说明
0	0	灰玉色，略透明	蛹呈暖种加温前的状态，无明显变化
1	12	灰玉色，略透明	
2	30	周边泛白，中央留有灰玉色三角形小块	先从颅顶板周边开始变色，由灰玉色逐步转为白色，再呈乳白色
3	66	灰玉色三角形缩小，消失，颅顶板泛白色	
4	90	呈乳白色	

第二节　制种

柞蚕制种是柞蚕生产最基础、最关键的环节，它直接关系到种子质量和当年柞蚕的生产。优质的种卵对全年柞蚕生产具有重要意义。种茧发蛾期间，相继进行的拾蛾、交配、提对、拆对、选蛾、装袋、产卵和浴种消毒等一系列操作，称为制种。柞蚕制种是一项复杂、技术性强、时间短的工作，需要科学管理，要严格按照柞蚕良种繁育规程操作，才能保证蚕种质量和数量。因此，在制种前要充分做好准备工作。

一、制种生产准备

（一）制种房屋的准备

制种房屋是制种的场所，包括暖茧室（出蛾室）、清对室（晾蛾室）、交配室、产卵室、暖卵室、镜检室、剥卵室、保卵室等。各室均要设升温和补湿设备，并保持通风换气。房屋要按照以上顺序规划设计，一般距离越近越好。而保卵室应远离制种区域建设，防止制种中的蛾毛和病原随空气流动而污染净卵。制种室的数量和规格见表 4-4。

表 4-4　制种房屋定额（挂茧 20 万粒）

名称	需用房屋间数（间）		
	挂原原种茧	挂原种茧	挂普通种茧
暖茧室	5	3	3
清对室	2	2	2
交配室	2	1	1
产卵室	3	2	2
暖卵室	1	1	1
镜检室	3	2	2
剥卵室	3	2	2
保卵室	2	1	1

注：每间房屋面积 $20m^2$

（二）制种工具的准备

制种用具因各地区生产方式不同，制种用具也不一样，但性能基本上大同小异。主要制种用具有挂茧架（木架或铁架）、挂茧横杆（木杆或铁管）、干湿温度计、加热设备（火龙道、电热加温器或暖气等）、蛾筐、产卵袋、塑料纱、消毒缸、水银温度计、脱水机、卵盒等。此外，还要准备大量的升温燃料（木头、木炭或煤球）、消毒药品（甲醛、漂白粉）和消毒工具（喷雾器、洗刷压力泵）。

（三）镜检工具的准备

镜检工具有显微镜（600 倍）、苛性钾（分析纯）、氯化汞（升汞）、考种板、刺蛾针（小木棒或硬草棒）、毛巾、黑布、载玻片、盖玻片、点板笔、工作案、胶盆、记录笔等。

（四）浴种工具的准备

浴种工具有消毒缸、浴种盆、浴种袋、水银温度计、脱水机（洗衣机）、电热壶、晾卵席（或箔）及其他小用具（如定时表）。

二、制种技术方法

（一）发蛾

1. 变温发蛾法　一般采用快速变温暖茧法，该方法暖茧进程快，22 d 即可羽化制种，而且夜间不加温，可节省劳动力和能源，蛾羽化集中，对后代无不良影响。快速变温暖茧法：从 10 ℃开始每天升温 1 ℃，达 15.5 ℃后每天升温 2 ℃，到 21 ℃保持平温，约 22 d 羽化出蛾。具体做法是每天 5 时开始升温，10 时升至当天目的温度，到 22 时封火保温，翌日仍按此法进行，这样昼夜之间形成变温。由于暖茧升温进程快，暖茧时间短，因此每天应换气 1 次，后期相对湿度在 72%～75%，才能使蛹体感温均匀、羽化集中。

2. 恒温发蛾法　此法也称平温法暖茧，即从室内自然温度开始，每天升温 2 ℃，至 22 ℃时保持平温，直至羽化出蛾。河南一般发蛾期间（火龙道升温）在每天早上 6 时进行烧底温，防止拾蛾时开门窗室温剧降，10 时正式开始烧火升温，12 时前室内温度达到目的温度 22 ℃（15～17 时盛发蛾），保持至 18～19 时，半开门窗，保持室温 18 ℃直至次日 6 时，8 时开始拾蛾，保持直至发蛾结束。

3. 注意事项

（1）盛发蛾时，室内要保持黑暗环境，防止雄蛾飞舞，此时切不要随意打开门窗，以免影响出蛾。

（2）发蛾盛时，要掌握好室内温度、湿度，防止高温闷气。在高温闷热环境中蚕蛾活动频繁，容易相互抓伤，出现“黑汗蛾”，影响蛾体健康。

（3）在四角火池内加火补温时要用暗火，切忌用明火。因为明火的火势较强，直接烘烤邻近茧串，影响蛹蛾发育。这种现象俗称“烤串”。

（4）如遇冷空气侵袭，在换气时不要开北窗，以防北风冲击，影响出蛾。

（5）发蛾期间，大批蚕蛹发育成熟，呼吸量骤然增大，室内空气中 CO_2 的含量明显增加。为了保证蚕蛹正常发育，除注意掌握好温度和湿度外，还要注意开窗换气并保持室内卫生。

（6）发蛾期要在火龙暖茧室的地面上摊箔或摆放空筐，以免火龙道的高温烤坏落地蛾，同时也有利于蛾子上爬晾蛾或交配。

（二）晾蛾与拾蛾

河南一般于拾蛾前打开门窗，充分晾蛾，待蛾翅伸展晾干后，再行拾蛾。制原原种、原种和一代杂交种，要从雌蛾群体中提雄，从雄蛾群体中提雌，并淘汰纯对中的雌蛾，以确保异区（异品系或异品种）交配。拾蛾方法：用拇指和食指抓雌蛾四翅的基部，轻取轻放。一般先拾落地蛾，再拾茧串上的蚕蛾（软翅蛾待其翅膀伸展后再拾），按对交区分别拾蛾入筐，并随时淘汰不符合本品种性状的杂色蛾，以及秃头、焦尾、卷翅、病弱的蚕蛾。每筐放蛾 140 头左右。雌雄比例为 8∶10。筐内蚕蛾要撒布均匀，切勿积压，以免相互抓伤。装好雌、雄蛾的蛾筐，立即加盖，让蚕蛾自由交配。待拾蛾工作完成后，再按先后次序清筐提对。

（三）交配

柞蚕雌、雄蛾交配适期为雌蛾四翅完全展开、两后翅边缘紧接、四翅微微扇动、外生殖器频频外伸、雄蛾振翅飞舞的时候。要求当日羽化的蚕蛾于当日交配。交配室空气要新鲜，光线要均匀（以暗室为宜），温度以18~20 ℃、干湿差2~3 ℃为好。如果温度过低（15 ℃以下），雄蛾就不活泼，不受精卵增多，产卵量少。温度过高（25 ℃以上），则产卵量减少，孵化率也低。蚕蛾交配时间为10 h以上。为了工作方便，也可延长交配时间。交配室要有专人值班巡蛾，及时提出脱交蛾，以免脱交雄蛾扰乱其他蚕蛾交配。

在采用串上交配方法制种时，应掌握在15时开始羽化发蛾，20时蚕蛾羽化基本结束，让茧串上的蚕蛾自由交配；18时后，根据发蛾和室温情况适当半开门窗晾蛾，温度保持18 ℃。一般于24时蚕蛾交配率达到95%左右，于上午7时开始拾蛾。拾蛾时，先拾未交配的蚕蛾（7~8时），再拾对子蛾（9~10时）。对子蛾在暖种室里经历10余个小时，基本满足其生理需要，这时可以边拾蛾，边拆对，边选蛾，边装袋产卵。把未交配的蚕蛾集中于杂蛾筐内，放在温暖的地方（如暖茧室、交配室）令其交配，经10余个小时再拆对。串上交配的优点是简化制种工序，节省蚕室蚕具，降低制种成本。东北地区有隔夜蚕蛾交配的习惯。前一天羽化的蚕蛾，雌、雄蛾分开晾蛾，到第二天午后才把雌、雄蛾混在一起交配。隔夜交配的优点是避免夜间工作，增加雌蛾体内的成熟卵数；缺点是需要晾蛾室、晾蛾工具，还需要低温保护雄蛾的房屋或设备。

（四）拆对

拆对工作于白天在室外进行，外温低于10 ℃时，转入室内，以防雌蛾遭受冻害。拆对方法是：用右手拇指和食指捏住雄蛾四翅的基部，用中指轻捏雌蛾腹部，稍向后一拉即可分开。拆对动作要轻稳，不可强拉硬扯，防止损伤雌蛾生殖器，影响产卵。拆对工作结束后，选择体色鲜明、鳞毛整齐、精神活泼的雄蛾装入蛾筐内（每筐110只左右），放在4~6 ℃的低温处，以备再次交配利用。试验证明：雄蛾再交配1次，不影响蚕卵的孵化率和蚕体健康。拆对时要分清品种和批次，以防混乱，雌蛾于拆对后由专人进行选蛾工作。

（五）选蛾

选蛾是制种工作的重要环节，留优汰劣，以达到提高蚕种质量和产茧量的目的。选蛾，分目选和镜选两种。按选择时期分，又可把目选分为串上选、清对选和拆对选三种。串上选与拾蛾工作同时进行，凡蛾翅卷缩、体形不正、鳞毛不全的病弱蛾，均应集中淘汰。清对选结合清对工作一起进行，剔除交配困难、外形异常的蚕蛾。拆对选是在雌蛾离对后随即进行目选工作。拆对选是目选中最重要的一环，一看外形，二看血液和渣点。操作方法是：先观察雌蛾的外形，再用左手控着雌蛾的四翅基部，右手拇指和食指轻捏尾端，使腹部向腹面弯曲，然后轻轻捻动腹部，从腹部背面第21~25环节的节间膜，观察蚕蛾血液的清晰度和脂肪组织上有无渣点，从而区别蚕蛾优劣，决定取舍。

1. 外形观察　健康蛾的特征：体躯饱满，行动活泼，鳞毛丰厚，色泽鲜明，四翅伸展，环节紧凑。病弱蛾的特征：行动迟缓，腹部松软，环节松弛，鳞毛不全，腹卵少而积水（俗称水肚子蛾）或蛾腹坚实（俗称实肚子蛾）等。

2. 体内观察　血液：健康蛾的血液清晰透明，色泽呈现该品种固有的颜色；病蛾的血液因组织细胞被微粒子原虫破坏而呈混浊状。

渣点：由于微粒子原虫在蚕蛾的肌肉、脂肪体和卵管等组织上寄生，在这些组织上常常出现红褐色或褐色小渣点。

（六）产卵

经严格目选出来的雌蛾，应随即装入产卵容器内，让其产卵。

1. 产卵形式　按不同产卵容器区分为纸袋产卵、布袋产卵、塑料膜产卵等。

（1）纸袋产卵。用牛皮纸（或旧报纸）制成 15 cm×10 cm 的纸袋，或用胶织塑料纱缝成 18 cm×13 cm 的纱袋。每袋装蛾 1 只，折叠封口，然后用线绳把纸袋或纱袋穿成长串，悬挂于产卵室的架子上。也可以使用竹制花眼篓（高 1.2 m，上口直径 50～55 cm，下底直径 40～45 cm）盛装蛾袋，每篓可装蛾袋 200 余只。

（2）布袋产卵。用棉布、麻布或胶织塑料纱制成30 cm×40 cm 的产卵袋，内装铁制或竹制圆撑，每袋可装 30～40 只蛾。

（3）塑料膜产卵。操作方法：将塑料膜平铺在茧床上，取五六根新割的荆条棍（两端比茧床短 3 cm），按“井”字形摆放在塑料膜上面。然后将剪翅剪足的雌蛾放在茧床内产卵。每床放蛾 600～800 头。产卵期间勤巡蛾，将聚积成堆的雌蛾及时拨开，将茧床框架上的雌蛾拨入床内。纸袋和小纱袋产卵为单蛾产卵形式，便于单蛾镜检，淘汰病毒蛾。布袋、纱笼和塑料膜产卵为混合产卵形式，在种茧微粒子病少的情况下可以采用。

2. 产卵时间 柞蚕蛾有夜晚产卵的习性，一般前半夜（20～23 时）产卵最多，后半夜逐渐减少，白天极少产卵。据调查：第一夜产卵最多，占总卵数的 70%以上；第 2 夜产卵次之，约占总卵数的 20%；第 3 夜产卵很少。试验证明：前 2 夜产下的蚕卵，是雌蛾卵巢管先端的蚕卵，成熟较早，卵质充实，表现为卵粒重，孵化率高，幼虫生命力强；2 夜以后所产下的蚕卵，营养不足，卵质较差，表现卵粒轻，孵化率低，幼虫生命力差。因此柞蚕产卵期应以 2 夜为限。限制产卵时间也是蚕种选择的一种方法，借以提高蚕种质量和幼虫生命力。

3. 产卵环境 产卵温度以 20～22 ℃为宜，相对湿度以 75%为宜。温度过高（30 ℃），则产卵急速，产卵数少，不受精卵多；温度过低（18 ℃以下），则产卵缓慢，卵粒也少。据调查，夜间人工补光的产卵量比不补光的高，产卵室空气要新鲜。升温方法，应从室内自然温起，逐渐升高，直至蛾翅扇动时为止（声音像下雨）。产卵室温度一般保持 22 ℃，最高不超过 23 ℃。这样蛾较活泼，产卵正常。为了增加第 1 夜产卵量，河南有些种场使用明火循环刺激法，效果较好。方法是从 24 时开始，当听到蛾翅扇动声音逐渐变弱时，迅速开窗换气，使室温降至 15～16 ℃时，关闭门窗，结合地火用木炭等材料的明火在室内辅助升温，这时蛾子振翅声音会再次响起，并保持目的温度 22 ℃。2 h后，当蛾翅扇动声音又逐渐变弱时，再次采用开窗、降温、再升温的方法来刺激产卵，每夜可重复 2～3 次。

（七）显微镜检种

显微镜检种是柞蚕选蛾工作的重要环节，也是严把微粒子病毒的最后一关。肉眼选蛾，仅可以根据外部形态来鉴别病蛾及虚弱蛾，而体内潜伏病原的轻病蛾，单凭肉眼观察很难判定，必须借助显微镜检查雌蛾体内的病原。可是使用显微镜只能淘汰病蛾，却淘汰不了虚弱蛾。因此，目选和镜选必须结合进行，缺一不可。

1. 显微镜检种的原则　制原原种，实行雌蛾对检制（1 蛾制 2 个标本片）；制原种和普通种（一代杂交种），全部雌蛾都需要镜检，并加强复检。采取混合产卵的方式制种时，要严格选蛾，并从各批次中抽出 10%的雌蛾，使用显微镜检查微粒子病的发生情况，凡病毒率超过 2%者，该批种卵应予以淘汰。

2. 显微镜检种室的布置　检种室要求宽敞明亮，有洗涤设备，有水源和排水条件。在室内前后窗下设检种桌，每桌放显微镜 2 部，按顺序安排初检镜和复检镜的位置。在检种室的一端设工具洗涤处，室中间放操作台。

3. 显微镜检种的工作程序

（1）蛾袋收发。镜检前蛾袋收发人员到产卵室领取当日应检蛾袋，保存于收发室内，再把不同品种、批次的蛾袋转交给镜检室负责人。每天镜检完毕，再分别登记各类蛾袋的数量。把无毒袋交给剥卵室，把有毒袋销毁。当天镜检不完的蛾袋，要逐袋施行杀蛾处理，防止再产三夜卵。蛾袋交接时，工作人员要填好交接表。

（2）制片。制作样品片有两种方法，一是研磨制片，二是针刺制片。

1）研磨制片。撕蛾人员取出纸袋中的雌蛾，撕下腹部，按顺序放入乳钵的穴孔中，每穴放样品 1 个，1 个乳钵放 10 个样品。然后编组号，每组制 3 张卡片，分别放在同一组的乳钵、纸袋和玻片板上，组内编号必须对应。研磨人员取 0.5%的苛性钠液，分别倒入乳钵的孔穴中，每穴倒 1 mL。然后用乳棒研磨，将蛾腹组织研磨成糊状液。每一样品使用乳棒 1 支。点片人员取乳棒将研磨好的样品顺次滴在载玻片上（液珠为绿豆大小），再加盖盖玻片。

集团研磨法：如果微粒子病毒率不大，抽样检查在 1%以下时，可使用集团研磨方法。掏蛾人员每次可连续掏出 10 只（根据生产情况而定，发现病毒率大时可减少）雌蛾作为 1 组。把蛾头留在蛾袋（以备重检），取雌蛾腹部，一起置于有编号的粉碎机中，粉碎前加入 100 mL 水，粉碎半分钟后（呈糊状），取 60~80 mL 混合液倒入标有与粉碎机对照编号的离心杯（容量 100 mL）中（此时，粉碎机杯子可进行清洗进入下一组）。然后，把带有编号的离心杯放入每分钟 3 600 转的离心机中（一般每个离心机可放入 4 个离心杯），待离心 3 min 后取出，倒掉上面液体部分。在离心杯中插入木棒后放在旋涡混匀仪上，搅拌 10~15 s，用插入的木棒取样品液放在含有 0.5%苛性钠（氢氧化钠）溶液的载玻片上制成样本。经镜检后，未发现病毒，把对应蛾袋中的蛾头取出，收袋即可；如发现有病毒，把对应蛾袋中的蛾头取出，逐蛾再进行人工针刺制板，找出每组中带病的病蛾袋进行淘汰。

2）针刺制片。点片人员把一端涂有红漆标记的载玻片排列在检种板上，玻片红端必须向左。用皮头吸管或毛笔将1%苛性钠溶液滴在载玻片上，液珠大小似绿豆粒。取蛾人员拆开蛾袋，取出母蛾，交给研蛾人员，随手折叠袋口，并在蛾袋上按顺序编号。制满若干个标本后，可把蛾袋与标签一同夹在检种板的书夹上。为方便工作，也可事先制作检种记号板，把蛾袋卡入已有固定编号的钢夹上。研蛾人员按照取蛾顺序，用检种针刺入蛾腹背面第2~4环节背血管处，从腹内挑出一团脂肪组织（切勿带卵粒或蛾尿），放在载玻片上研磨，研磨至苛性钠液混浊为止。要求1针只刺1蛾，1蛾只制1个标本。实行对检的原原种，每只蛾要同时制2个玻片标本。蛾袋号与检种板的编号要绝对一致，防止错号。每板标本制妥后，转交给盖片员盖片，然后再送给初检员镜检。

（3）初检。初检人员用右手取载玻片于载物台上（载玻片红头仍向左），认真观察标本片中的物体。每个标本至少观察3~5个视野，发现微粒子孢子时，就在检种卡片的相应号码上记“×”。镜检速度要快，判断要正确。初检人员在检妥一板标本后，应在卡片纸上标写本人的编号，再把标本送给复检员复检。

（4）复检。为了防止初检人员漏检和错检，复检人员应对初检过的标本进行复查。根据初检人员的镜检水平，采取重点抽查或普遍复查的方法，随时纠正初检人员镜检的错误，并把有毒玻片放入0.1%升汞液中消毒。

（5）洗涤消毒。洗涤人员应将用过的乳钵、乳棒或检种针放入消毒锅内煮沸消毒，玻片消毒时间为10 min。用过的无毒载玻片和盖玻片，可随时洗涤干净（第一遍用0.3%碱水洗，第二遍用清水洗），平摊于擦拭板上，用毛巾擦拭干净。

4. 注意事项

(1) 在显微镜检种之前，应认真做好镜检人员的技术培训工作。要求镜检人员充分了解显微镜的结构和性能，掌握显微镜使用的方法，正确检视标本中的病原物。

(2) 镜检室的工作人员要明确分工，严格按照技术操作要求进行工作，严肃认真，有条不紊，防止漏检和误检，提高镜检质量。

(3) 每日镜检工作结束后，要将显微镜上的目镜和物镜用擦镜纸擦拭干净，然后放入显微镜箱内。工作场所要整理干净，镜检过的废物由专人进行消毒处理。

(4) 镜检室一般保持自然温即可，若温度低于 10 ℃以下时，要予以补温。

(5) 镜检室负责人要每日整理登记镜检结果，详细记载镜检过的品种、批次和各类型的蛾袋数（如良蛾袋，微粒子病蛾袋和少产卵蛾袋等），并计算当日病毒的检出率。

检出病毒率=有毒蛾数÷受检蛾数

受检蛾数=蛾袋总数-少产卵蛾数

（八）剥卵与毛卵保存

1. 剥卵 剥卵工作一般于雌蛾产卵后的第 3 或第 4 天进行。室温不低于 10 ℃。在剥卵室地面铺席，席上放蚕匾或盛卵容器。在盛卵容器中剥卵，可以减少蚕卵损失。剥卵动作要轻，勿使蚕卵过于震动。剥原原种或原种的卵袋时，蚕卵仍需要装入单蛾袋内。剥普通种卵，可以把蚕卵混合倒入盛卵容器中。不同种级、品种、批次（包括产卵日期）的蚕卵，要分别保存。

2. 毛卵保存 未浴消的散卵，称为“毛卵”。毛卵应放置于毛卵室内妥善保管。原原种卵和原种卵，仍放在原袋内保存，以备选卵。普通种卵可按批次分别摊放于蚕匾内，并注明品种和产卵日期。毛卵，一般用自然温保存。若室内温度低于 10 ℃时，需要补温。毛卵室要派专人负责管理。

(九) 选卵

蚕卵选择按照良种繁育制度所规定的标准进行。制原原种、原种，要逐蛾称其卵量，同时观察外形，淘汰数量不足和大小不一的蛾卵。凡卵量达不到该级蚕种标准而符合下级蚕种标准者，可降级使用。各饲育区要挂标签，并按照标签号填写卵量登记表，注明种级、品种、卵量和产卵日期等。

(十) 浴种及卵面消毒

在制种过程中，蚕卵表面上黏附许多鳞毛、蛾尿、灰尘和病原体，若不浴洗消毒，就会传染蚕病。卵面消毒工作，一般在晴天上午进行。

1. 福尔马林消毒法

(1) 消毒前蚕卵的处理。

1) 脱胶。将蚕卵装入胶织塑料袋内，再把卵袋放入0.5%的碳酸钠（俗称白碱）溶液中（自然温），迅速揉搓3 min，脱掉卵表面褐色黏液。

2) 浴洗脱碱。脱胶后，将蚕卵迅速放入清水中（自然温）漂洗，脱碱，一般需换水2~3次。漂洗时轻轻揉搓蚕卵，并漂去上浮蛾毛及不良卵。

3) 脱水。一般使用脱水机脱水，也可以用消过毒的毛巾或棉布擦去卵面水分。

(2) 消毒方法。

药液浓度：3%。

液温：23 ℃。

消毒时间：30 min。

消毒过程：将盛有药液的消毒缸放入盛有温水的保温缸内，调好消毒液的温度（比目的温度高0.5~1 ℃），把已装入蚕卵的消毒袋放入消毒缸内，并全部浸入药液中，加盖保温。消毒时要经常翻动蚕卵，使卵袋内外药液的浓度一致，温度均匀，达到消毒时间即可取出卵袋。

脱药：从消毒液中取出蚕卵，放入清水中（自然温）脱药，换水 2~3 次，至无药味为止。

脱水：把脱药后的蚕卵放入脱水机内进行脱水，也可用消毒过的毛巾或棉布擦去水分。

（3）注意事项。

1）福尔马林原液浓度，事前要测定。

2）福尔马林液要经常补充原液。消毒液的浓度，随着消毒卵量的增加而逐渐降低。消毒液浓度降低的主要原因是蚕卵和盛卵容器带水。使用棉纱袋浴消蚕卵，每消毒 500 g 蚕卵，可带水 200 g 左右；用塑料纱袋浴消蚕卵，每消毒 500 g 蚕卵，可带水 100 g 左右。为此，在消毒过程中应根据消毒卵量和不同盛卵器的情况适当增加福尔马林原液量。增补药量计算公式为：

增补药量（kg）= 浴消卵量（kg）×带水量（kg）÷加水倍数

加水倍数 =（原液浓度 - 目的浓度）÷目的浓度

3）消毒缸液温保持 23 ℃。温度变低时，可在保温缸内增加适量热水，并经常翻动卵袋。

2. 漂白粉液消毒法　使用含有效氯 1%的漂白粉澄清液。

溶液温度：18~20 ℃。

消毒时间：5 min。

消毒溶液用量：一般每 10 kg 漂白粉澄清液，可消毒蚕卵 4 kg。如欲增加卵量，则每 100 g 卵需要增加药液 250 g。消毒溶液以消毒一次为限。

消毒过程：与福尔马林消毒法相同。

注意事项：在配制消毒液前，要准确测定漂白粉的有效氯含量，以确保消毒液达到目的浓度。漂白粉消毒液应在使用前一天配制，盛装于密闭容器内，使其充分溶解，澄清后方可使用。

3. 盐酸消毒法

（1）用比重计测量盐酸浓度，然后配成10%的稀盐酸，药液温度保持20 ℃。

（2）用胶织塑料纱包好蚕卵，每包1~2 kg。

（3）将卵袋投入盐酸中消毒10 min，1 kg卵需要1.5~2 kg消毒液。消毒液只用1次。

（4）用清水浴洗卵面，脱去药液。一般用两盆清水脱药。

（5）将脱药后的蚕卵平摊在竹席或胶织塑料纱上，迅速晾干。

4. 硫酸消毒法　消毒前用比重计测量硫酸浓度，然后配成5%的稀硫酸，在20 ℃液温中消毒蚕卵10 min。硫酸卵面消毒的用具和操作程序与盐酸消毒法相同。

（十一）晾卵与包装

1. 晾卵

（1）晾卵室的选择与准备。晾卵室是浴消后的蚕卵摊晾和保护的场所。晾卵室应选择地势高燥、环境清洁、距离发蛾制种室较远的地方。墙壁应是砖石结构，具有前后对窗、水泥地坪和天花板。晾卵室及用具应于使用前7 d进行严格洗刷消毒工作，然后在室内搭设晾卵架，配备晾卵盒、蚕匾、苇席和电扇（风干蚕卵用）等用具，并给工作人员配备隔离工作衣和拖鞋等用品。

（2）晾卵方法。经脱水后的蚕卵，根据不同要求分别摊晾、风干。原原种卵，应分区摊于晾卵盒内；原种卵和普通种卵，可以均匀摊在蚕匾或苇席上。一般以每平方米摊卵1 kg左右为宜，防止卵层过厚。蚕卵应于当日晾干，必要时可借助电风扇吹干，切忌日晒。晾卵时要在标签上注明品种、种级和产卵日期，严防混乱。

2. 包装　晾干后的蚕卵，可轻轻揉搓，以分离黏结在一起的卵块，然后按照各级蚕种规定的饲育单位，用消毒过的包装袋或卵盒包装，并在包装上面注明品种、卵量和产卵日期。

（十二）种卵的保护

柞蚕卵自产下到进入孵卵室这一阶段时间的保护工作，称为保卵。柞蚕卵无滞育期，接触 10 ℃以上温度，便生长发育。为了做到适时孵卵，以期达到适时出蚕的目的，在孵卵前，就要把蚕卵放在适宜的环境条件下予以保护。

1. 保卵室及物质准备　保卵室是浴洗消毒后的蚕卵在孵卵前的存放场所。为杜绝病原感染，必须对保卵室及其用具进行严格消毒，使之成为无毒保卵室。在保卵室内搭设保卵架，并准备好存放蚕卵用的蚕匾或席等。

2. 保卵期的气象环境　柞蚕卵一般在自然温中保护。若室内温度低于 10 ℃，应当补温。保卵湿度为 75%左右。要求室内空气新鲜。

3. 注意事项

（1）蚕卵要平摊于保卵器具内，厚度为 0.5 cm 左右。为了调节不同批次蚕卵的发育，要求早批卵低放，晚批卵高置。

（2）保卵室要有专人负责，除注意调节温度、湿度与空气外，还要注意防除鼠害，不要让蚕卵接近农药、化肥等有害物质。

第五章　柞蚕放养

柞蚕放养在我国分布广泛，从北到南，从东到西，遍布多个省份。由于季节、气象环境等的不同，自然分成一化性柞蚕生产区和二化性柞蚕生产区（以35°N为分界线，35°N以北地区为二化性地区，35°N以南地区为一化性地区，35°N线附近为化性不稳定地区）。各柞蚕生产地区的生态环境不同，因此饲养时期、饲养方法等都有明显的区别。

第一节　柞蚕放养适期的确定与准备

一、放养适期的确定

柞蚕放养适期，应以柞芽发育和当年气象变化情况（参照历年记录的气象资料）并结合历年的收蚁时期来确定。河南蚕农习惯于“清明见蚕”，曾有“春蚕难得早”这一谚语。但从历史记录的气象资料看，清明节在每年4月5日左右，正是气候转换的过渡阶段，气候多变，冷空气活动频繁，经常有强度不同的寒流入侵，风、雨伴随低温，有时还有霜冻出现。最适的收蚁时期为4月中旬。河南省结合近些年的生产实际，具体掌握标准是看叶出蚕，即蚁场大部分柞墩枝条的中上部叶片展开3 cm左右，叶色变绿时出蚕比较适当。而各蚕区具体情况有所不同，在掌握上也有所区别，一般深山、壮坡、多雨之年可以适当偏晚，浅山、薄坡、干旱之年可以适当偏早。最早也要做到叶出蚕出，满足蚁蚕食叶需求。

二、养蚕前的准备

（一）物资准备

柞蚕放养常用的物资有收蚁盆、收蚁筷、鹅毛、蚕剪、蚕筐、喷雾器等。所有用具必须在使用前彻底消毒。

（二）柞园准备

为满足蚕的生长发育需要，柞园准备必不可少，并且要足量，以期获得高产。河南一般每放养0.5 kg卵量的蚕种，需要准备2～3 hm^2 柞园；繁育种茧饲养用0.5 kg种卵时，应准备约3 hm^2柞园。深山、坡质好、不缺株、柞树生长旺盛的蚕场，面积可以小一些；浅山、薄坡、有缺株现象、柞树长势较差的蚕场，面积就要大一些。不同柞蚕龄期的用蚕场面积有差异，不同树龄的养蚕量也不相同。小蚕期（1～3龄），利用老梢（2或3年生柞树）养蚕，所需蚕场面积占全龄用蚕场面积的13%～18%；壮蚕期（4～5龄），利用火芽（1年生柞树）养蚕，所需蚕场面积占蚕场总面积的70%。茧场用2～3年生的老柞树，所用蚕场约占全龄用坡量的12%。

第二节　孵卵

由于春季先期温度一般较低，所以柞蚕卵的胚子在春季自然环境中发育缓慢，蚁蚕孵化不齐，容易造成蚕体虚弱，产茧量不稳；同时，又不便预测胚子的发育进程。为了养好春蚕，便采用人工补温的方法，促进胚子顺利发育，以期达到适时出蚕的目的。

一、孵卵前的准备

1. 孵卵室及用具的准备 孵卵室一般选择地基干燥、空气流通、光线均匀、环境清洁、防寒保暖的房屋。室内要具备加温设备，常用的有地火龙、带铁管烟囱的煤炉、电加温等。沿房屋四周搭设放置孵卵盒的蚕架，蚕架高低以距地面0.5～0.7 m为宜。另外，还要配备补湿工具、水桶、干湿温度计、火钳、灰斗等用品，干湿温度计要分别悬挂于蚕架的不同部位。

2. 孵卵室及用具的消毒 孵卵室和用具一般应于使用前10 d进行彻底洗刷消毒。房屋和用具经充分洗刷后，再用毒消散、1%漂白粉溶液或3%福尔马林溶液（温度高于20 ℃时）等药物消毒，以杜绝病原再感染。

二、孵卵时期的确定

孵卵开始日期因地区不同而有所差异。要确定适合于该地区孵卵的适期，必须根据当年柞芽发育情况、气象预报和胚子发育程度并参考历年出蚕时间来确定。具体确定方法是：先确定出蚕日期，然后根据胚子发育程度和孵卵方法推算孵卵经过的日数，再推算孵卵开始适期。一般浅山薄坡，孵卵时间宜偏早，深山壮坡宜偏迟。当蚁场柞树冬芽部分开始脱苞、顶芽微露时开始孵卵，待大部分叶片展开3 cm左右、叶色发绿时出蚕。但在高寒山区的壮坡或多雨年份，出蚕时间应待柞叶长得偏大一些；浅山薄坡或干旱年份，柞叶可适当偏小一些。总之，孵卵时间要根据不同区域、不同年份灵活掌握。

三、孵卵升温表的制订

受精柞蚕卵没有滞育期，处于发育有效温度（通常 10 ℃以上为发育有效温度，河南省习惯按 7.5 ℃以上计算）就开始发育。制订升温表时，将每日胚子所感受的日平均温度减去无效温度（10 ℃），剩余的数值即是促使胚子发育的有效温度。每天有效温度的总和为有效积温。柞蚕卵胚子感受有效积温满 120～130 ℃即可出蚕（河南习惯用 7.5 ℃为胚子发育起点温度，所计算出来的有效积温为 165 ℃）。柞蚕孵卵经过天数及孵卵开始日期确定以后，即可制订孵卵升温表。首先解剖胚子，并根据胚子发育进程推算出从加温到出蚕这段时间所需要感受的有效积温数，然后按照孵卵经过日数计算孵卵期每天平均温度。

计算公式：

日平均温度=需要感受的有效积温÷孵卵经过天数+10 ℃

如果孵卵经过日数为奇数，可以把日平均温度作为中间 1 天的目的温度；孵卵经过日数如为偶数，则把日平均温度作为中间 2 天的目的温度。在此基础上，每天向前递减 1 ℃，向后递增 1 ℃。如果后 2 天温度高于 22 ℃，就把超过的数值加到开始孵卵的几天内。如果开始几天的温度还低于当时自然温度，这就说明开始孵卵日期尚早，应当推迟孵卵时间。孵卵后期和出蚕温度一般稳定在 18～20 ℃范围内，最高不能超过 22 ℃，相对湿度为 70%～75%。

四、孵卵技术要领

孵卵日期确定以后，将蚕卵放置于孵卵室内。在孵卵盒中摊放蚕卵要均匀，不宜过厚，一般不超过 0.6 cm。在置放孵卵盒位置时，胚子发育快的蚕卵应低放，发育慢的蚕卵应高放，并根据孵卵盒离火源的远近情况，定时调换卵盒位置，使蚕卵感温均匀。孵卵升温时，应按照升温计划认真掌握好目的温度和湿度，同时定时开窗换气，保持室内空气新鲜，让胚子在适宜的环境中正常生长发育。孵卵室应由工作积极认真、有一定技术和经验的人员负责管理，定时检查记录温度、湿度，经常解剖胚子，随时了解胚子的发育进度，并根据外界气候变化，调节孵卵室温度、湿度，掌握适时出蚕时间。

五、柞蚕卵胚子发育各阶段的肉眼观察形态特征

在孵卵前和孵卵期，必须经常了解蚕卵胚子的发育程度和已感受到的有效积温，以便制订和修订孵卵升温表。柞蚕胚子发育的观察方法，分为简易观察法和显微镜观察法两种。生产上大部分使用简易观察法。

1. 简易观察法　用细针刺破卵壳，从卵内挑出内容物，观察内容物的色泽黏稠度和胚子形态的变化，并结合观察卵面形状，综合判定胚子发育进度。蚕卵从产出到孵化的有效积温为130 ℃左右（发育起点温度为10 ℃），将全过程分为10个相等的阶段（每阶段有效积温依次递增13 ℃），各阶段胚子的形态特征与有效积温的关系见表5-1。

表5-1　柞蚕胚子发育的特征及其与有效积温的关系

发育阶段	已感受到的有效积温（℃）	卵面形态	内容物形态	主要特征	尚需感受的有效积温（℃）
1	13（16.5）	饱满	粉绿色，有黏性	黏	117（148.5）
2	26（33.0）	饱满	挑出1.5 cm长黏丝	丝	104（132.0）
3	39（49.5）	饱满	挑出较长较粗黏线	线	91（115.5）
4	52（66.0）	稍有陷坑	挑出黏线，带有颗粒	坑	78（99.0）
5	65（82.5）	陷坑明显	挑出粉白糊状黏条	条	65（82.5）
6	78（99.0）	炸籽、陷坑鼓起	挑出白色黏条，略具蚕形	炸籽	52（66.0）

续表

发育阶段	已感受到的有效积温（℃）	卵面形态	内容物形态	主要特征	尚需感受的有效积温（℃）
7	91（115.5）	饱满或残留小坑	挑出白蚕，单眼红色	红眼	39（49.5）
8	104（132.0）	饱满或残留小坑	蚕皮淡黄，头壳和钩爪黄色	黄	26（33.0）
9	117（148.5）	饱满或残留小坑	体色青灰，头壳红色	青	13（16.5）
10	130（165.0）	—	—	出蚕	0（0）

注：孵卵试验的日平均温为22 ℃，括号内的数值是按7.5 ℃为起点温度计算出来的。根据各阶段胚子形态变化的特征，可概括为四句话："一黏二丝三成线，四坑五条走一半，六炸籽来七红眼，八黄九青十出蚕。"

2. 显微镜观察法 取有代表性的蚕卵，放入煮沸的10%苛性钾（氢氧化钾）溶液中，待卵色变青后，移入清水中，使用吸管喷射卵壳，打出胚子，然后再把胚子置于低倍显微镜下观察。

六、柞蚕卵胚子发育调节方法

孵卵的目的是人为采取控制温度、湿度的办法，促使蚕卵的发育与柞芽发育保持一致，以便适时出蚕。为此，在孵卵期要做好胚子发育的调节工作。

（一）对同批蚕卵不同出蚕时间的胚子发育调节

根据不同出蚕时间计算出有效积温的差数，然后再根据每天蚕卵感受有效积温的多少，把蚕卵分批放入孵卵室。早出蚕的早放，晚出蚕的晚放，或者是把早出蚕的位置放高一些，晚出蚕的放低一些。

（二）对不同批蚕卵同批出蚕时间的胚子发育调节

首先调查各批蚕卵胚子的发育进度及已经感受的有效积温，按照各批蚕卵有效积温的差数，把蚕卵分批放入孵卵室，把感受有效积温少的晚批蚕卵早放入孵卵室，感受有效积温多的早批蚕卵晚放入孵卵室，也可把晚批蚕卵的位置放高一些，早批蚕卵的位置放低一些。

（三）对柞芽发育慢而蚕卵发育快的胚子调节，不同气温可采取不同方法

（1）如果外界气温较低，可用降温的方法将孵卵室的温度逐渐降低到 15 ℃左右（最低不能低于 10 ℃），抑制蚕卵发育 2~3 d。

（2）如果外界气温高，且距出蚕时间尚早，可把蚕卵移到 7~8 ℃的温度中 3~5 d，不影响孵化率。但低温抑制蚕卵的时间不宜太长，若长期低温保护蚕卵将会导致胚子虚弱，增加死卵率，柞蚕抗病力也差，影响产茧量。

（四）对柞芽发育快而蚕卵发育慢的胚子调节

可适当提高孵卵温度，需要做好补湿、通风、换气等工作。但最高温度不得超过 25 ℃。

第三节　收蚁

柞蚕卵刚孵化出来的幼虫体色为黑色，形似蚂蚁，故称蚁蚕。将蚁蚕收集起来放到饲养场所的过程称收蚁。

一、收蚁准备

收蚁一定要在短时间内完成，延迟易造成蚁蚕疲劳、饥饿、削弱体质、抓伤体壁或遗失。因此，收蚁前必须做好准备工作。

1. 收蚁场所准备 春蚕收蚁时，早春的山林晨露未干，气温较低，有时甚至有霜冻。收蚁时遇低温，会抑制蚁蚕取食、活动，严重的会削弱蚕体质或诱发蚕病。孵化的蚁蚕应随时用引枝引蚁。收蚁室距离撒蚁的场所近时，可把暖卵室兼作引蚁室。要求收蚁室的光线要均匀，否则易造成因蚁蚕趋光性而互相抓伤和爬行遗失。收蚁室与蚁场相距较远时，可在场内林间搭设蚁棚，有利防雨保温、防水保湿，防止逆出蚕和不孵化卵发生。由于早春气温较低，蚁场养蚁蚕时，收蚁室的温度不宜过高，应控制在16~18 ℃。室内养蚕时，收蚁室温度为19~20 ℃。收蚁后的小蚕饲育温度为22~24 ℃，蚕室、蚕具条件及饲养技术好的地方，为使春蚕早而快，1龄蚕的饲育温度可提高至26 ℃，但不应高于27 ℃。

2. 收蚁用具及引枝准备

（1）收蚁用具。收蚁用具包括彻底消毒的收蚁盒、鹅毛、蚕筷、干湿温度计、显微镜及观察胚胎发育用的器具；收蚁用房屋应在收蚁前10 d彻底消毒。

（2）引枝准备。引枝指引蚁蚕用的带叶植物小枝。引枝应选用发芽早、开叶快、蚕喜集但不取食、凋萎快、叶面积大和无特殊气味的植物枝叶。东北蚕区常用榛条作引枝；河南蚕区以艾蒿、柳枝作引枝。引枝在收蚁前1 d傍晚采取，并插入盛水容器内。既可防止引枝凋萎，又可避免带露水的引条造成黏卵损失。

二、收蚁时间

在正常情况下，蚕卵一般4时左右开始孵化，6时出蚁最盛，这时要根据出蚕情况及时搭放引枝，9时待大批蚁蚕孵出时，即可进行收蚁工作。为了保证蚕体健康，应当及时收蚁，若延迟收蚁时间，蚁蚕过于密集，就会造成互相抓伤的事故。

三、收蚁方法

柞蚕收蚁方法是用引物把蚁蚕引起，转移到饲养场所。根据蚁蚕引物的不同，又可把收蚁方法分为引枝收蚁法、网收法和纸袋收蚁法三种。

（一）引枝收蚁法

引枝收蚁法是采用引枝将蚁蚕引放于专用蚁场的方法。收蚁时，在孵卵盒上有蚁蚕的地方，均匀放入一层引枝，为了不让引枝直接压在卵面上，可先放几根细小的枝条，然后再放引枝，经过一段时间待蚁蚕爬上引枝后，用蚕筷挑出引枝，放入收蚁盆中，再把收蚁盆送到饲养场所。天气晴朗时，也可以将孵卵盒带到山上，选择较干净的平坦地方边出蚕边收蚁，但必须对蚕卵进行遮阴保护，不能让其在阳光下暴晒。

（二）网收法

网收法是用收蚁网和引枝将蚁蚕引放于饲养场所的方法。收蚁时，将孵卵盒打开，先铺两张收蚁网，再放入引枝，待蚁蚕上枝后，将上层网和引枝一并提起放在收蚁盆中，送到饲养场所。提网的同时，在孵卵盒蚕卵的上方再铺上一层收蚁网，放上引枝，如此连续进行，直至收蚁结束。

（三）纸袋收蚁法

纸袋收蚁法是采用纸袋将蚁蚕引放于饲养场所的方法，一般适用于蛾区育或分区饲养。收蚁方法有挂袋法、换袋法和袋引法三种。

1. 挂袋法　把 16 开牛皮纸对折粘制成卵袋。每袋装母种种卵一区（五蛾卵量育），折叠袋口，使蛾袋呈菱形，就袋孵卵。收蚁时将袋口打开，袋口向上，直接放在捆好的柞墩中央枝杈间，并用细绳连接牢固，袋口周缘与枝叶相接，以便蚁蚕陆续上墩。

2. 换袋法 纸袋制作和孵卵方法均与挂袋法相同。收蚁在室内（或蚕庵内）进行。将蚕卵换装新袋，折好袋口，留在孵化室继续孵化，把换下来附有蚁蚕的纸袋送至蚁场，撕开纸袋，反向折叠，放于柞墩中央枝杈间，并用书夹或大头针固定。纸袋应与枝叶相接，以便蚁蚕自行上墩。

3. 袋引法 取直径 6～7 cm、高 5 cm 左右的竹筒，底部用纱布包裹，并用细绳扎紧制成卵筒。于孵化前 1 天，将蚕卵倒入卵筒，并用橡皮筋束紧卵筒上的纸袋，蚁蚕孵出后自行沿筒壁上爬，附着于袋壁。收蚁时，将附满蚁蚕的纸袋取下，送往蚁场，另取 1 个纸袋套在卵筒上，继续引蚕。一区母种卵只用 1 个卵筒。

四、收蚁注意事项

（1）每日 6 时盛出蚁，应及时开窗，把室温降至 18 ℃左右，防止闷热。下午 4～5 时开始补温，将温度升到目的温度。刚孵化出来的蚁蚕蚕体细小柔嫩，容易创伤，要做到及时收蚁。收蚁时技术处理必须细致合理，当日孵出的蚁蚕，应于当日 11 时前收完，并严格淘汰苗末蚁和瘦弱蚕。

（2）收蚁工作应在消毒过的房屋、蚕庵或临时搭设的棚子内进行，做到局部环境干净、没有污染，严禁存在雨淋、风吹或阳光直晒的现象。把蚕卵放置在野外，不加任何护理，会影响蚁蚕的健康和蚕卵的发育。

（3）把蚁蚕送至蚁场，撒在捆好的柞墩上放养，称为“搭蚕”。搭蚕工作应根据出蚕情况，及时上引枝，避免蚁蚕成堆，掌握随收随搭，使蚁蚕及时得叶。操作方法：用手轻摇柞树，使芽苞脱落，然后把引枝放于柞墩中上部枝杈间，引枝要安放稳当，位置要通风透光，以便蚁蚕能迅速上枝食叶。

（4）掌握量叶搭蚕，疏密适当。搭蚕时应根据柞墩发育好坏和叶量多少，估计搭蚕数量。要做到心中有数，防止搭蚕过密或过稀。搭蚕以后，再检查调整蚁蚕的密度，及时拾起落地的引枝和蚁蚕。

（5）当大部分蚁蚕上墩食叶后，可逐墩退去引枝，并淘汰不下引枝的瘦弱蚕。

（6）分区饲养的种子蚕（如原原种、原种等），在换袋收蚁时，要在新袋上注明区号，按区号分别撒蚕，要做到对号入座，防止混淆。

第四节　养蚁与保苗

柞蚕在野外放养，经常受风、雨、低温和昆虫、鸟的侵袭，损失很大。据统计，一般年份全龄减蚕率达50%以上，其中稚蚕（1~3龄）遗失率为全龄的80%，1龄蚕的遗失率又占稚蚕期的60%。俗话说“小蚕保苗，大蚕壮膘”，因此，蚁场养蚁保苗对蚕茧生产起着重要作用。

一、养蚁

（一）自然蚁场养蚁

自然蚁场养蚁是在自然柞墩上饲养蚁蚕。自然蚁场应选择背风向阳，坡质肥瘠适中，柞树品种优良，柞芽发育早的半山腰。在收蚁之前，应认真清理蚁场，剔除场内杂草、枯枝和害虫，然后用细绳捆墩。捆墩松紧要适宜，并根据坡势和风向，将柞墩捆成顺风式，以减少落地蚕；也可将低矮枝条压伏于地面，以利救起落地蚕。

撒蚕时将引物轻轻放在柞墩中部，使蚁蚕能够均匀地分布到四周树枝上。收蚁后应及时匀蚕，防止过密。

（二）专用蚁场养蚁

专用蚁场有固定蚁场和小蚕保苗场两种。利用专用蚁场，因植株较密，枝叶相连，可以减少落地蚕，保苗效果好。同时场地集中连片，饲育省工，便于防除敌害。用固定蚁场和小蚕保苗场养蚁的增产效果可比自然蚁场养蚁提高 30%～50%。使用塑料薄膜覆盖催芽，可以提早养蚕，使大眠场柞蚕吃老梢饲料，缩小饲养面积，从而提高蚕坡利用率；可以提前采茧，错开农时，减少农蚕矛盾；还可以避免干热风为害 5 龄柞蚕。

1. 专用蚁场的培育

（1）场地的选择。应选择地势高燥、排水良好、背风向阳、便于管理、不受风霜侵害的南向或东南向较为平坦的沙壤土坡腰。

（2）橡实采集。橡实多于 9 月中下旬至 10 月上旬先后成熟，应抓紧时机，及时采种。采种要注意选好母树，一般应选择叶质良好、生长健壮、发芽开叶较早的老龄柞树，采集中批成熟的橡子作种。有条件时，最好是单株单采，进行单独播种。

（3）场地整理。播种前应深翻土地，并结合深翻施入足量基肥（厩肥或人粪尿），还要撒入药物以杀灭地下害虫。深翻时，应保持表土在上，待土壤风化后再平整场地，同时在场地四周挖深、宽各 0.33m 的防护沟，以便排水和防止害虫进入。

（4）选种与播种。

1）选种。为了保障出苗后的质量，播种前做好选种工作，选种时，将采回的种子倒入有清水的缸或桶内，待大部分橡实下沉后，淘汰漂浮水面的坏橡实，然后将沉入水底的种子捞出进行目选，剔除有虫孔、形态不正和过小的种子，将留下的好橡实做种用。

2）播种。整理好种子后可及时利用墒情进行播种，此法效果好，翌年发芽率高。深山严寒地区，为避免冻害可在翌年早春进行播种，但橡实必须妥善保存、严防虫蛀。为使专用蚁场通风透光，确保柞芽生长齐一，播种时以南北向为宜。在坡度较大的场地，也可进行横沟条播，以防水土流失。播种时打畦，拉线开沟，沟深6~10 cm，每畦3行，行距33~50 cm，株距5 cm，畦与畦间留宽1 m的人行道，畦长根据自然条件而定。培育1亩稚蚕场地，需用选好的橡实120 kg左右。橡实点播后，覆土搂平，顺播种沟用脚踏实，使橡实与土壤密切结合，以利土壤保墒和橡实发芽出土。

（5）幼苗培育。出苗前应注意保墒，天旱时应进行遮阴保湿，必要时进行浇水，以利橡实发芽。为了防兽、畜进入为害，可在场地周围设置荆棘之类加以保护。出苗后，及时进行中耕除草、缺株补植及灭虫防害等工作。在幼苗期间，中耕除草不宜过深，以免伤到幼根。做到有草就除，有虫害就治。对土质比较贫瘠的场地，幼苗期应增施催苗肥，以速效性肥料为好，亩施碳铵10 kg或尿素5 kg左右。为了充分发挥肥效，最好下雨前后开沟施入，施后及时封土，以防熏伤幼苗，精心培育2年后即可用之养蚕。

2. 塑料薄膜覆盖催芽法

（1）塑料罩的制作和使用。塑料薄膜覆盖催芽时间，一般掌握在正常出蚕前30 d左右。此时柞芽开始萌动，覆盖塑料膜后，气温增高，柞芽迅速增长，于收蚁时芽叶已经成熟。其方法是：在固定蚁场畦地上搭建拱形棚架，棚架高于柞树100~200 cm，然后在棚架上覆盖一层塑料薄膜，棚内悬挂温度计，棚架四周用土封实。专用蚁场应专人负责，经常观察棚内温度，棚外用绳捆紧。当温度超过35 ℃时，要掀开棚架两端的塑料膜，及时通风降温。中午前后罩内温度迅速增高，应注意防止高温烧芽。

（2）清场捆墩。收蚁前平整蚁场地面，剪去伏地枝，清除枯枝和落叶，以防害虫潜藏。然后使用细绳捆墩，捆墩的大小与松紧要适当，以便搭蚕。

（3）收蚁放蚕。收蚁时掀开塑料罩，将引蚁的枝条搭放在柞墩中部，放蚕数量要适当，以食叶不超过50%为宜。平时要加强蚁场的管理。蚁蚕眠起后，适时移入二眠场。移蚕时不宜剪大枝。如果小蚕专用场宽裕，可以继续放养，直至不能满足时移走。利用塑料薄膜覆盖催芽，不宜让芽子发得太早，注意后期（2、3龄）芽子的衔接。实践表明，以提前5 d左右为宜。

3. 专用蚁场的用后管理 为保证翌年能够继续使用，小蚕场移蚕出场后，立即进行根刈伐条，并适当增施催芽肥（以速效肥为好），翌年仍可继续使用。

（三）小蚕室内保护育

小蚕室内饲养，就是把蚕置于人为控制的环境中，不受外界不良环境的影响，蚕生长发育快、保苗率高，易于消毒和操作管理。

1. 蚕室蚕具的准备 蚕室应选择干净的房屋。房屋要求通风透光、保温干燥。一般每0.5 kg蚕卵，需备用5 m×3.3 m的房屋2间，采用蚕床育，需备长2 m、宽1 m、高0.2 m的蚕床12个。

2. 消毒 养蚕前一定要对蚕室、蚕具进行彻底的消毒，先用有效氯1%的漂白粉液或3%的福尔马林消毒，再用5%的石灰浆泼洒室内外地面（土地面要求用石灰浆湿润5~10 mm土层；砖和水泥地坪，喷洒一薄层石灰浆即可），密闭一昼夜，最后使用烟熏剂进行密闭熏烟消毒，待收蚁前1~2 d打开门窗换气，以待收蚁和饲养。

3. 饲料 宜选用完全展开的成熟柞叶。可从多年生老梢或2~3年生柞墩的边缘剪取30 cm长的枝条，注意避开上一年发过病的场地，忌用叶片尚未完全展开的红嫩芽。每日早晚各采1

次，采下的柞芽要随采随喂，剩下的可用缸或水桶等进行水养，保持柞芽新鲜。

4. 饲养方法　收蚁前，将新剪下来的柞枝放于茧床或蚕箔中。平面育的柞枝可按“井”形平放；立体育（蚕箔边框的高度为 40 cm 以上）的柞枝可上下立放，再用引物引取蚁蚕，放在茧床柞枝上饲育。为了防止柞叶凋萎和蚁蚕外爬，可在茧床、蚕箔上面覆盖一块塑料膜，再将上下两块塑料膜的四边折叠一下，压在茧床的边框内。此后，每日早、晚各给叶 1 次；3 龄蚕食叶量多，每日给叶 3 次。每次给叶时，先揭开塑料膜放气 10 min。实行立体育者，先将蚕箔原有柞枝分成若干排，再将新柞枝插入两排之间的空隙处。1 龄期除沙 1～2 次，2～3 龄期隔天除沙 1 次。结合除沙工作，剔除无叶或叶片很少的枝条，将尚未爬上新枝的小蚕，随小枝碎叶一起放回蚕箔。蚕室温度保持 20～22 ℃。在小蚕 3 龄（或 2 龄）起齐以后，立即移入蚕场放养。

5. 注意事项

（1）室内光线要均匀，白天温度以 22～26 ℃、晚上以自然温 15～18 ℃、干湿差 1～2 ℃为适宜，低温时注意加火补温，每天结合喂蚕换气 1～2 次。

（2）蚕就眠时，打开薄膜保持蚕座干燥，室内温度比饲育温度低 1～2 ℃，起蚕达 80%以上时可给叶饷食。

（3）一般在二眠起齐 1～2 d 后将蚕移至野外（进入 3 龄蚕体面积成倍增长，室内饲养过于费工费时）。

（4）所用蚕室、蚕具必须彻底消毒，不留死角，蚕体蚕座每 2 d 消毒 1 次。

（5）所用蚕床要大小一致，规格相同，便于层叠摆放，提高房屋利用率。

（6）若是雨天采叶，需待柞叶晾干后再行饲育。不能饲喂水叶，要保持蚕座干燥。

（四）稚蚕大棚土坑育

稚蚕大棚土坑育是应用塑料薄膜大棚、内挖土坑的一种饲养方法，是根据小蚕期自然气候多变的实际情况，采取人为措施，控制小气候、小环境以满足幼蚕发育的需要；可避免风害、低温冷害与鸟害侵袭，使蚕生长健壮和齐速，进而提高柞蚕保苗率，达到提高单产、蚕农增收的目的。

1. 大棚的建造

（1）材料准备。饲养 0.5 kg 蚕籽，需用 8m 宽的塑料布 16 m，弓形棚顶用直径 2 cm、长 3.5 m 的竹竿 10 根，支柱用长 2.3 m、直径 10 cm 的枝干或木杆 8 根，横杆用长 3 m、直径 5 cm 的小竹竿或木杆 8 根，固定细铁丝或绳若干。每增加 0.5 kg 卵，需增加塑料布 10 m，其他材料相应增加。

（2）大棚建设。养 0.5 kg 蚕籽需建宽 3 m、长 10.5 m、高 2.5 m 的大棚 1 个，覆盖塑料布后，将三边塑料布埋入土中，背风的一边用木板或其他材料填压以便于进棚操作。大棚宜选择在背风、地势高燥的树荫处。如若没有树荫，每放养 0.5 kg 蚕籽需准备 5 m 宽规格的遮阴网 12 m，以备日中温度过高时遮阴降温。

（3）土坑建造。为防止小蚕乱爬，确保蚕座温度、湿度适宜，在大棚中平行开挖 2 个土坑，两坑中间留 0.5 m 的人行道，四周留 0.25 m 的畦埂，中间形成 2 个 1 m×10 m 的土坑，坑深度为 0.3 m，两坑间 0.5 m 留用通道，以便给叶操作。在大棚上面距大棚最高点 30 cm 处搭棚架，固定上遮阴网或放草席树枝等以便外温高时遮阴用，确保大棚内温度最高不超过 28 ℃。

2. 消毒

养蚕前 1 星期左右，棚内地面用新鲜石灰粉撒一层，然后将收蚁、养蚕、采叶用具放入棚内，用毒消散或熏毒净等进行气体消毒，密闭 1 d，以待收蚁、养蚕用。收蚁前 1 d 将大棚没有固定的一边打开，以通风换气，消除药味。

3. 收蚁　根据柞芽发育状况并结合气候条件，做到适时出蚕。出蚕后，用引枝（艾蒿、柳枝、柏枝均可）将蚁蚕引入坑内，土坑内可分若干个饲育区，同批蚕放入同一个饲育区内；在20 m^2 的大棚内，每 0.5 kg 蚕卵的蚁蚕，可占土坑面积的 2/3。蚕引入土坑后用新鲜石灰粉或小蚕防病 1 号进行蚕体消毒，然后给叶。柞叶要选用叶片展开 2.5～3 cm、叶色浅绿色的成熟叶。采叶时连同枝条一同剪下，采枝条长 30 cm，不宜太长或太短，以便于操作和保持柞叶新鲜。收蚁时每日收的蚁要隔开饲育，不要混在一起，以确保发育齐一。如果前期饲育环境干燥，可在土坑的上面覆盖比土坑稍大的薄膜，以便保湿，防止柞叶凋萎；如果蚕座湿度大，外边多雨，可以不盖。

4. 饲育

（1）给叶次数及时间。一般蚕每天给叶 2 次，2 龄、3 龄可根据食叶情况增加 1 次，每天 8 时、18 时各饲喂 1 次，2 龄、3 龄可在中午增加喂叶 1 次。

（2）采叶及处理。采叶应做到随采随喂，保持叶子新鲜。采回后要及时给叶，如遇雨天，采叶要提前采，要把叶面上的水分晾干后方可喂蚕，禁止喂湿叶，以免造成蚕体质虚弱，导致后期发病。

（3）给叶。给叶时将枝条按同一方向排放，下次给叶与上次给叶呈“井”形摆放。根据每顿食叶情况，灵活掌握给叶多少；防止给叶太多造成蚕座厚、湿度大、藏匿蚕、发育不齐而诱发蚕病；多雨季节，更应保持蚕座的干燥，以利于蚕正常发育。蚕体瘦小时可适当增加给叶次数，做到薄饲勤喂。

（4）除沙。除沙次数根据残枝和蚕沙多少而定，一般是 2 天 1 次。方法：给叶后待大部分蚕爬上新枝条，轻拿带蚕新枝放于坑边洁净处，清除残枝蚕粪，捡出带蚕枝条，然后对清沙后的蚕座进行清扫，再用新鲜石灰粉薄撒一层，最后将带蚕新枝依次放回坑内。需扩座时可适当稀放，除沙后可根据食叶情况进行补叶，以确保蚕良叶饱食。

（5）匀蚕。每天对蚕座进行整理，使蚕座厚薄均匀。在整理的同时及时匀蚕，使蚕分布稀稠适当，均匀一致。匀蚕时要轻拿轻放，将稠密处带枝蚕匀至疏松处即可。这样既可防止因蚕座过密而抓伤感染，又可促使蚕发育整齐。

（6）蚕体蚕座消毒。每 2 d 对蚕体蚕座消毒 1 次，于给叶前进行。可将新鲜石灰粉或小蚕防病 1 号用纱网或纱袋在蚕座上均匀地撒一层，消毒 10 min 后即可喂蚕。蚕座要保持干燥，若蚕座多湿，可撒石灰粉除湿。

（7）眠起处理。

1）提青。同批蚕眠蚕达 80%左右时，薄撒一层石灰粉，约等 10 min 后，给予少量柞叶，待食叶蚕爬上枝条将其拾起，将同批迟眠蚕集中一起饲养，给予优质柞叶，促其快速就眠。

2）眠期处理。全部就眠后，可将大棚半开，适当通风，保持蚕座干燥。若坑内有食蚕，可加叶提青，并把提青后的蚕集中后用塑料薄膜覆盖。

3）眠起处理。蚕起齐后（90%以上），待蚕头部大部分转为褐色时，用新鲜石灰粉或小蚕防病 1 号消毒 10 min 左右即可给叶。2 龄起蚕饷食叶应适熟偏嫩，避免损伤口器。待蚕爬上新枝后可将蚕座扩大 0.5~1 倍，2 龄以后根据食叶情况可在中午再给一次叶。

（8）环境调节。外温低时，封闭大棚，保持棚内温度。饲养时应注意棚内湿度大小，湿度大时土坑不用盖棚内薄膜。天晴棚内温度过高（超过 28 ℃）时要进行遮阳处理，适当打开大棚并盖上内膜，以保持柞叶水分，防止凋萎。棚内温度始终控制在 18~25 ℃，满足蚕正常生长发育。

5. 出棚上山　实践证明，由于进入柞蚕 3 龄时期，室外温度已逐渐回暖，自然灾害（低温、大风）相应减少，加上3龄后采叶量和使用大棚面积的显著增长，所以使用大棚土坑育在3龄后已意义不大。一般在柞蚕2眠前1~2 d或3龄起齐后2~3 d后，选择晴天的上午或17时以后上山。

（1）上山前准备。要做好2眠用蚕场或3眠用蚕场的清理工作，清除杂草、剪去伏地枝和病弱枝、清除虫害。根据需要捆好柞墩，以待撒蚕。

（2）消毒。最好在使用前2~3 d，用2%新鲜石灰浆喷洒蚕场进行消毒。

（3）移蚕。连同残枝放入框内，轻拿轻放，不要堆积，迅速运至蚕场搭上新柞墩，待大部分蚕爬上新枝后抽去敖枝。

6. 注意事项

（1）严格消毒。在养蚕前和饲育过程中，要按药物使用标准及时进行环境和蚕体蚕座消毒。

（2）正确选择饲育用叶，以保证蚕的正常发育。

（3）严防高温为害。棚内温度超过28 ℃，一定要遮阳降温，并视实际情况打开外膜，适时盖上内膜，保证蚕座处于适宜温度。

（4）及时扩座和匀蚕，防止蚕头过密，引起抓伤。

二、保苗

稚蚕保苗工作非常重要，只有蚕苗多、体质壮，才能获得蚕茧的高产。保苗措施主要有以下几点。

（一）适时出蚕，选择晴天收蚁

出蚕适期一般应在蚁场多数柞枝中上部的叶片展开3 cm左右、叶色发绿时出蚕较为适宜。在深山壮坡地区，由于柞叶肥嫩，应掌握适时偏晚；在浅山薄坡地区，由于柞叶老化快，可适当偏早。因此，在孵卵期间，要根据当地天气变化、柞芽生长快慢和胚子发育程度，灵活调节孵卵温度，以期达到适时出蚕的目的。在收蚁适期中，一般晴天收蚁比阴天好。因为晴天气温较高，蚁蚕上枝快，食叶早，有利于小蚕的生长发育。在阴雨低温天气收蚁，多数蚁蚕不食不动，落下、遗失蚕增多，后期柞蚕也容易发病。为此，养蚕人员应根据天气预报，把蚕卵控制到晴天出蚁。

（二）培植专用蚁场和稚蚕保护育技术养蚕

实践证明，利用专用蚁场和采用稚蚕保护育技术养蚕是当前提高保苗率的一项有效办法。应当积极培植专用蚁场，有条件的地方可以培植稚蚕专用场。根据长期天气预报判断收蚁时期天气情况，如有降温或大风等恶劣天气，可积极推广应用稚蚕保护育技术，达到最佳保苗效果。

（三）认真清理蚕场，清除潜藏虫害

冬春季节用毒饵药坡，药杀虫、鸟、鼠等敌害。用于饲养1~3龄蚕的场地，于养蚕前清除场内杂草和落叶，以减少虫害潜藏的机会，养蚕期要坚持巡场捕虫，对为害柞蚕严重的步行甲，一旦发现就要集中力量捕杀。

（四）防风保苗

适当的气流对柞蚕有利，如微风可以排湿，降低柞蚕体温，以减轻热伤害，还可以摇落蚕粪，减少病原污染柞叶的机会。但过强的气流对柞蚕有害。4~5 级大风对小蚕和眠蚕为害较大，落下、遗失蚕增多，体皮创伤也比较严重。为此，小蚕期要选择南向坡，背风向阳。在养蚕前要根据坡势和风向捆墩，遇 5 级以上大风，要及时紧墩，按顺风方向，用绳拉弯柞墩，并剪掉高墩上的招风枝，大风过后要及时清拾落地蚕。

（五）防低温冷害、高温干旱

4 月初，河南往往在出蚕过程中会遇到阴雨或霜冻等低温天气，这种天气对刚出的蚁蚕极为不利，落地蚕增多，易使蚁蚕受

到伤害；5 月中下旬往往有干热风发生，此时正值柞蚕 5 龄后期，高温闷热天气对柞蚕有一定的伤害。为此，稚蚕期宜选择阳坡避风低墩放养，壮蚕期宜选用阴坡高墩饲养，增加翻场次数。必要时于早晨或傍晚用清水喷洒柞墩，让柞蚕饮水。

（六）预防蚕病发生

蚕病对柞蚕生产威胁很大，是影响蚕茧丰收的重要因素之一。

1. 选育良种　选用抗病品种和优质蚕种，以提高柞蚕的抗逆性和抗病力。

2. 选用优质叶　选择适熟叶芽养蚕，以满足柞蚕正常生长发育的需要。

3. 淘汰落后小蚕　一般弱小蚕发育缓慢，容易感染蚕病，因而及早淘汰发育落后的弱小蚕，可以减少病蚕的发生量。

4. 彻底消毒，防止病原传染　用于蚕种生产的房舍、工具及附近环境，均应严格消毒。1~2 龄蚕场，在使用前可用 1%有效氯漂白粉或 5%的新鲜石灰浆喷洒柞叶和蚕场地面。在蚕场附近建立石灰乳消毒池，随时进行养蚕用具（如蚕筐、蚕剪等）的消毒，以杜绝病原传染。

第五节　饲料调节和柞园选择

柞蚕生长发育需要一定的物质条件。柞蚕的主要营养物质，如碳水化合物、脂肪、蛋白质、水、无机盐和维生素等，都是从饲料中获得的。饲料质量的好坏，不仅影响当代柞蚕幼虫的生长发育，而且还影响蚕蛹和成虫的生理，甚至影响下一代柞蚕的体质。柞蚕长期食用营养差的饲料，生长发育不良，体躯瘦小，体质差，抗病力弱，结茧小，茧质低劣。因此，在养蚕过程中，要认真选择蚕场，搞好饲料的调节工作。所谓优良饲料，就是在主要营养成分上能够满足柞蚕生长发育所需要的柞叶。可是柞叶营养成分的含量，又因其树种、树龄、叶片老嫩程度和土壤肥力不同而有差异；同时在不同气候条件下，不同龄期的柞蚕对饲料的营养成分又有不同要求。所以饲料调节是一项技术性很强的工作。

一、饲料调节

要根据柞蚕所处的龄期不同而选择不同的饲料。1 龄场（蚁场）饲料，选用柞叶展开 3 cm 左右的薄坡老柞（老梢），忌用肥嫩叶。2~3 龄场饲料，选用适熟老柞叶，树种以麻栎最好，不给 3 龄蚕喂养叶质老硬的饲料。1~3 龄场的用叶量占全龄用叶量的 13%左右。4 龄柞蚕（大眠场）宜用适熟火芽饲养。在深山壮坡养蚕，也可用老梢饲养。用火芽养蚕时，要防止使用肥嫩叶，不用未“杀顶”（顶芽未停止生长）的火芽；用老梢养蚕时，要防止使用老硬叶。用芽柞饲养 5 龄蚕，要求叶片肥厚适熟，不用过嫩或过老的饲料。茧场选用枝叶茂盛、梢部有部分软叶的老梢。

各龄柞蚕饲料的选择，还要根据不同地区、不同气候和不同坡质的情况，灵活掌握。在深山壮坡养蚕或蚕期多雨，选芽标准应相对偏老；在浅山薄坡上养蚕或蚕期干旱，选芽标准可偏肥、偏嫩。撒蚕时还要注意选墩。

为了做好饲料调节工作，必须量叶养蚕，量蚕备叶，保持叶蚕平衡，留有余地，这样才能实现柞蚕的高产保收。

二、柞园选择

1. 1~2 龄场 饲养 1~2 龄蚕的场地，应选择南向或东南向、土质肥瘠适中、避北风而温暖的山腰。俗语“雪下高山，霜打洼”就是告诉我们在选择低洼的山脚时，应注意晚霜为害。

2. 3龄场　柞蚕进入3龄期，气温逐渐升高，但有时还有寒流侵袭，所以3龄场仍然选择背风向阳的中部蚕坡，用叶片肥厚的适熟老梢养蚕。一般情况下，3龄期柞树的叶片基本发育成熟，可以用老梢饲养。

3. 4龄场　4龄场也称大眠场。柞蚕进入大眠场，外界气候温和。在多雨年份养蚕或壮坡上养蚕，4龄蚕应选择蚕坡下部的2~3年生老梢。一般年份应选用南向或东南向、土质肥瘠适中的蚕场。使用一年生火芽养蚕时，火芽要成熟，不可过嫩。

4. 5龄场　河南称5龄场为“二八场”（蚕农根据蚕场出现2/10的柞蚕开始营茧，需要移入茧场这一情况，称之为“二八场”）。5龄蚕期由于气候炎热，经常发生干热风，柞叶老硬较快。所以为避免高温为害，二八场应选用通风凉爽、土质比较肥沃的北向阴坡。

5. 茧场　茧场是柞蚕营茧的场所。河南一般在5月下旬或6月上旬进入营茧期，此时天气比较炎热，为避免高温损害老熟蚕，要选择地势较高、通风凉爽的山顶或北向阴坡为茧场。忌用迎风口或闷风窝。

第六节　移蚕与匀蚕

一、移蚕

把柞蚕从原来的饲养场地剪移到新场地的过程称为移蚕，也称挪蚕。由于原场地柞树的适熟叶将要被柞蚕食完，或者是余叶已经硬化，柞蚕不喜进食，此时需要更换新场地，给予新的适熟柞叶。

（一）移蚕次数

移蚕次数要根据撒蚕密度和食叶量而定。春季一般天气干旱，柞叶硬化比较快，常采用六移法，即2~5龄起齐后各移1次，5龄蚕食叶5~6 d再移1次，见茧时将柞蚕移入茧场。移蚕次数还要根据当年雨量、坡质和柞叶适熟等情况来决定。一般雨量多的年份，移蚕次数可以减少；干旱年份，移蚕次数可以增加。

（二）移蚕时期

移蚕时期有眠前移和眠后移两种。

1. 眠前移 在大部分柞蚕进入减食期、少数柞蚕要就眠时进行。经眠前剪移进入新场的柞蚕，仅吃少量柞叶便就眠。但是眠前移蚕不能过早或过迟。剪移过早，则原场地柞墩的余叶尚多，形成浪费；剪移过迟，柞蚕临近眠期，进入新墩后却不行动，仍附于敖枝上就眠，容易造成挤压和创伤，致使柞蚕蜕皮困难。

眠前移的优点：柞蚕在就眠前食下新鲜柞叶，就眠整齐而迅速。同时，柞蚕在枝叶茂密的新树上就眠，可以避免日晒和雨淋，蚕起后又可以及时获得新鲜柞叶，有利于柞蚕的生长和发育。

2. 眠后移 一般于柞蚕眠起后1~2 d进行。移蚕过早，柞蚕体壁细嫩（如白头起蚕），极易发生创伤；移蚕过晚，则食叶过尽，柞蚕会因缺食而窜枝、跑坡，影响蚕体健康。

（三）移蚕时间

一般于每天10时前和16时后气温较低的时候进行移蚕。此时柞蚕食欲不强，活动缓慢。阴天整天可移。在长期生产实践中，蚕农积累了“五不移”的经验，即白头起蚕和眠蚕不移（剪移过程宜受伤）；温度过低时不移（温度低柞蚕少行动，不上枝）；大风天不移（敖枝易被风吹落，遗失蚕多）；中午天热时不移（柞蚕易伤热，壮蚕尤甚）；下雨天和露重时不移（下敖枝慢，易大量饮水）。在野外自然环境下，不同方位的柞蚕接触到不同温度、湿度和饲料，就眠和眠起时间各有差异，因而移蚕工作可以分批进行。

（四）移蚕方法

移蚕方法可分为剪枝、握蚕、装蚕、运蚕和撒蚕 5 个步骤。

1. 剪枝 用左手抓住附着柞蚕的柞枝，右手持蚕剪把枝条剪下。剪枝动作要快，剪枝长度不宜超过 20 cm。剪枝过长，一则影响柞树的生长，二则带蚕多，撒蚕密度不易掌握。剪移大蚕时，不要摘取净蚕，以免发生创伤。剪移后，要及时巡视蚕场，及时收集漏剪之蚕，俗称“清茬子”。

2. 握蚕 把剪下来的枝条顺排于手中，枝条基部要整齐，手握枝条的松紧要适宜。

3. 装蚕 待手中剪枝满把时就装框。装筐枝条基部向下，依次直立于筐中。装筐松紧要适宜，装筐过紧易使蚕吐肠液，或损伤蚕体；过松易使剪枝来回摆动，容易脱落。装筐松紧以手插入筐内不感到挤压为合适。一般每筐 2 龄、3 龄装 1 000 头左右，4 龄蚕装 600 头左右，5 龄蚕装 400 头左右。

4. 运蚕 每筐蚕装满后，要迅速运至新场。在剪移过程中，要速剪速移，少装勤运，避免柞蚕受闷热。运蚕要稳，轻拿轻放，少震动，以防损伤蚕体。

5. 撒蚕 将剪移下来的柞蚕分撒在新树上，这一过程称为撒蚕。撒蚕前要做好蚕场清理工作，清除杂草、落叶，剪掉柞墩的枯枝和病枝。撒蚕部位随树型而定。2~3 年生根刈柞树，可将柞蚕撒在柞树的根部；中刈放拐柞树，可将柞蚕撒在柞树中上部分枝处；较高柞树可用清场修剪下来的柞树枝或杂草搭铺，而后将柞蚕撒在铺上；火芽柞墩，可以把柞蚕直接撒在柞墩中部。撒蚕密度要适宜，不可过稀或过密。过稀，剩叶多，浪费饲料；过密，则柞蚕缺叶，易发生眠光枝、跑坡等现象。撒蚕量一般掌握一二眠场出场时，尚余叶50%左右；三眠场和大眠场出场时，尚余叶40%；火芽大眠场和二八场，余叶20%左右。撒蚕时要根据天气旱涝、土壤肥瘠和叶质好坏等情况，灵活掌握。在撒蚕过程中应随时留下10%的偏嫩柞墩，以备匀蚕。撒蚕工作结束后，要及时巡视蚕场，及时匀蚕，撤敖枝。

二、匀蚕

把柞树枝条上过密的柞蚕匀移到新的柞墩上饲养，使单个蚕活动区域趋于一致的过程称为匀蚕。匀蚕的作用是调整柞蚕的密度。密度适当可使每头柞蚕都能够饱食良叶。匀蚕工作在撒蚕以后进行，也可随撒随匀。一般掌握在温度较高时匀蚕，此时柞蚕可以迅速爬上新枝。

匀蚕方法：小蚕期，可剪下密集柞蚕的枝条和明显缺叶的带蚕枝条，转移到附近新墩上。大蚕期要连同小枝叶一起取下柞蚕，放入新墩饲养。匀蚕也可以采取拉枝搭桥的方法，把柞蚕引入新墩。

第七节　分批养蚕

同批柞蚕发育是否整齐是蚕体健康状况的标志，也是衡量养蚕好坏、预测产量高低的依据之一。如果柞蚕发育不齐，就会出现“老少辈”现象，不仅给养蚕管理带来困难，而且还影响蚕茧的产量和质量，这种现象与人工饲养操作过程中的密度、叶质和食叶量有很大关系，因而蚕农养蚕，力求“小蚕养齐，大蚕养肥”。发现整批蚕发育不齐时，在操作上就要随时把眠蚕和食蚕分开，分批放养，以期达到个体良叶饱食。

一、蚕体发育不齐的原因

（一）不同品种之间个体差异

不同品种的柞蚕，因体质强健程度有差异，发育整齐度也不相同，同一群体不同个体间也有差异。蚕卵孵化期有迟早之别，柞蚕发育也有快慢之差。即使在同一技术处理条件下，柞蚕发育也不齐一。

（二）营养饲料适熟程度影响

俗话说："一墩芽子一墩蚕。"在大面积生产中，由于蚕场部位、树种和叶质老嫩程度不同，柞叶营养成分就有一定差异。更换蚕场时，一般体质强健的柞蚕先上枝，多吃适熟叶，而体质弱的柞蚕后上枝，多吃老硬叶，这也是柞蚕生长发育不齐的原因之一。

（三）气象环境因素影响

柞蚕属于变温动物，体温随着自然气温的升降而变化。处于不同环境（如蚕场部位、遮阴程度不同等）的柞蚕，感温不一致，生理代谢受到相应的影响，因而柞蚕的发育就有差异。在眠起前遭受低温影响，本来可以就眠蜕皮的柞蚕便中途停顿，而业已饷食的柞蚕仍在食叶，向前发育，致使同一群体的柞蚕形成发育不齐的现象。

（四）体质病弱因素

一般病蚕和弱蚕发育缓慢，迟眠迟起，这也是柞蚕发育不齐的原因之一。

二、促使柞蚕发育齐一的技术措施

为了使柞蚕发育齐一，除选用优良品种、精选饲料、掌握好放蚕密度和及时匀移外，在养蚕期间还要采用分批饲养、强弱隔离等技术措施，使柞蚕转迟为早，返弱为强。

（一）分批放养

根据出蚕早晚，把每日蚁蚕另放一处，分批放养。

（二）剔迟催育

1~2 龄期将迟眠迟起的柞蚕，或者是把不及时下敖枝的迟弱蚕撒在优质柞墩上集中饲育。

（三）挑食（蚕）拔起（蚕）

3~4 龄期在 80%的柞蚕就眠时，可将迟眠蚕剔出另放，并将早起蚕挑出，提前移入新场。

（四）淘汰病弱蚕

在养蚕过程中，发现某些因病引起的迟眠迟起蚕，要坚决予以淘汰，以防蚕病蔓延。

第八节　选蚕

选蚕是繁育良种、提高种质的重要技术措施之一。俗话说：“好种出好苗。”柞蚕体质强健与否，不仅影响蛹、蛾期的生理代谢，而且对下一代柞蚕的体质也有较大影响。

一、群体选择法

群体选择工作在柞蚕发育的各龄期均可进行。收蚁时淘汰苗末蚁，选留中批蚁蚕饲养。柞蚕进入二、三眠场时，选留早、中批眠起蚕，淘汰迟眠迟起蚕。柞蚕从三眠起进入大眠场时，按眠起时间早晚把柞蚕分别移入大眠场，选留早、中批蚕留种，随时淘汰弱小蚕和末批蚕。根据良种繁育制度的规定，原母种、原原种的迟弱蚕累计淘汰率不得少于 10%，原种不得少于 5%。严格淘汰经迟眠蚕检查而判定有微粒子病的饲育区。

二、个体选择法

个体选择工作一般于5龄盛食期进行。健蚕的标准是：体色鲜明，油润，有光泽；血色清晰，具本品种固有色泽，背脉管色泽清亮；体壁光洁柔嫩，辉点少，无针尖状渣点；蚕体头大尾小，环节紧凑，刚毛硬直，精神饱满；触动柞枝，柞蚕头部昂起，牙齿摩擦有声，警觉性强。

第九节 窝茧与采茧

一、窝茧

柞蚕老熟时，需要大量柞叶作为营茧的苞叶。这时为了缩小放养面积，便于摘茧和管理，将熟蚕移入墩高叶密的茧场，这一操作称为窝茧，也叫入茧场。

（一）窝茧的适宜时期

在见到20%的蚕营茧时就要把柞蚕移入茧场。入茧场时间过早，则未成熟的柞蚕就在茧场中食下较多的老硬叶，不仅影响发育，延迟结茧时间，而且茧场柞叶过少，熟蚕缺少必要的营茧柞叶时，多结同宫茧，甚至有时需要更换新茧场，势必大大增加劳动量。入茧场时间过晚，则大部分柞蚕在5龄场营茧，场面大，蚕茧分散，给蚕场管理和摘茧工作带来困难。窝茧工作最好分批进行，先熟的先入，后熟的后入。如果窝茧不分批次，采茧也很困难。

（二）茧场饲料与撒蚕密度

茧场柞墩，一般选用多年生长势良好的老柞，除满足熟蚕营茧的需要外，还有梢部嫩叶供晚蚕食用。放养种蚕或火芽有宽余者，也可以选用长势旺盛火芽为茧场。但是柞蚕从5龄场转入茧场时，必须掌握好撒蚕密度。适宜的密度标准为大部分柞蚕在茧场停留2 d仅食去柞叶的20%左右就能吐丝营茧。

（三）齐茬子

在大批柞蚕营茧以后，可将未营茧的柞蚕移入新茧场，称为“齐茬子”。一般齐茬子要进行2~3次，因为齐后的食蚕不一定发育整齐。新茧场幼嫩叶易被食蚕食尽，未营茧蚕若继续留在原墩上，必然吃食老硬叶，影响发育。将次熟蚕及时移入新茧场，可以促使柞蚕老熟，同时也有利于分批采茧和选种工作。

二、采茧

（一）柞蚕营茧化蛹时期

柞蚕成熟时，首先排出肠中的内容物（俗称“空沙”），然后拉叶营茧。晴天柞蚕营茧3 d吐丝完毕，便从肛门排出乳状液（含有草酸钙和单宁等物质），涂于茧层上（俗称“上浆”），使茧壳变硬。柞蚕营茧后6~7 d化蛹。阴天柞蚕营茧，4 d吐丝完毕，7~9 d化蛹。

（二）采茧时间

采茧工作可在化蛹前和化蛹后2个时期进行。

1. 化蛹前采茧　晴天营结的蚕茧，可在开始营茧后3~5 d采摘。阴天营结的蚕茧，可在开始营茧后4~6 d采摘。此时柞蚕吐丝完毕，茧壳硬实，尚未化蛹，体壁偏老，抗震抗压力较强。春蚕营茧时，正是第一代蛹寄生蜂发生时期，采取化蛹前采茧也可避免寄生蜂为害。

2. 化蛹后采茧　晴天营结的柞蚕茧，可在开始营茧的9 d以后采摘；阴天，在10 d以后采摘。此时蛹体完全形成，抗震抗压力强。化蛹后采茧，虽然有避免嫩蛹受伤的优点，但是蚕茧长期留在柞树上，易受虫、鼠为害，初夏的烈日、狂风和暴雨也对蛹体不利。

（三）采茧方法

1. 采茧（摘茧）　采茧要根据采茧时间陆续进行，动作要快，轻摘轻放，少装快运。采茧时一手拉柞枝，一手将蚕茧和苞叶抓于掌内，用拇指和食指紧捏茧柄，向上一提，即可扯断茧柄。采茧动作要轻快稳妥，避免过分震动和挤压茧壳。蚕茧采下后，要轻放于蚕筐内，立即送到阴凉处暂时摊放，避免堆积，同时，蚕茧应摊放在专用茧床或匾内，保持下面能够通风换气，严禁直接摊在地面上。采茧工作掌握在气温较低时（如10时以前和16时以后）进行。早晨露水大和中午气温高，均不宜采茧。蚕茧外面有一层苞叶，其颜色和形状与正常树叶无异，所以采茧时要认真观察，逐枝细摸。采茧后还要复收几遍。

2. 剥茧　剥茧应随采随剥，轻拿轻放。操作方法：自茧柄处捏取叶柄，顺势向下剥去苞叶，否则会拉断柞叶，降低剥茧速度。剥茧时要把好茧、血茧、薄皮茧、外伤茧和同宫茧分开，然后将好茧贮于保茧室内，薄摊晾开。不同品种和不同批次的蚕茧，要分别贮存。

第六章　柞蚕饲料和柞园建设

第一节　主要柞树种类和外部形态特征

一、栓皮栎

栓皮栎，俗称黑栎、软木栎、白里柞、粗皮青冈。树皮黑褐色，栓皮层甚厚，一年生枝条灰褐色，主枝多，侧枝少，枝条向上性较强。叶为长椭圆形或披针形。叶色浓绿，背面密生灰白色星状细毛，叶片较麻栎厚，叶缘锯齿状，齿尖较短，侧脉 9~15 对。果实于 9 月下旬成熟。壳斗呈浅皿状，单生或并生，鳞片锥形，向外卷曲，有毛。果实球状或椭圆形。顶端平圆。栓皮栎喜光，喜湿，耐干旱，不耐寒冷。一般栓皮栎发芽较早，适于饲养 1 龄柞蚕，因其适熟期较长，也是壮蚕的主要饲料。

栓皮栎常与麻栎混生，多分布于山东、河南、辽宁、河北、江苏、湖南、湖北、江西、甘肃、陕西、四川、云南等省。

二、麻栎

麻栎，俗称尖柞、油柞、白栎。分枝多，侧枝多，平伸。一年生枝条为灰色或灰褐色，嫩枝密生黄色软毛。多年生老树的树皮坚硬，呈暗褐色，有纵裂条纹，裂口呈灰白色。叶互生，节间短，叶狭长，叶形有披针形、长椭圆形和束腰形。叶缘锯齿状，齿锐，侧脉 16~18 对。叶脉直并伸出叶缘外，叶柄长有毛。叶面绿色有光泽，叶背淡绿色。嫩叶密生黄色软毛，逐渐脱落。叶片较薄，冬季枯而不落，果实大，呈球形或圆形。壳斗多单生，皿形；鳞片长而卷曲。果实于 10 月上旬成熟。

麻栎属于阳性树种，抗寒性较弱，喜光，深根性，耐干旱，喜湿润气候，对土壤条件要求不严，但不耐盐碱土，在土层深厚、湿润、排水良好、阳光充足的山坡上生长尤为良好。春季麻栎发芽较晚，开叶较迟，但生长快，适熟期较短，一般用于饲养 2、3 龄柞蚕。麻栎叶质营养丰富，蚕喜食，蚕群体发育快而齐，蚕体质强，保苗率高，养蚕成绩好。麻栎是稚蚕的良好饲料。最常见的麻栎有大叶白、小叶白和亚腰白 3 种，其中以大叶白的叶质最好。

该树种主要分布在山东、河南的整个山区。辽宁、河北、江苏、湖北、湖南等地也有分布。

三、槲栎

槲栎，俗称柞椤、槲科。多呈低矮灌木，分枝较少。树干皮粗涩，灰褐色。枝条呈灰白色及青灰色，梢部有一肥大的顶芽和 2~3 个小芽，芽鳞密生黄褐色绒毛。叶片较大，倒卵形或匙形，长 10~30 cm，宽 5~16 cm，基部宽楔波状略带钝锯齿，侧脉 9~15 对。叶尖圆钝，叶缘波状，叶柄极短，叶面深绿色或绿色，叶背灰绿色，密生绒毛。果实于秋季成熟，壳斗碗形，外长满红棕色向外反卷的披针形鳞片。槲栎发芽早，展叶快，老硬快，如用于放养春蚕大蚕，需进行修剪。喜生于地势高燥、土层深厚的土壤及沙质土中，喜光、喜温，较耐干旱。果实于 9 月中下旬成熟。我国分布界限与麻栎相仿，多与其他树种混生。

该树种主要分布在辽宁、吉林、黑龙江、四川、山东、陕西、湖北、云南等省。河南也有少量分布。

四、辽东栎

辽东栎，又称辽东柞、小叶青、小花叶。落叶乔木，分枝多，枝条开展。幼枝淡红褐色或绿色，一年生枝条栗褐色，成年树皮为灰褐色，有不规则的深裂，枝条节间短。叶面光滑，浓绿色，背面淡绿色。叶片比蒙古栎小，呈倒卵形。叶尖钝圆，叶缘为波状锯齿形，缺刻在 7 对以下，叶柄短，侧脉 5~7 对。果实卵形，较小，2~3 个集生。壳斗浅碗状，外被覆瓦状鳞片，排列紧密，鳞片较小，无疣状突起。辽东栎发芽较早，在辽宁 4 月 25 日左右发芽，萌芽力强。枝条多，较开展，节间短，适于养成中干树型。叶量多，硬化较迟，叶质营养丰富，柞蚕喜食。辽东栎是柞蚕的优良饲料，保苗效果较好。此树种为阳性，喜生于向阳而干燥的山坡。

果实于 9 月上中旬成熟。该树种主要分布在我国的辽宁、吉林、黑龙江、河北、河南、山东、四川等省，多为天然次生林。辽东栎发芽较早，容易保苗，但硬化早，不宜饲养秋季晚蚕。

五、蒙古栎

蒙古栎，又称蒙栎、蒙古柞。落叶乔木，分枝少，向上性强。幼枝紫褐色，有棱。成年树皮有灰白色与青灰色不规则相间的花纹。叶常集生于枝条顶端。叶片呈倒卵形，深绿色，背面淡绿色。叶缘为波状锯齿，缺刻在 7 对以上，叶柄短，侧脉 7~12 对。果实 2~3 枚集生或单生，有短柄或无柄，果实椭圆形。壳斗浅碗状，外被覆瓦状鳞片，上面有疣状突起。蒙古栎发芽早，一般 4 月末发芽，硬化快，适于放养春蚕。枝条向上性强，开张角小，分枝少，养成一定的树型较困难。此树种为弱度阳性，喜光，能耐零下 50 ℃的低温，耐干旱，耐瘠薄。

该树种主要分布在黑龙江、吉林、辽宁一带，多为天然次生林。整个蚕期都适用，最适宜养春稚蚕。

第二节　柞树树型养成、整伐和柞园管理

由于柞树具有较强的顶端优势和萌芽再生功能，所以对柞树进行整伐及树型的养成尤为必要，不仅可以有效控制柞树的高度，便于养蚕操作管理，提高劳动效率，而且通过树型养成可以改善树冠结构，提高产叶量，增加单位面积载蚕量。

一、树型养成

由于柞树的树型与柞叶产量、叶质优劣及蚕场管理、病虫害防治工作等都有密切关系，所以要根据当地气候、坡质、柞性及养蚕的要求来确定蚕场柞树的养成形式。

（一）根刈树型

从柞墩基部砍去全部枝干，翌年春暖时即形成枝条丛生的根刈低墩。砍伐时，不要留下弱小枝（俗称小毛枝），因为这些弱小枝于翌年发芽时，与不定芽争夺水分和养分，影响新芽的萌发。

根刈树型的优点：树型矮小，可以减少风害；柞叶含水分和蛋白质充足；枝条多，生长旺盛，柞叶成熟快，叶质柔嫩；从柞树根部重新长成新枝，可以减少蛀干害虫的为害；砍伐技术简便，节省劳力，运柴也较方便。

根刈树型的缺点：根刈柞树枝条丛生，通风透光较差；有些枝条靠近地面，柞叶容易被地面泥土或病原污染，柞叶的利用率低，也容易潜藏敌害；由于地面辐射热强烈，用根刈柞树饲养壮蚕时，容易发生烤蚕现象；树冠小，柞叶硬化快，养蚕量少。

根刈树型适于薄坡，放养1~2龄蚕为最好。

（二）中刈树型

中刈树型的养成可分 3 个步骤。

1. 根刈选株　冬季伐坡时，从根刈柞墩上选留 1 个发育健壮，比较粗直的枝条，把其余柞枝全部砍去。

2. 中刈留拐　冬季，把上一年选留的枝条，在距离地面60~80 cm 处砍去顶枝，作为主干。在主干顶部再选留 3~4 个粗壮平伸的侧枝，作为一级拐枝，然后把其余侧枝和拐枝上的小枝全部砍去。在第一次根刈选株时，如果柞株枝条已经很粗壮（如拇指粗），此时即可砍去顶枝，实行中刈留拐，放一级拐枝。

3. 中刈放拐　第二次冬伐时，保留 30 cm 长的一级拐枝，并在一级拐枝上选留 2~3 个粗壮枝。通过几年的整形，基本形成圆满的树冠。当中刈树型养成后，一般不再向外发展，只整伐三级拐以外的枝条，让柞树形成定型的放拐树型。培养中刈放拐树型，必须因地制宜，一般肥坡可以多放拐，速度放快一些，拐枝可以长一些；而薄坡柞树，就要少放拐，速度放慢一些，拐枝放短一些；过于瘠薄的蚕坡，可以不放拐。在平坦地方可以放水平拐，上山坡放仰头拐，下山坡放低头拐，使拐枝与坡面保持平行。在四周空间大的地方，可以放辐射拐。单方有空间的地方，可以放单向拐。总之，柞树放拐应以柞树四周空间的情况来决定放拐枝条的数量、长短和方向。

中刈放拐树型的优点：树冠发达，枝条分布合理，光合作用充足，柞树生长发育旺盛，树龄较长；叶质好、产叶量多，从而提高单位面积放蚕数量；中刈放拐树冠较高，通风透光，减少地面辐射热和虫害；利用中刈树型养蚕，可以增强柞蚕体质，提高单位收茧量；中刈树型便于操作管理，用于养蚕生产，节省人力，提高工作效率。中刈放拐树型适合放养 3~5 龄柞蚕。

（三）柞树修剪技术

柞树修剪技术是在柞坡轮伐时改变传统的砍光墩方法，尽量扩大树冠，增强树势，提高叶面系数，提高光能利用率，增加营养积累，进而提高柞树产叶量和叶质的一种轮伐柞坡新技术。它是利用技术措施尽快恢复柞坡树势，充分利用柞坡，提高柞蚕放养量及茧质的一种快捷途径。柞树修剪后，可以促进柞芽萌发，柞叶适熟期可延迟 10 d 以上，且叶片大，叶肉厚，能显著提高柞叶的产量和品质，适宜柞蚕饲养。同时还能提高柞坡覆盖率和土壤有机质含量，起到肥坡旺柞、保持水土的效果。经试验调查，采取柞树修剪新技术能提高柞树产叶量 3. 3 倍，增加柞蚕放养量 1. 6 倍，提高产茧量 2 倍，可使柞坡覆盖率提高到 84. 95%。经过修剪的柞坡还具有节省养蚕用工、利于预防蚕病、抗旱、减少地面辐射热等效果。现将柞树修剪新技术介绍如下：

1. 准备工作　柞树修剪前应规划好各龄蚕期所用柞场，确定出 4 龄场和 5 龄场对应需修剪柞坡的地点和面积，备好修剪用的剪刀、镰刀等工具。

2. 修剪方法和操作步骤　柞树修剪应严格掌握“四定”原则，即定树型、定主干、定侧枝、定芽枝。采取“三五整形、一次定型”修剪新技术，即每墩留 3~5 个主干，每个主干上留 3~5 个侧枝，每个侧枝上留 3~5 个芽枝。在 1 个轮伐期内，把三级枝全部留出，达到一次定型的目的。柞树地上部分由主干、侧枝和芽枝组成。柞树修剪时，应根据不同坡势和柞墩疏密程度，确定树型大小和发展方向，力求立体分布均匀，避免重叠，有利于光合作用。原则是：空间大留多、留长；空间小留少、留短；尽可能扩大树冠，增强树势。

柞树修剪操作步骤是：

第一步：定主干。一般主干高度为 60~80 cm，对原根刈柞墩，每墩应选留 3~5 个健壮、无病虫害、侧枝多的粗干做主干。对原已留株放拐定型的柞树，应以原树型为主，并根据主干的多少养成单干、双主干、多主干型的中刈丰产树型。

第二步：定侧枝。侧枝数量和长度，可根据空间大小、树势强弱和枝条方向，一次或多次留成，以形成多级、多层的树型结构。根据柞树萌芽能力极强的特点，主干上每级留 3~5 个侧枝为宜。在坡质肥沃、株数稀的地方，单主干型也可留 5~10 个。侧枝养成原则：①应与地面保持大致平行，以利养蚕操作；②枝间不要重叠，以利充分利用光能；③植株较密、立地条件好、树势较强的可以一次留成多级多层，养成树型；④植株较稀、立地条件差、树势较弱的要逐段逐级养成；⑤侧枝的长度也要根据树势强弱而定，一般以 30~60 cm 为宜。

第三步：定芽枝。要选留健壮、无病虫害的侧枝上的芽枝，每个侧枝上应选留 3~5 个。长短掌握，应细枝留长，粗壮留短，使营养分布均匀，生长旺盛，一般留长 15~35 cm。头年所留生长健壮的芽枝第二次修剪时可留作二级侧枝，再在二级侧枝上选留新的芽枝。除选留枝外，其他细弱枝、病枝、重叠枝、毛毛枝、干枯枝等应全部剪掉。当柞树成型，树冠覆盖度达到基本郁闭后，每次修剪时，对侧枝要轮换更新，这样既可保持一定的树冠，又可防止柞树发芽力减弱，使树势久盛不衰。

3. 修剪时间及注意事项

（1）柞蚕四龄场（大眠场）柞树的修剪要在立冬后进行，做到肥坡侧枝、芽枝轻修剪，薄坡侧枝、芽枝重修剪。一般留 35 cm 左右，修剪时间要早，芽枝适当留多。

（2）柞蚕 5 龄场柞树的修剪方法有 2 种：①立冬后修剪，每个侧枝上应留芽枝 3~5 个，长 15 cm 左右，注意修剪时间要晚，留枝要短和少，采取重修剪。②春分前修剪，采取轻修剪，芽枝要稍剪去顶梢，留 30~35 cm，此时修剪能够推迟柞树发芽时间，防止柞叶过早硬化，以利养蚕。

二、柞树整伐

柞树生长几年以后，树干增高，枝条粗大，不便于饲养柞蚕，必须进行砍伐更新，使其重新萌发柔嫩的枝叶。整伐后的新生柞，称为火芽；生长2年以上的柞，称为老梢。柞树整伐时期，一般从立冬到立春柞树冬眠、树液停止流动时进行。但在具体掌握上，可以根据不同地区气候、坡高、坡向、坡质和树种情况来决定适宜整伐时间，如生长在气候寒冷的深山阴坡的柞树，为免受冻害，一般于上冻前和立春后整伐；在瘠薄蚕坡上生长的柞树，因柞叶硬化过早，一般于立春前后整伐；槲栎叶芽老硬较快，可根据用叶的早晚于制种结束或收蚁结束时整伐。

整伐柞树的工具有镰刀和蚕剪等。整伐时，要把刀刃贴近树干、树拳或根刈疙瘩，截去柞枝，不留较高的树茬，截面要平整，防止劈裂，并除净小毛枝和过去遗留下来的干树茬。整伐柞树时，一手拉弯树枝，一手持镰自下而上猛力砍伐，或用利剪剪截，均可达到截面平整的要求。消除小毛枝和干树茬，用镰背轻击目的物即可。

隔年轮伐工作是把蚕坡划分为面积基本相等的两部分，每部分蚕坡都有适宜的稚蚕场和壮蚕场，每年整伐一部分蚕坡。将更新柞树所萌发出来的火芽用于饲养壮蚕；将未更新的老梢用于饲养稚蚕；在大眠场使用火芽的地方，火芽面积约占养蚕总面积的60%以上。20世纪80年代推广三年轮伐（三三制）方法，取得良好效果。其方法是将蚕坡三等分，每年砍伐1/3，作为二八场用；修剪或捎坡处理1/3，作为大眠场用；保留1/3老梢，作为小三场（稚蚕）用。

三、柞树整修

为了促进柞树旺盛生长，增加可供养蚕的优质柞叶的总产量，或者是为了解决适龄用叶问题，在轮伐更新后，对新生柞树进行适当的修整工作。整修的工具有镰刀、枝剪等。

（一）疏芽

经轮伐更新的柞树，翌年春从根部和拐枝的拳部发出许多不定芽。由不定芽生长成的新枝疏密不均，长势强弱各不相同。进行疏芽工作，可让柞树的养分和水分集中到对养蚕有利的枝条上来。疏芽工作，一般在新生枝条高达 15 cm 左右时进行，疏掉弱小芽枝和被病虫为害的芽枝，保留适当部位的健壮芽枝。

（二）疏枝

生长 2 年以上的柞墩，萌发枝条较多，通常出现一些病弱枝、虫害枝、下垂枝和重叠枝，可于冬春农闲时期，清除这些不良枝条，并截短徒长枝，剔除不符合养蚕要求的枝干。经过整修的柞墩，通风透光，枝叶繁茂，叶质好。

（三）截梢

春季气候干旱，柞叶硬化快，选择适宜养 4 龄蚕的柞叶比较困难。为了更好地调节 4 龄蚕饲料，于春分前后，对柞树进行截梢工作（称为“捎坡”）。截梢方法：用镰刀或枝剪截去二三年生柞树上较粗枝条的先端，并把枝干上的细毛枝修剪干净。截枝长短，一般截去 1/3 的枝梢；肥坡柞枝宜截长，瘠坡柞枝宜截短，细枝条宜留长，粗枝条宜留短。经过截梢的柞树，发芽迟，叶片鲜嫩肥厚，适于饲养 4 龄柞蚕；多雨时期，也可作为 5 龄蚕的饲料。

四、柞园管理

（一）缺株补植

一般蚕坡缺株较多，可在空位点播橡籽。一般蚕坡每亩应保持 300 墩左右。为使幼苗迅速成林，挖穴要深、要大，换好土，施基肥，每穴均匀点播橡实 5~10 粒，播后加强管理。

（二）保持水土

山地坡度倾斜，经常遭受雨水冲刷，水土容易流失，因而土质瘠薄，柞树生长不旺。为此，要认真做好场地水土保持和肥培管理工作，不断增强地力，增强树势。

（三）量坡养蚕

柞树的生命活动主要依靠柞叶制造营养来维持。如果柞树失叶过多，树势就会逐渐衰退。为此，放养柞蚕时一定要量坡养蚕，不可盲目投放过多的蚕种。在养蚕过程中，要及时匀蚕和移蚕，不要让柞蚕吃光柞墩，要留有余叶，以利柞树生长和发育。

（四）禁止乱伐蚕坡

要按技术要求整伐蚕坡，严禁不分时间、不按茬口、不讲质量地乱砍滥伐，同时注意保护好柞园，杜绝其他人砸疙瘩，毁树桩。

（五）合理使用柞树

（1）对生长发育不良的弱小柞树，可以不放蚕或少放蚕，并适当延长轮伐年限。

（2）对遭受严重病虫害的柞树，应当缩小树冠，同时在基部选留 1~2 个粗壮芽条，培养树型。在新条成型养蚕时，再将老树伐除，或者对受害的部分，采取去拳留条、去拐留枝的措施予以更新。

（3）对土质瘠薄、树势衰竭的成片蚕坡，应停止砍伐和养蚕，待柞树休闲复壮后再利用。对少数不良树种，可在附近点播良种橡实，待新树培成后，再挖除老树。

第三节　营建柞园

柞园即为放养柞蚕的柞坡，河南俗称“蚕坡”。搞好柞园的建设和管理，对养好柞蚕有重要意义。利用自然柞林养蚕，需要清场和疏株补缺、整修树型。营造新柞园需按养蚕的要求点橡植柞，根据养蚕的不同阶段，在建场前要先做好各龄场地的规划，采集优良橡实，按技术要求进行点橡。

一、橡实的准备

（一）橡实的采集

通常橡实于9月中下旬至10月上旬先后成熟。橡实成熟时，种皮由绿色变为米黄色，壳斗与果实自然分开，果实脱落。此时是采集橡实的适期。采种要注意选好母树，一般选择叶质良好、生长发育健壮的柞树。采集中批成熟的橡实作种，不要采集幼树结的橡实。因为幼树结实，子代仍有幼树结实的现象，种质不好。不同树种的橡实，应分别采集，分别贮藏和点播。采种时，最好从树上直接采下来，或及时拾起自然落地的种子。采种时间不可过晚，过晚则橡实易遭受虫害，影响发芽。

（二）橡实的处理

采集回来的橡实，需要进行杀虫处理，方可播种。

1. 选种　采用手选法逐粒检查橡实，剔除有虫孔、形态不正和过小的种子，选留色泽黄褐、籽粒饱满、无损伤的种子。橡实经手选后，最好再用清水漂洗1次，淘汰浮在水面上的橡实。捞出下沉的橡实，平摊于通风阴凉处晾干。

2. 药杀橡实象甲幼虫　选好的橡实应立即用25%乐果乳剂350~500倍液浸泡48 h，然后取出摊开（3~5 cm厚）阴干，防止潮湿。药液温度应保持在22 ℃。

（三）橡实的贮藏

保存橡实有篓贮、窖贮和室内贮存等方法。

1. 篓贮法　将阴干的橡实装于篓中，放在通风阴凉地方，上盖禾草，防止雨淋霉烂。

2. 窖贮法　选择地势高燥的地方挖窖，把橡实贮藏在地窖中。贮种前在窖底铺一层干沙，然后把橡籽混入一倍干沙，搅拌均匀，倒入窖内，在离窖 10 cm 处，用干土封紧。封土层高出地面，呈土丘状。在地窖土丘的周围挖排水沟，以免雨水浸入。为避免种子遭受湿热而霉烂，可根据地窖的大小，插入几把秫秸秆，以利通风。

3. 室内贮存法　可选择地势高燥、通风凉爽的房屋，把橡实平摊于地面，厚度为 20 cm 左右，然后用细干沙封埋。

（四）橡实的运输

橡实可以用茧笼、麻袋或草袋等透气性较好的物品包装，以备运输。长途运输橡实时应注意通风，温度不宜低于 2 ℃，同时还要防止橡实因堆积过厚而发热。到达目的地后，要及时摊开橡实，并做好保护工作。

二、橡实的点播

（一）柞园场地的选择

选择柞园场地，应以有利于柞树和柞蚕的生长发育和便于操作管理为原则，一般应满足以下几个条件：

1. 坡势适当　为便于操作管理和水土保持，一般蚕场坡度以 45°以下为宜。

2. 土质良好　柞园土壤条件直接关系着柞树的生长和产叶量。为保证柞树生长发育旺盛，一般选择土层较厚的腐殖质或沙质壤土。

3. 坡向适宜　放养稚蚕的场地，应选择温度较高的阳坡；放养壮蚕的场地，应选择温度偏低的阴坡。在营造新柞园时应阴阳坡各向兼有，以利养蚕。

（二）点橡

1. 催芽　于播种前 10 d 左右，将选好的橡实浸入清水

1~2 d，然后摊放于凉爽处，经常喷水，保持湿润，待橡实幼芽露头时进行播种。

2. 点播的时期和形式　点播时期有秋播和春播 2 种。秋播，于橡实采集后即行播种，无须长期贮藏橡实，可以减少虫伤；同时，用种量少，发芽率高，幼苗生长期较长，苗齐、苗壮。但秋播橡实越冬时间长，易遭兽畜食害。春播，于冬季挖穴，翌年春点播橡实。春播的橡实虽然比秋播少遭兽畜食害，但因贮藏时间长，橡实发芽率低，柞苗生长发育较差。如果采用春播方法，就要尽早进行。点播橡实可根据坡场不同情况，采用以下 3 种形式。

（1）等高线点播。随山坡部位的高低，以等高线为行，环山分段点播。这种点播形式适用于坡度较大、土质较薄的山坡，有利于水土保持。

（2）正方形点播。株行距相等，排列整齐。此方式适用于地势平坦的场地，便于养蚕操作管理。

（3）三角形点播。在相邻的两行交错挖穴，穴位呈等边三角形。采用这种形式，可以增加单位面积的植株数，有利于水土保持，但操作管理较为不便。

3. 点播的方法　在便于操作的前提下，根据土壤肥力情况适当密植，株行距一般为 1 m 左右，肥坡可以稍稀，薄坡可以稍密。确定株行距后，拉绳定位，按位挖穴。穴深 20 cm，直径 30 cm，疏松穴内土壤，每穴点播橡实 6 粒左右，要均匀撒布，不可堆积。然后盖土厚 4~8 cm，用脚踏实，使橡实和土壤密切接触，以利发芽。一般每亩点播橡实 7~8 kg。在背风向阳、土质较好的地方点播麻栎（白栎），作为 2、3 龄稚蚕的饲料；其他地方可点种栓皮栎（黑栎），作为壮蚕的饲料。点播橡实以后要严防兽畜为害。

三、专用蚁场的建设

柞蚕固定蚁场是经过人工密植培育的小蚕专用场。选用品质好的柞树种仿照茶园或苗圃形式建设蚕场，用于饲养小蚕，便于防病、防虫和防自然灾害。据试验调查，固定蚁场的保苗率1龄可达95%左右，结茧率比对照区提高20%，茧质、丝质和蛹质都比较好。同时，利用固定蚁场养蚕，还可以提高蚕坡利用率。因而推广和利用小蚕保苗场，对提高柞蚕产茧量具有重要意义。

（一）树种准备

建设固定蚁场选用栓皮栎和麻栎，每亩需要准备橡实120 kg。一般以发芽早的黑栎为最好。为保证发芽早晚一致，便于养蚕，最好单株单采，分别播种。播种前要做好橡实的贮存、选种和催芽工作。

（二）选场

建造固定蚁场，多选用地势高燥、排水良好、背风向阳、不受风霜侵袭的南向或东南向较为平坦的坡腰。土质以沙质壤土为优。培植1亩固定蚁场，可养种卵3.5 kg。蚕农可根据自己的放养量，确定培植固定蚁场的面积。

（三）整地

播种前首先深翻土地并保持表土在上，同时施足基肥（厩肥或人粪尿），还要撒入林丹粉，以杀灭地下害虫。深翻后，土壤经过风化再进一步平整，清除草根和石块。场地四周开挖深、宽各30 cm左右的排水沟，防止水浸和害虫进入。

（四）播种

为使固定蚁场通风透光，确保柞芽生长齐一，播种时，以南北向、纵向条播为宜。在坡度较大的场地播种，可以横沟条播，以减少水土流失。播种前，先在整好的场地上打畦，畦宽1.2 m，长度随地形而定，畦间留人行道，宽0.5 m。每畦播种3行，行距为 35~50 cm，开挖深 7~10 cm 的播种沟，按株距 5 cm 点播橡实。为保证全苗，可以适当加密，待柞苗出土后，再行疏株。橡实点播后，盖土搂平，播种沟用脚踏实，使橡实与土壤密切结合。

（五）培育管理

在小蚕保苗场周围插带刺的植物枝条，作为防护层，并严加看管，以防兽畜进入食害种子或幼苗。若有食叶害虫，可用敌百虫 200 倍液或其他农药喷洒药杀。天气干旱时，建造在山坡上的保苗场，要适时浇水，出苗前也可用草帘覆盖保墒。刚建成的保苗场，要经常中耕除草，不让其荒芜。幼苗期锄草不宜过深，免伤幼根。发现缺株断垄，应及时补植。土质瘠薄的场地，要增施追肥。实践证明，只要培养管理得当，新建保苗场隔年即可养蚕。

（六）整伐更新

柞蚕保苗场建成后，可以连年使用。当蚁蚕出场后，随即齐地砍伐，不久柞树又发出新枝。经过增施追肥、锄草灭荒管理的柞苗生长旺盛，翌年仍可用于养蚕。固定蚁场柞苗的高度，一般保持 80 cm 左右为宜。在肥培管理条件差的地方，保苗场宜隔年轮伐更新 1 次。

第七章　秋柞蚕的制种与放养

为提高柞园资源利用率，进一步扩大秋柞蚕养殖面积和放养量，发展规模化、专业化、集约化柞蚕生产，近年来河南省结合吉林省、辽宁省秋柞蚕制种与放养实际，在鲁山、南召等重点养蚕区域，通过引进吉林等省二化性春茧、低温解除一化性春茧滞育、感光解除一化性春茧滞育三种办法进行秋柞蚕种的制造，较好地攻克了秋柞蚕制种的生产难关，着力解决了在河南一化性地区放养秋柞蚕的技术难题。河南一化二放秋柞蚕养殖技术的大面积推广及应用，进一步调动了山区农户的养蚕积极性，对合理利用柞园资源，提高柞园复养指数，增加蚕农养蚕收入，提升全省秋柞蚕整体养蚕技术水平具有重要的现实意义。

第一节　一化二放秋柞蚕的制种

一化二放是指在河南等一化性地区一年实现春、秋两季柞蚕的放养目标，即柞蚕放养量、产茧量和经济效益翻一番。为搞好秋柞蚕制种生产，2009 年秋鲁山县蚕业局率先开展了一化二放秋柞蚕制种和放养，经过多年来对秋柞蚕养殖的有益尝试，在生产中积累了较为成熟的秋柞蚕养殖技术及科学的管理方法。一化二放秋柞蚕在河南蚕区放养具有以下优点：一是省工省力，简便好养，柞叶有效利用。虽然小蚕期遇到短时高温影响幼蚕保苗，但是大蚕期温度适合蚕的生理需要，饲养容易，柞叶得到合理利用，人均饲养量比春柞蚕多 1.5～2 倍。二是稳产高产。因秋季气温、营养饲料、生物因子等生态条件适合柞蚕生长发育，故收蚁结茧率高，柞蚕产茧量稳定，经济效益好。三是可利用一化性春茧繁育秋蚕种，能够缩短保种期，减少蛹体营养消耗，健蛹率高，生产出的秋柞蚕种子质量优。四是可以填补河南省一化性蚕区一年放养二季蚕的空白，有效开发利用河南省闲置柞园资源，促进河南省秋柞蚕生产的发展。

一、一化二放秋柞蚕制种主要途径

（一）低温解除一化性春柞蚕蛹滞育制种

低温是解除柞蚕蛹滞育的重要条件之一。低温能促进滞育蛹脑释放脑激素，而脑激素又通过体液进一步活化前胸腺分泌蜕皮激素，从而解除柞蚕蛹滞育；由于低温的作用，脑神经分泌细胞开始具有分泌活性，胆碱酯酶的活性恢复，蛹体内组织细胞逐渐发育。因此低温能解除滞育，促使滞育蛹继续发育羽化为蛾。

方法：把一化性柞蚕种茧置于 5～10 ℃下 30～50 d，然后移入 15～20 ℃中间温感温 24 h，再进入制种室，感受自然温度即可解除滞育发蛾，发蛾后同春季制种。

（二）人工感光解除一化性春柞茧（蛹）滞育制种

光周期是影响柞蚕蛹解除滞育的重要因子，人工感光能有效解除滞育；将茧柄向上摆放，采用荧光灯感光 17 h 以上是解除柞蚕蛹滞育的有效方法。

方法：先把种茧进行雌雄分离，然后摆放在蚕匾内，茧柄向上，每个蚕匾摆放位置以互不影响采光为宜。蚕匾距荧光灯（40 W）1.5 m 左右，利用时控开关使种茧每天感光 17 h 以上，温度控制在 24～26 ℃，经 20 d 后即可发蛾。发蛾后同春季制种。

二、一化二放秋柞蚕制种方法

（一）制种生产工序

制种准备（制种室、种茧、穿挂或摆放）→羽化→捉蛾→晾蛾→交配→提对→晾对→拆对、选蛾→产卵→剥卵→卵面消毒→入库（净卵室）。

（二）室内纸面产卵

柞蚕蛾纸面产卵是室内产卵方法之一，适合于挂卵收蚁。

1. 产卵准备　纸面产卵需要产卵纸、产卵框。产卵纸要求用遇雨水、药不破烂的70g以上的牛皮纸，1 kg（600蛾）卵量需用160 cm×140 cm的牛皮纸3张。产卵纸大小可根据生产实际进行裁剪，产卵纸上放产卵框，每个小框投入1只雌蛾产卵。

2. 纸面产卵方法

（1）剪翅、剪足。为了防止蛾爬动及产卵集中，将蛾翅剪去2/3，防止振翅时产生落卵，同时剪去3对胸足的跗节。

（2）放蛾产卵。将产卵纸粗糙面向上铺平并放上边框，将目选后的雌蛾放入产卵框中产卵。

（3）收蛾。秋柞蚕制种期温度高，加上对蛾剪翅、剪足的刺激，雌蛾产卵速度快，1昼夜产卵量多，即可收蛾。收蛾时，在产卵纸上注明品种、产卵日期、产卵量等。

（三）卵面消毒

蚕卵消毒一般在出蚕前1 d进行。方法：首先把毛卵置于0.5%的白碱溶液中快速揉搓2~3 min，待卵面褐色转为浅褐色或灰白色时，用清水进行漂洗，直至把卵面赃物清完。然后用3%的福尔马林溶液在液温23~25 ℃下浸泡30 min，浸泡后立即脱药脱水，晾干以后放入净卵室或直接上山挂种。

第二节 一化二放秋柞蚕的放养

一、放养时期

在一化性地区进行秋柞蚕放养，与二化性地区在收蚁时期上不一样。由于一化性地区7月底、8月初正值高温天气（30 ℃以上），超出了稚蚕期正常发育温度（26~28 ℃），所以一化性地区收蚁时间应比二化性地区推迟，一般在立秋以后。从近几年的生产实际看，河南秋柞蚕的收蚁时间，一般是深山区立秋后出蚕，浅山区立秋至少1周后出蚕。收蚁过晚，后期叶质较差，并容易在结茧期遇低温天气而使秋柞蚕龄期延长，蚕体发育参差不齐，甚至后期会出现不结茧现象。

二、放养准备

1. 物资准备 秋柞蚕放养的物资准备基本同春柞蚕，都有必备的蚕剪、蚕筐、防鸟网等。所有用具都必须在使用前进行彻底消毒。

2. 柞园准备

（1）合理选择利用柞园。秋蚕期的温度、湿度是由高到低变化的，柞园的利用应先用山的高处后用低处，先用阴坡后用阳坡。秋蚕先用芽柞，后用3~4年生柞，尤其是干旱、叶老地区。从树种来看，秋蚕收蚁以麻栎为最好，麻栎叶含水分、蛋白质丰富，既保苗，又催蚕，发病也少。繁种或无麻栎地区，用槲栎、蒙古栎为好。栓皮栎可用于收蚁，槲栎因叶大、厚，易积水及蚕粪，不利于防病保苗，所以不用槲栎收蚁。一般1 kg蚕卵需准备柞园4~6 hm^2。在柞园选择上，要进行科学规划，合理布局，安排指导好柞蚕各龄用场地。由于秋季小蚕期外温较高，柞园应选择地势较高、通风凉爽的山坡上部，坐向宜选东向或东南向；大蚕期外界气温有所下降，柞园应选择坡的中部或下部，坐向宜选南向或西南向；茧场应选择阳坡的中部或下部。

（2）清理柞园及药杀害虫。夏秋季高温多湿天气，给柞园内杂草灌木等创造了适宜的生长条件，所以在使用前要清理柞园、药杀害虫及其他敌害；清除柞园内高大杂草、杂树，剪去弱小枝、贴地枝，保持场内整洁、通风透光，便于养蚕管理。秋小蚕期正值柞园内虫害高发期，药杀虫害是小蚕保苗尤为重要的环节，一般在养蚕前5~7 d，可用南瓜、土豆、豆腐渣50 kg，羊脂或牛脂0. 25~0. 5 kg，韭菜或葱0. 5 kg，与80%的敌敌畏150 mL原液稀释搅拌均匀后配成毒饵，撒在柞墩周围诱杀步行甲等虫害。

三、蚕期管理

（一）收蚁

收蚁是将卵纸（袋）挂于柞墩，待蚁蚕孵化后自行上枝或人工把卵内孵化出来的蚁蚕引放到柞墩上的操作。蚁场应在出蚕前1 d进行捆墩，捆墩时松紧程度要适当，做到枝叶交错遮掩，避免强光直射卵纸，确保蚁蚕正常安全孵化。一般有挂卵纸收蚁和散卵收蚁。

1. 挂卵纸收蚁（用于纸面产卵）　在孵化前1 d下午消毒，消毒后把蚕卵直接拿上山，并将蚕卵纸剪成小块状，选择有新梢的柞墩，视柞墩大小、叶质状况、枝条疏密，将纸卵分别挂于柞墩分枝上。要求卵面朝下，防止雨淋、日晒。这种方法有利于蚁蚕及时上枝食叶，避免雨天灌蚁，能防止蚁蚕相互抓伤、减少感染病源机会。弊端在于不能对未孵出的蚕卵进行补湿，易造成蚕卵不孵化；挂卵在野外时间长，容易受到蚂蚁和其他害虫的为害。

2. 散卵收蚁 将消过毒的散卵薄摊放在收蚁盒（尺寸为85 cm×50 cm×5 cm，可放1 kg卵）内，上山前在自然温度下，尽可能满足胚胎发育的适温。见蚕上山后要注意对蚕卵补湿，应及时在卵面上放好引枝。当引枝上有适当数量的蚁蚕时，应及时送到蚁场撒枝。引枝应撒放在柞墩的适当位置，防止被风吹落。等蚁蚕全部上枝后，撤下引枝，防止害虫潜藏。

（二）稚蚕期放养

稚蚕期柞园通常采用地势高燥、通风便利的坡上部，选用叶质柔软适熟有二梢的白栎或黑栎。一是撒蚕要掌握稀放，不能密，要经常巡回检查，发现有过密、分布不均匀的应及时匀蚕，匀蚕要按照二移法或三移法一次成型。注意在撒蚕时，要留5%~10%的空墩，以备匀蚕使用。二是稚蚕期剪枝要小一些，随剪随移，动作要快，不能长时间滞留在筐内。同时注意在大风天、雨天、蚕眠起等阶段不移蚕。稚蚕期一般只需要移场1次，待二眠起齐后移入新场。三是稚蚕期管理重点是保苗，既要防虫，又要防鸟。多年来从河南放养秋柞蚕来看，稚蚕期（1~3龄）步行甲（也称臭牛子）活动猖獗，为害严重，在防治上采用人工捕杀和撒施甲虫散相结合的方法。其次是鸟害，防治上不仅要在稚蚕场周围扯上防鸟网，形成包围之势，而且要加强人为护场。稚蚕期只要把苗保住，就会为蚕茧丰收打下基础。

（三）大蚕期放养

大蚕期由于外界气温逐渐回落，所以大蚕期柞园要选择蚕坡的中部或下部放养。一是要合理选场选芽，尽量不选择过于老硬或发病的柞叶，以留桩放拐的中刈树型柞叶为最佳。二是撒蚕后要及时匀移，不能出现光墩或光枝现象，要做到良叶饱食。生产实践中，鲁山在秋柞蚕放养时期，由于白栎和黑栎居多，且叶质老化又快，所以为使秋柞蚕达到良叶饱食，相应要增加移蚕次数，一般掌握在 2 眠场、3 眠场、4 眠场要各移 1 次，如果遇到干旱天气，叶质硬而差，可适当增加移蚕次数，移蚕方法基本与春柞蚕一致。三是“剔迟拔起”。对迟眠蚕要及时拣出，放在相对柔嫩适熟的柞叶上放养，促使其快速发育；对早起蚕可以放在偏老的柞叶上放养，以此达到整个群体发育齐一。四是加强蚕病综合防治，重点抓好壮蚕期的生产管理。为预防柞蚕脓病和细菌病发生，在大蚕期及时添食蚕脓清和蚕病灵。在 5 龄第 4～8 d，为防治蚕寄蝇为害，可用灭蚕蝇混合溶液（每壶 15 kg 水兑灭蚕蝇原液 75 mL 和增效灵 75 mL）均匀地喷洒在有蚕的柞墩上，喷药要均匀，连同蚕体一起喷药，以叶面布满雾滴为宜。进入茧场后，以相同方法进行第二次喷洒处理，最大限度地遏制蚕寄蝇为害。5 龄后期见茧 10%左右时，可分批移入茧场，这时要适当密放，以食去 60%茧场柞叶营茧为宜。由于秋柞蚕受多种因素影响，蚕体发育差别较大，所以在营茧期要注意及时挑晚食蚕，并用柔软二芽进行催蚕。同时，因茧期时间长，为减少敌害为害蚕茧，可及时摘茧入库。

第八章　柞蚕种茧的保护与检验

柞蚕种茧是柞蚕生产的物质基础，是柞蚕业可持续发展的重要生产资料。只有在生产中加大对优质种茧的繁育和生产，才能保证广大蚕农在养蚕生产中获取丰收。种茧质量优劣不仅关系着当年柞蚕良种的生产繁育工作是否顺利，而且还关系到幼虫、蛹体生命力等指标是否合格及翌年一化性蚕区春柞蚕用种的需求能否平衡。因此提前安排和准备质优量足的种茧，方能为下一年度种茧生产、原料茧生产奠定坚实的物质基础。

第一节　一化性柞蚕种茧保护和运输

种茧保护是指人工创造适宜的环境条件来保护茧内的鲜活蚕蛹，使之安全度过寒冷冬季的一种防护措施。优质的柞蚕种茧必须在合理的温度、湿度条件下保护，才能发挥品种的优良性状。河南省的一化性柞蚕是以蛹体滞育越冬的。在寒冷的冬季，由于受低温的影响，活蛹体内新陈代谢机能降到最低水平，但仍需要一定的空气、温度和湿度等气象因子来维持其正常生命代谢活动。由于柞蚕种茧要度过漫长的寒冷冬季，如果种茧保管不善，就会导致蚕蛹、蚕蛾体质虚弱，生命力下降。表现为羽化率低、羽化不齐、蛹蛾体质虚弱、交配能力差、蚕卵孵化不齐、孵化率变低、幼虫生命力下降等。所以要运用科学合理的方法妥善保管一化性柞蚕种茧，确保柞蚕蛹体在适宜条件下能够正常进行体内生理代谢。

河南一化性柞蚕种茧自6月上旬摘茧到翌年2月下旬暖茧为止，保种期长达9个月，经历夏、秋、冬3个季节。一化性柞蚕种茧需要根据各个时期不同气候变化的特点和蛹体发育的生理需求，采取因地制宜的方法进行合理有效保护，从而保证柞蚕优质良种生产。

一、种茧保护

（一）保种室的选择与准备

针对河南一化性柞蚕地区，应根据夏秋时期高温多湿的气候特点，保种室宜选择地势高燥、环境清洁、干净宽敞、坐北向南的房屋。房屋内应有配套天花板、水泥（或砖）地坪、前后对窗和前后走廊等。保种室的门窗应有竹帘或纱窗等防护设施。种茧入室前，室内及周边环境要进行全面彻底的消毒。

（二）保种用具配备

河南一化性柞蚕种保种用具主要有保种架、保种匾和茧笼3种。

1. 保种架　保种架多为集体、国营蚕种场保护大批量种茧的用具。使用镀锌管在保种室内搭架，然后在镀锌管架上摊高粱箔或石苇箔，种茧摊到箔上即可用于保种。搭架方法：在房屋四角离墙60~70 cm的地面上立镀锌管，再取同样材质为横杆，用管套固定钢管。钢管架为3层，上层管架高度不宜超过窗口，下层管架距地面不少于60 cm，三层管架之间的距离为60 cm。

2. 保种匾　蚕匾一般用来保护小区柞蚕母种茧或原种茧。一般3间保种室可保种茧35万粒，需准备蚕匾150个。

3. 茧笼　茧笼适用于保护小区柞蚕母种茧。茧笼以木制框，周围安装铁纱，笼内分2室，每室分5层，每层放茧盒1个。茧笼规格：高100 cm，深62 cm，宽130 cm。茧笼前壁安2扇向中间开合的纱门。茧盒用桐木板做框架，用有孔铁纱钉底，高10 cm，其宽窄以能够放入茧笼为适宜。

（三）保种方法和温湿度的掌握

一化性柞蚕种茧，夏、秋、冬三季在保种室放置。河南省在保护大批量种茧时，使用自制的茧架，每间房屋可保种茧6万~7万粒，放茧厚度掌握以3~4粒为宜。母种、原种茧多采用专用茧笼或蚕匾进行分区保种，每匾放茧2 500粒左右，每个茧盒放茧800~1 000粒。

在室内保茧，温度应掌握在20~30 ℃，相对湿度75%为适宜。夏秋期天气炎热，以防高温、闷热为主，应于夜晚和早晨开窗换气，白天于10时后关闭门窗。室温超过30 ℃时，可采用自然通风、地面洒水和开空调等方法降温。遇阴雨连绵天气，要注意开窗排湿，也可以在室内堆积石灰块吸湿，但要经常更换新石灰块；遇少雨而多风天气，需勤洒水补充室内湿度。冬季外温较低，应于中午换气，早晚应关闭门窗，合理调节室内温度，保持室内温度不低于5.5 ℃。在保种期间，要开展种茧多次摇选工作，及时淘汰不良种茧。一般于采茧后20 d左右开展种茧的第1次摇选工作，此后每隔2个月再摇选1次。种茧摇选的方法：先将种茧放于手掌心，然后轻轻晃动，根据蚕蛹的轻重、蚕蛹与茧壳撞击的声响、手掌的触感和蚕茧外形等特征，正确研判蛹体的强健与虚弱。良蛹与劣蛹的区别特点为：

良蛹：茧重。摇选时蚕蛹在茧内能够灵活转动，声音清脆响亮。

僵蛹：茧轻。摇选时有响亮的咣当声。

外伤蛹：茧重。首次手摇时，茧壳内蚕蛹不能转动，轻振蚕茧后再次手摇，蚕蛹能够正常转动。

死蛹：茧稍轻。手握蚕茧时有凉爽发潮的触感。摇茧时，声音沉闷。有时茧壳外部呈现黑褐色污斑。此类病蛹多为病毒感染所致。

寄生蜂蛹：茧重。外形类似好茧。摇动时蚕蛹在茧内转动不自如，声音有点沉闷。

保种期间每隔 10 d 左右，用竹笆轻轻翻动蚕茧 1 次，以此调换种茧位置，并及时剔除带毒的血茧及不良茧等。

（四）夏秋期种茧保护

1. 保种时期和特点　一化性种茧自 6 月上旬化蛹，到翌年 2 月下旬暖茧，蛹期保护长达 9 个月时间，经过夏、秋、冬 3 个季节。夏秋期保种时期为 6~10 月。此时期天气变化异常，常常发生高温干旱或高温多湿等极端气候。科学研究表明：接触 30 ℃以上的高温，尤其是在炎热的夏秋期，死笼率发生随着高温时间的持续而增加。

2. 保种方法　夏秋期保种室应选用地势高燥、通风换气便利、有南走廊或南侧有遮阴篷等房舍。在寄生蜂为害严重的地方，应设有纱门或纱窗等防护装置来避免寄生蜂为害。种茧一般在采茧后 20 d 左右进行初选，淘汰不良茧，防止不良茧在保种过程中腐烂污染其他种茧。购置的种茧要在选茧的基础上再进行合理保护。生产上常用的种茧保护方式有 2 种：一是将种茧摊放在茧箔上，茧的厚度以 3~4 粒为宜。二是将种茧用细线穿成茧串，每串穿 300 粒左右，垂直横向悬挂于保种室的茧架上。

3. 保种期管理　夏秋期保种，主要以防高温、闷热及排湿为主。温度如超过 30 ℃时，应采取通风、洒水或开空调等措施设法降低室内温度。湿度过大，影响蛹体健康；湿度过小，则因蛹体水分过量蒸发而使蛹体失水严重，影响蛹体内生理机能正常代谢，产生缩腔蛹甚至死蛹。夏秋期保种温度以不超过 30 ℃为宜，相对湿度保持在 75%左右。另外，在早晚时间应开窗换气，保持室内空气新鲜，促使蛹体正常发育。

二、种茧运输

（一）种茧运输时间

种茧运输工作一般于 11 月下旬开始。此时外温降低，蛹体呼吸尚弱，途中运输防护相对方便，这是运输种茧的最佳时期。夏秋期遇高温闷热天气，不便运种，但因工作需要非运不可时（如春茧下山等），则应在夜晚天气凉爽时运茧为宜，避免种茧遭受白天高温闷热天气的影响。

（二）种茧包装

冬季运输种茧，可采用竹篓或荆条筐等盛茧工具。竹篓或荆条筐高 1.5 m，上口直径 90 cm，下底直径 80 cm，中央备有竹制空心圆筒，以利通气。每篓或筐装种茧 4000 粒，上面覆盖，用细铁丝绑扎固定牢靠，并贴上标签，注明品种数量及产地。

（三）途中保护

种茧运输，不论路途远近，均应在天气凉爽时进行。一般于 10 时前和 16 时后运输种茧为宜。运茧途中应避免阳光直射，可在茧篓上盖上黑网遮阴，休息时应选择通风凉爽及背阳的地方停放车辆。运输种茧要小心细致，防止过度震动。若用轮船运输种茧，荆条筐或竹篓应远离锅炉房。贮茧仓要通风换气，保持仓库凉爽，避免种茧遭受高温、闷热、积压和接触异味。运茧时须准备防雨帆布，严防雨淋潮湿。种茧抵达目的地后，应立即薄摊于茧箔上，切忌不能堆积过厚，影响蚕蛹呼吸而降低种茧质量。

第二节　一化二放秋柞蚕的种茧保护

一、一化二放秋柞蚕生产的目的及意义

一化二放秋柞蚕是指在一化性地区通过低温抑制、前蛹期感受长光照等方法，促使一化性蚕蛹解除滞育的形式而获取秋柞蚕种子，并在一年中进行春、秋两季柞蚕放养的生产方式。

河南省属一化性蚕区，在春蚕放养时因劳动强度过大，蚕期管理不善和大蚕后期遭受高温干旱天气的影响，容易导致蚕期食叶量不足，体内营养物质积累较少，所结蚕茧小而薄，留作种茧的质量较差；同时，春季所养种茧保种期过长，尤其是7~8月的炎热夏季，对滞育蛹的生理机能正常代谢影响较大，致使蛹体呼吸量增大，体内大量营养物质消耗过多导致蛹体虚弱，保种留种质量较低。为改变河南省传统一年放养一季春蚕的饲养模式，探索一年放养春秋两季蚕的生产方式，2009~2015年，鲁山县蚕业局先后在鲁山部分乡镇、养蚕村进行了一化二放秋蚕试验、示范及部分区域推广应用，并获得了显著成效，为河南省一化二放秋蚕养殖与示范推广提供了理论依据和生产实践。该项新技术的示范应用，成功地破解了河南省历史上秋蚕放养的技术难题，填补了我省秋蚕放养的历史空白，在国内一化二放柞蚕生产创新和管理上具有很强的指导性和可操作性。现将河南省秋蚕放养的优势和特点总结如下：一是秋蚕放养省工省力，一个劳动力可放养春蚕养量的2~3倍，经济效益和社会效益十分显著。河南省秋季气温与秋蚕生长发育适温呈顺对应，营养物质、生物因子等生态条件也适合秋蚕的生长。饲养管理相对容易，柞叶利用率高。二是高产稳产，由于秋繁春用种的保种期仅为3个多月，比春繁

春用种9个多月的保种期显著缩短，因此蛹体营养消耗少，健蛹率高；秋蚕化蛹后即进入低温环境，营养代谢消耗少，蛹、蛾体饱满，体质强健，生命力强，羽化率高，羽化集中。一年饲养2次柞蚕，故种茧繁育系数高，特别是生态条件适合柞蚕生长发育，高产稳产，种茧质量高。三是有效地利用现有的柞园资源。河南省柞园资源丰富，发展秋柞蚕生产资源潜力巨大。秋蚕养殖不仅合理利用了闲置柞坡资源，而且又能实现一年放养春、秋两季蚕的目标，有效增加了山区蚕农养蚕收入，对促进河南省蚕业生态良性循环和带动山区贫困群众脱贫致富奔小康具有重要的意义。

一化性地区进行一化二放秋蚕生产是解决河南省部分养蚕地区留种保种难的有效途径，也是合理开发利用自然资源、提高养蚕效益的一项重要举措，从而实现了河南省春蚕放养以供种饲养秋蚕；秋蚕放养以生产商品茧兼顾繁育优质种茧的生产布局与科学谋划。

二、一化二放秋柞蚕的保种时期和特点

（一）一化二放秋柞蚕的保种时期

一化二放秋柞蚕的保种时期为6~8月。春蚕在6月上旬营茧，6月中旬化蛹，羽化时期为8月上中旬。

（二）一化二放秋柞蚕的保种特点

此时期的环境条件主要是高温干旱及闷热天气，白天温度可达35~40 ℃；高温、干旱、湿热，易造成蛹体失水过多，影响蛹体生理健康，导致蛾体虚弱，羽化不齐，产卵量降低；秋季降雨多、光照时间短，光照强度弱，不利于保种期滞育蛹解除滞育。因此，保种期要防止高温干旱和湿热恶劣天气的影响。此时的柞蚕蛹为滞育蛹，其生理特点是脑激素分泌活性物质停止、呼吸酶活性降到最低水平、脑中胆碱酯酶无活性等。因此，做好夏

秋季种茧的保护意义重大，直接关系着秋柞蚕种子的生产。

三、一化二放秋柞蚕的保种方法

一化二放秋柞蚕的保种分为 2 个阶段，即滞育期种茧保护和解除滞育种茧保护。

（一）一化二放秋柞蚕滞育期保种方法

春蚕摘茧后到 7 月中旬人工感光前的保种即是滞育期阶段的保种。

（二）一化二放秋柞蚕解除滞育保种方法

1. 低温解除滞育保种法　低温是解除一化性柞蚕蛹滞育的重要措施之一。活性蛹通过感受一定低温能促进滞育蛹脑释放脑激素，而脑激素在体液的调节作用下，进一步激活前胸腺释放蜕皮激素，从而使滞育蛹解除滞育变为活性蛹。由于低温的刺激作用，脑神经分泌细胞开始进行分泌活动，胆碱酯酶的活性逐渐恢复正常功能。因此低温刺激能有效解除活性蚕蛹滞育，促使活性蛹，感受一定有效积温发育为蚕蛾，而后羽化交尾产卵，给秋柞蚕生产提供优质蚕卵。

实验研究证明：柞蚕蛹在 2～10 ℃中能解除滞育，经过 50 d 滞育后，在 10 ℃中解除滞育最快。王高顺（1978 年）认为，0～4 ℃解除滞育效果不佳，6～12 ℃有利于活性蛹解除滞育，8 ℃下冷藏 60 d 后，再经 20 d 羽化率即可达 82.35%。由此可见，柞蚕滞育蛹解除滞育的低温范围是 0～15 ℃，最适温度为 5～10 ℃，解除滞育的时间需 30 d 以上。

2. 人工感光解除滞育方法　对柞蚕滞育蛹采取人工感光的方法也可以解除其滞育。Williams C M（1965 年）在 25 ℃、光照度为 18 831 lx 条件下进行解除滞育的试验。试验结果表明，柞蚕滞育蛹解除滞育快慢的原因取决于光周期，25 ℃、8 h 短光照保持滞育，16 h 长光照则解除滞育，茧壳有无与解除滞育无关；光波段与解除滞育有关，在 16 h 光照下，蓝色光最明显，紫色、蓝色或绿色光（398~508 nm）与白色光同样具有解除滞育效果，但黄色光（580 nm）和红色光（640 nm）没有解除滞育的效果；抑制解除滞育的最有效光周期是 12 h 明、12 h 暗；解除滞育最有效的光照时间是 17 h，在 17 h 的光照下，经 7 d 解除滞育率达 50%，经过 14 d 达 70%，经 28 d 达 90%；14 h 明的光周期是幼虫期决定发生滞育蛹和蛹期解除滞育的关键点。

科学研究表明，17 h 长光照有利于活性蛹解除滞育，13 h 短光照则有利于活性蛹滞育。若采用 25~32 ℃室温，100 W 白炽灯数盏，照距 1 m，设不同光照时间进行研究对照。结果表明，14 h以下的短光照无解除滞育的作用，15 h、16 h、17 h 长光照下 70 d，即有 90%以上的滞育蛹解除滞育而羽化；24 h 全明滞育蛹解除率则有降低的倾向，羽化率仅为 45%左右。因此，光周期是影响柞蚕蛹解除滞育的重要因子，人工感光能有效地解除滞育；将茧柄向上摆放，对准光源，每天感光不少于 17 h 是解除柞蚕蛹滞育的一项最有效方法和途径。

第三节　柞蚕种茧检验

柞蚕种茧检验是对所繁育的各级种茧的质量进行必要的检查与验收，从而确定选挂种茧的质量和数量，它是加强柞蚕良种繁育、提高蚕种质量的一项重要措施。种茧检验可分为种茧繁育单位自检和蚕业主管部门抽检两种。育种单位要对本单位繁育生产的种茧在蚕期和蛹期进行全面检查，填写完整的养蚕生产和饲养管理档卡记录并递交蚕业主管部门再进行抽查检验。母种由省级蚕业主管部门统一组织检验，原种和普通种由市、县级蚕业主管部门组织检验。主管部门应根据育种单位的检查结果进行全面检验或部分抽检。一次取样，一次检查，检验合格的种茧签发蚕种质量合格证，准予经营出售。不合格的种茧降级制种或作为商品茧处理。

一、种茧检验标准

河南省种茧检验标准见表 8-1。

表 8-1 河南省各级蚕种检验标准

项目	母种	原种	普通种
单蛾产卵量	1.8g 以上	1.6g 以上	—
孵化率	95%以上	95%以上	90%以上
幼虫发病率	8%以下	1 次发病 3%以下	1 次发病 5%以下
收蚁结茧率	45%以上	35%以上	10%以上
种茧病毒率	无毒	2%以下	10%以下
健蛹率	92%以上	87%以上	80%以上
全茧量	6g 以上	5.5g 以上	—
茧层率	10%以上	9.5%以上	—
微粒子病率	无	2%以下	4%以下

二、种茧检验方法

河南省种茧检验是在各育种单位（蚕种场）自己检验的基础上，由省级蚕业主管部门在每年 10 月下旬组织种茧质量检查组，对全省重点放养柞蚕的县（市、区）所属蚕种场或良种繁育单位进行种茧质量检验。抽查检验的区数，母种抽查为合格区数的 10%，原种抽检不少于 5 区，发现有 1/3 饲育区不合格的，必须全部重新抽检。

（一）检查时间

种蛾微粒子病率、单蛾产卵量在制种时进行抽样调查；种卵孵化率在收蚁结束后立即开展调查；蚕期发病率在饲养期间进行调查；收蚁结茧率在蚕茧下坡后即行调查；种茧微粒子病率、雌蛹率、健蛹率、全茧量、千粒茧重、茧层率，在当年 10 月下旬全省种茧检验时再进行调查。

（二）检查方法

1. 单蛾产卵量　母种逐蛾调查，原种每 100 只蛾调查 10 只。

2. 种卵孵化率　母种逐区调查，原种和普通种每区调查 200 粒卵。

3. 幼虫发病率　母种逐区调查，原种多点调查，不少于总区数的 10%。

4. 茧质调查　每区抽取各区雌雄茧 20 粒进行调查。

5. 种茧微粒子病毒率　在各级种茧中，抽取有代表性样茧，母种茧每区取雌雄茧各 10 粒，原种茧每区抽雌雄茧各 25 粒，普通种茧区抽雌雄茧各 50 粒。逐区进行称量和镜检，分别计算出死笼率、全茧量、茧层率和微粒子病毒率等。

第九章　柞蚕良种及其繁育

优良的遗传基因和品种性状是柞蚕生产赖以生存的物质条件。一个培育成功的柞蚕品种在生产实践推广应用中，还需要进一步扩大繁育系数。在历代选育过程中，还要保持品种的纯度和良好性状。因此，开展柞蚕品种繁育及推广工作，有必要建立一套科学、完整、规范的良种繁育体系，建立健全相应的良种繁育制度，为柞蚕良种选育和柞蚕生产的大面积推广应用奠定坚实的种质基础。

第一节　良种选用

一、柞蚕良种的概念

品种是指具有相同来源，其生物学性状与经济学特性相一致，并且具有一定经济价值的生物群体。作为柞蚕品种来说，在遗传基因上具有共同的比较稳定的特性，在生物学上具有相对的一致性，在生产上具有一定的经济价值。如果只具有稳定的遗传性，而无特定的经济价值，也不能满足生产上的需要，只能成为毫无经济价值的生物群体。所以品种的概念既有遗传性又涵盖其经济性，二者互为联系，相辅相成，密不可分。

二、柞蚕良种在生产上的作用

在柞蚕生产中，优良的柞蚕品种具有优质、丰产、稳产的遗传特性。它不仅能够发挥自身种质资源遗传优势，而且还可以利用有利的自然条件，抵抗和克服外部环境中的不利因素，这对提高蚕茧产量、保持高产稳产性能、改进种茧品质和提高品种经济效益等都具有十分重要的意义。20 世纪 50 年代，我国先后育成青黄 1 号、青 6 号、黄安东、33、39、101 等柞蚕品种。这些品种具有体质健壮、抗病力强、产茧量高、茧质好等优点，至今仍在生产中推广应用。辽宁省推广应用青黄 1 号、青 6 号 30 多年来，累计增收 10 亿元左右。河南省推广 33、101、河 41、39 等柞蚕品种，并配合省力化放养技术，柞蚕茧年产量由新中国成立时的 425 000 kg，逐步提高到现在的 5 000 000 kg 以上，增长十多倍。60~70 年代，我国先后育成三里丝、豫 5 号、豫 6 号、豫 7 号等多丝量柞蚕新品种，70~80 年代又培育了 781、云白等白茧品种。这对改善柞蚕种质结构、选育推广优良品种，大力普及一代杂交种，提高养蚕经济效益和加快河南省柞蚕生产的可持续发展起着十分重要的作用。

三、选用良种的原则

选用优良品种必须根据生产实际的需要，客户对未来生态绿色环保产品的需求及市场等因素来综合考虑。

（一）根据养殖区生态条件、品种的适应性等因素来综合研判

每个品种都有其地区适应性，不同养殖区之间的自然条件存在一定差异，应通过品种对比试验和历年当地选用品种的生产经验，合理确定适宜当地气候条件、饲料条件和生产要求的柞蚕品种。

（二）熟知被选用品种的特征、特性

每一个柞蚕品种都有自身独具特色的特征及特性，任何品种的优良特征特性，只有在适合其生长发育的生态条件下才能充分发挥。在柞蚕良种繁育过程中，应根据品种的特征、特性，在适合其生长发育的环境条件下，按照柞蚕良种繁育制度及其技术操作规程，扩大良种繁育系数，进一步提高柞蚕品种的纯度和质量。

（三）选用好养、易繁、优质、高产的柞蚕品种

优良品种必须具备生命强健、适应性广、抗病力强、饲养容易、发育整齐、全茧量高、优质高产等特点。从缫丝生产深加工上看，优良品种还必须具备解舒好、解舒丝长、回收率高、匀整度高、能缫制高品位生丝等性状。从营养美食上来讲，需要具备色黄、味美、个大、蛋白质及微量元素营养丰富等特点，要根据不同的功能需求而选择适宜的柞蚕品种。

四、生产上主要推广应用的柞蚕品种

（一）101 品种

该品种是从贵州省蚕业研究所引进河南一化性地区的适应性强、微粒子病毒率低、饲养管理简便、丰产性能好的优良柞蚕品种。目前在河南省一化性地区繁育推广覆盖面占 90%左右。该品种为黄蚕系统，一化性，四眠。蚁蚕头壳红褐色，蚁体细长，体黑色间有少数黑褐色，2 龄起蚕为淡黄色，间有少量绿蚕发生。2~4 龄蚕食叶稍慢，5 龄期蚕体背呈油菜花黄色，体侧新禾绿色。5 龄蚕食叶稍快，体质强健，适应性广，产量相对稳定。蚕茧长椭圆形，略小，黄褐色。雌蛾可可棕色，雄蛾浅槟榔棕色。单蛾产卵 160 粒，卵期有效积温 145 ℃。蚁蚕自散力强，向上性强，大蚕期生长发育快，抓握力强，抗逆性强，食叶性强，全龄经过 49 d。营茧集中，有少量同宫茧现象发生。千粒茧重6. 6 kg。

蛹期发育有效积温为 248 ℃。交配性能好，杂交优势强。

101 是河南省柞蚕生产中推广应用的主要品种，适应于河南省黄河以南一化性蚕区放养。与豫大 1 号、33、39 品种组配成杂交种，增产增收效果十分明显。在放养过程中，小蚕期宜密放，勤剪移，3 龄后稀放，及时匀蚕。雌蛾羽化早，欠齐，雄蛾羽化集中。制种期间应注意调节雌雄蛾的羽化时期。

（二）33 品种

该品种是河南省蚕业科学研究院培育出适合河南省广大蚕区放养的一化性当家柞蚕品种。蛾体呈淡咖啡色，蚁蚕黑色，一眠蜕皮后体黄色，1～5 龄蚕体质强健，生命力强、抗逆性、抗病性强，产茧量高，食叶旺盛，眠起齐，全龄经过 45 d。蛹期发育积温 246 ℃，蚕蛾存活期为 11 d。羽化齐，交配性能好，杂交优势强，适应性较广。与 101 品种组配杂交种增产效果明显，是河南省现行推广应用的优良品种之一。

（三）河 41 品种

该品种是河南省农业农村厅柞蚕改良品种，以河南省南召县南河店的农家种为材料，经过 5 年 5 代系统选育而成。河 41 为黄蚕系统，一化性，四眠。蚁蚕头壳红褐色，体黑色。5 龄期蚕体背香蕉黄色，体侧新禾绿色，茧淡黄色。雌蛾可可棕色，雄蛾淡可可棕色。单蛾产卵数 245 粒。卵期发育有效积温为 132 ℃。幼虫龄期经过 48 d。蛹期发育有效积温为 224 ℃。发蛾集中，羽化较齐，雄蛾活泼，交配快，杂交优势强。河 41 是河南省柞蚕生产中的主要品种，适于雨量充沛、麻栎较多的大别山区放养。与豫 6 号、33 等品种配成杂交种，有明显的增产效果。该品种在暖茧时，应将部分雄茧分批迟挂 2～3 d，防止制种后期雄蛾缺乏，防止偏早收蚁。要适时出蚕，柞叶力求适熟，适当稀放，严格淘汰弱小蚕，分批饲养，良叶饱食。

(四) 豫大1号品种

该品种为一化性，黄蚕系统，一生4眠5龄。幼虫蚁蚕头壳红褐色，体黑色。5龄蚕体背香蕉黄色，体侧新禾绿色，气门线淡可可棕色。蚁蚕群体性强，具有趋光性，上枝迅速，发育整齐。幼虫活泼强健，食欲旺盛，抗逆力、抗病力强，产量高，全龄经过46 d。蛹期有效积温260 ℃，蛾存活期为10~11 d。羽化较集中，杂交优势强，适合在深山壮坡饲养。与101品种、33品种组合繁育杂交种，子代蚕体活泼健壮，蚕体发育整齐，容易饲养，增产增收效果明显，是河南省现行推广的优良品种之一。

(五) 39品种

该品种雌蛾岩石棕色，雄蛾稍淡。蚁体黑色，一眠蜕皮后蚕体黄色，5龄盛食蚕的背部为草黄色，个别蚕呈黄白色。蚕体发育整齐，虫蛹生命力强健，抗病力、抗逆力强，产茧量多。本品种适应范围较广，在河南省的各个蚕区均可放养。其对柞蚕脓病病毒有较强的抵抗力，适合一化性蚕区深山壮坡饲养。

(六) 豫大1号×101品种

1. 品种特征　豫大1号×101品种属黄蚕系统，一化性，四眠，蚁蚕头壳红褐色，体黑色，1龄蜕皮后体黄色，5龄期蚕体背香蕉黄色，体侧新禾绿色，孵化齐一，食性强，食叶快，体质强健，容易饲养，产茧量高，抗逆性、抗病性强，蚕体肥大，千克卵单产比现行品种增产20%~30%。

2. 应用范围　豫大1号×101品种是河南省现行推广应用的主要杂交种之一，适用于黄河以南的一化性柞蚕区饲养，使用土壤比较肥沃的柞园，要比纯种多备5%~10%的柞园。

3. 技术要点　豫大1号× 101品种小蚕期食叶旺盛，群集性强，趋光性强，应勤移稀放，及时匀蚕，大蚕期食叶迅速，各龄适宜选用适熟叶，做到精心细养，良叶饱食。

（七）33×101 品种

1. 品种特征 33×101 品种属黄蚕系统，一化性，四眠，蚁蚕头壳赤红色，体黑色，一眠起后幼虫黄色，5 龄期蚕体背呈油菜花黄色，体侧新禾绿色。幼虫发育整齐，食性强，体质强健，全龄经过 45 d，1 kg 卵产茧量增产 15%～20%。

2. 应用范围 33×101 品种是河南柞蚕现行推广应用的主要杂交种之一，适用于一化性柞蚕区放养，柞园以中等壮坡为宜。

3. 技术要点 33×101 品种全龄适用于适熟叶放养，适当稀放，及时匀蚕，良叶饱食。在良种繁育过程中，要保持品种纯度，由于 33 和 101 蛹体发育有效积温基本相同，要注意品种间蛹的发育调节，达到同期发蛾和及时交配。

（八）选大 1 号×33 品种

1. 品种特征 选大 1 号×33 品种是由一化品种和二化品种组配而成的，蚁蚕头壳红褐色，蚁蚕体黑色；2～5 龄蚕头褐色，蚕体橄榄黄绿色，食叶迅速，耐粗饲料。对叶质适应性强，食叶快，食量大，蚕体发育齐一，体质强健，全龄经过比一般品种短 2～3 d，抗病性、抗逆性强，产茧量高，茧型较大。与一化性柞蚕品种相比，蚕蛹滞育率低，伏蛾发生率高，羽化率达 30%左右。

2. 应用范围 选大 1 号×33 杂交种适宜在一化性柞蚕区的深山壮坡放养，全龄食叶量大，需要比纯种多备 10%～15%的柞园。

3. 技术要点 选大 1 号×33 品种催青期感光 16 h 以上，减少二化蛹的发生；大蚕期应加强管理，适当稀放，避免出现光枝光墩，及时匀蚕和移蚕，减少感光时间，尽量做到早采茧，利用暗室保茧，可尽量减少伏蛾的发生。亦可及时放入冷库低温贮存，冷库温度不宜超过 5.5 ℃。

五、观赏型柞蚕品种

生态休闲观光农业是当前河南省农业农村经济发展的一个新亮点，对促进农业现代化和乡村振兴具有重大意义。为使河南省蚕业生产与旅游观光农业相融合，在现有柞蚕品种的基础上，选育出云白、鲁红、胶蓝等系列稀有的彩蚕新品种。这些新品种在旅游景区、景点投放后，吸引了大量游客，有力地宣传推介了河南省悠久的养蚕历史和丰厚的蚕丝文化底蕴。

（一）云白品种

云白一化性柞蚕观赏型品种是由河南省蚕业科学研究院历经14代系统选育而成。本品种是以39为母本、胶蓝为父本进行杂交，从后代分离出的白蚕为材料，属白蚕系统。一化性，4眠5龄。卵壳乳白色，蚁蚕头壳赤褐色，蚁体黑色。2龄期体白色，5龄期蚕体背麦秆黄色。体侧柠檬黄色，气门上线浅可可棕色。卵期有效积温为132 ℃。幼虫发育不齐，食性中等，茧质稍差，产茧量一般，蛹期有效积温238 ℃。云白为稀缺柞蚕种质资源，以品种保育为主，在旅游景区附近可适量投放，以此吸引广大游客。

（二）胶蓝品种

胶蓝观赏型柞蚕品种是由河南省蚕业科学研究院从山东省方山蚕种场引进二化性品种，经6年选育而成。本品种属蓝蚕系统，一化性，卵褐色，蚁蚕头壳红褐色，蚁体黑色。2龄起为蓝色，5龄期体背瀑布蓝色，体侧蓝色，气门上线麦秆蓝色，体背疣状突起银灰色。气门下线疣状突起蝶翅蓝色。卵期有效积温为147 ℃。蚁蚕抓握力较弱，遗失蚕偏多。幼虫体质一般，易感染蚕病，在气候干燥和柞叶老硬条件下蚕体发育参差不齐。化性稳定，5龄期偏长，蛹期有效积温211~222 ℃，可在景区附近适量放养来吸引游客。

（三）鲁红品种

鲁红观赏型品种是河南省蚕业科学研究院选育的珍稀柞蚕种质资源。本品种以5龄期分离出来的红色蚕为材料，采用系统分离方法，选留一化性红蚕继代。目前，该品种大蚕期红蚕比例达60%左右，是一个具有较高观赏价值的稀有柞蚕品种。鲁红品种1~3龄蚕体黄色，4~5龄60%蚕体红色。蚁蚕头壳红褐色，体黑色，随5龄日数增加，红色渐深，5龄后期蚕体背枇杷黄色，体侧深蟹红色，气门上线金瓜黄色。卵期有效积温为120 ℃。该品种的卵孵化率稍低，蚁蚕行动活泼，幼虫体质中等，茧层率较高，全龄经过48 d。蛹期有效积温230 ℃。蛾存活期为9~10 d，与其他品种杂交后，一代杂交种孵化率达到90%以上，作为观赏型柞蚕品种可在景区周边适量投放。

第二节　柞蚕良种繁育

一、柞蚕良种繁育的目的和意义

柞蚕良种繁育是指运用科学技术方法，按照柞蚕良种繁育制度及其操作规程，增加扩充各级种茧数量，不断提高良种繁育系数和蚕种质量，加大柞蚕优良品种选育力度，强化制种、养蚕、收茧、保种等各项措施，为柞蚕生产提供优质柞蚕良种。柞蚕良种繁育是柞蚕育种工作的继续，是柞蚕品种选育在生产中的具体体现。良种繁育是品种选育的继续、延伸和扩展。“繁”是扩大各级蚕种的数量，是数量的增加，“育”是保持和提高品种的特性，是质量的提高。两者相互联系，缺一不可。选育鉴定柞蚕新品种，需要通过蚕种生产单位来扩大繁殖数量，并保持新品种固有的特征、特性。通过科学合理的繁育方法，来满足广大人民群众对优良蚕种的需求。因此，搞好柞蚕良种繁育工作既是新品种选育、示范、推广及应用的需要，又是发挥品种优质性状、提高柞蚕茧产量和质量的需要。

二、柞蚕良种繁育的程序及分工要求

（一）柞蚕良种繁育程序

河南省柞蚕良种繁育分为母种、原种、普通种三个等级。在河南一化性柞蚕放养区，各级蚕种每年繁育一次。母种和原种是繁育用种，母种分保育母种和繁育母种。保育母种是育种单位采用单蛾区饲养方式，累代选择繁育的母种，或指作为蚕种继代和生产繁育母种用种。繁育母种是用于繁育原种的母种，是生产普通种的上代种级，普通种主要用于丝茧生产。

（二）分工要求

母种繁育由省级蚕业主管部门指定的生产条件好、技术力量强、繁种设施设备齐全的具有蚕种生产资质的蚕种场或有条件的教学科研单位承担；原种繁育由各市县蚕种场承担；普通种繁育由县级蚕种场或经县蚕业主管部门批准的乡村制种场承担。种茧繁育区与丝茧生产区要严格分开，严禁交叉混育，防止普通丝茧育的微粒子病传染给母种、原种繁育区柞蚕，从而引起种茧育微粒子病毒率回升或反弹。

1. 母种　母种的用种是由保育母种繁育出来的。保育母种是育种单位采用单蛾制种、分区养蚕的方式从生产繁育母种的优良饲育区中选留的优良种茧。经单蛾交配繁殖而成，不单独列为一级种子。河南一化性柞蚕区母种的饲育形式为 5 蛾 1 区，每人放养 20 区，用于生产母种的种卵，需要全部目选和镜检。

2. 原种　原种的用种是由母种繁育出来的。河南一化性蚕区原种的饲育形式为 100 g 卵量育，每人放养 2~3 区。即从同品种（或同品系）、同批次、同日羽化产卵的母蛾中，积累一定数量的母蛾（河南蚕区约取 50 只）所产的卵，称取预定分区的卵量（河南蚕区称 100 g 卵量）。原种生产分区的目的，是便于统一进行选择和科学管理。制种期严格进行目选和镜检工作。

3. 普通种（含杂交种） 用于繁育普通种的种茧是由原种或指定的杂交形式繁育出来的。饲育形式为混合卵量育，河南一化性蚕区每人放养 0.5 kg 卵。制造普通种也要进行目选和镜检工作。

三、防止品种退化

品种退化是指品种原有的某些生物学性状或经济性状衰退，纯度降低，失去原品种的固有的形态特征、抗病性、抗逆性和适应性等。

（一）品种退化的原因

1. 机械混杂 在柞蚕良种繁育过程中，不按良种繁育规程操作，如制种期间，不同品种混挂于一室，没有严格隔离而造成不同品种间蚕蛾相互混杂。蚕期饲养管理时，由于品种间隔距离近，在食叶过程中蚕窜枝跑坡，同样也能造成不同品种的蚕相互混杂在一起。这种因人为因素而导致不同品种蚕混育的现象，称作机械混杂。机械混杂增大了不同品种的杂交机会，导致后代蚕特征特性的变异及分离，从而打破了优良品种固有的稳定性、一致性和高产性。

2. 自然突变 新的柞蚕品种在推广应用过程中，由于受各种自然条件的影响，有可能会发生某些基因突变，引起个别性状变异。如黑色蛾和小翅蛾就是通过基因变异而出现的特有柞蚕蛾形状。这些变异多是隐性突变，而隐性突变多数又是不利的。即使是优良变异，也只能作为选育新品种的原始材料，而不宜在生产品种中存在。因为变异的性状只能增加品种的混杂程度，而不利于保持品种的一致性、稳定性和丰产性。

3. 不正确的选择　在柞蚕发育的各个阶段，没有按良种繁育制度规定的品种标准进行选择，容易造成茧子越大，茧层率越高，该品种就越好的认识误区，从而忽视品种的独有特性，进而导致柞蚕生命力弱、抗病力差、产茧量下降等。

（二）防止品种退化的措施

1. 建立健全良种繁育体系　建立健全柞蚕良种繁育体系既是实现“四化一供”、加速良种推广、防止品种间混杂退化、提高柞蚕种子质量的组织保证，又是良种繁育工作中最根本的防范措施之一。在整个繁育过程中，只要按照良种繁育程序进行有计划的生产安排，在每个环节中都能严格按照良种繁育技术规程进行科学化、标准化、规范化管理，就能把品种防杂保纯防退化工作做实、做细、做扎实，保证柞蚕优质品种的繁育和生产。

2. 正确选择　自然选择就是优胜劣汰，它是良种繁育工作中防止品种退化、保持优良品种固有性状的一项重要举措。在任何品种的群体中，个体间都有一定差异。为了保持品种的优良性状，必须在柞蚕卵、幼虫、蛹和成虫阶段，按照该品种固有的特征特性，认真做好四选工作，即选茧（蛹）、选蛾、选卵和选蚕。

（1）选蛾。按照各品种蚕蛾的特征及标准，认真区分，选优除劣。一般根据健蛾与弱蛾的外部特征选蛾。选蛾的要点是：第一，从蛾腹环节间膜处透视血液是否清晰透亮，是否有渣点。因为蚕蛾血液的清亮程度与蛾体强健状况有密切关系。第二，选留活泼有力的蚕蛾。选蛾时可从以下几个方面区分鉴别雌蛾：健蛾行动活泼，弱蛾前翅下垂，行动不活泼，静止不动；健蛾环节饱满比较紧凑，而弱蛾腹部松弛软弱，无收缩力；健蛾鳞毛整齐，体态端正，覆盖层较厚，而弱蛾鳞毛稀疏。另外健蛾的翅基扇动特别有力，前翅的前缘脉比较粗硬，弱蛾的翅基扇动无力，前翅的前缘脉比较细软。在严格目选的基础上，还要切实搞好显微镜检毒工作。繁制母种，要求单蛾制种，严格目选，全部对检。繁制原种和普通种，要求单蛾制种，严格目选，全部镜检，取消目选种。

（2）选卵。选卵是对柞蚕母蛾所产下的卵进行群体选择工作。第一，通过显微镜检种首先淘汰患有微粒子病的蛾卵，并予以焚烧；第二，淘汰产卵量少、卵粒大小不齐的蛾卵；第三，严格按照良种繁育制度所规定的各级蚕种（包括各品种）的选卵标准，认真选择合格的蛾卵留种。

（3）选蚕。选蚕是“四选”中尤为重要的一环，分群体选择和个体选择两种。群体选择是选蚕的基础。实行蛾区育或蛾区卵量育的柞蚕，可以对饲育区进行选择；实行分批饲育的柞蚕，可对不同批次进行群体选择，群体选择的要点是：第一、选取孵化齐一、蚁蚕活泼，体色正常的饲育区；第二，在饲养过程中选择蚕体发育齐一、食性强（牙板硬）、行动活泼（上枝快）、体质强的饲育区（或批次）；第三，通过2龄无眠蚕检毒工作，选留无微粒子病毒的饲育区；第四，选择符合该品种固有体色的柞蚕，淘汰杂色蚕；第五，淘汰迟弱蚕和细小蚕。个体选择是在群体选择的基础上进行的。

（4）选茧。各级种茧都必须按照柞蚕良种繁育制度所规定的质量检验标准，以饲育区为单位进行群体选择。只有经过检验符合标准的蚕茧，才能留作种茧。但在各个合格的饲育区中，并不是所有蚕茧都符合制种要求，还有少量生命率低、患有微粒子病或茧质差的蚕茧，这就需要凭借肉眼观察、手触及称量等方法进行个体选择工作，以保持各品种蚕茧的优良性状。

（5）良叶饱食。优良柞叶是柞蚕生长发育和营养积累的基础，也是增强柞蚕体质获取柞蚕丰收的主要因素之一。因此，在柞蚕良种繁育过程中，只要加强科学的饲养管理，做好各龄场选芽适熟用叶，就能做到蚕期精工细养，良叶饱食。应根据不同发育阶段柞蚕的生理需求，调节好适龄用叶。小蚕期的营养，主要用于蚕体内部组织器官发育与形成；壮蚕期的营养，直接用于丝腺生成和后代蚕卵内营养和能量的积累。

在养蚕过程中，应根据不同发育阶段的柞蚕生长发育对营养物质的不同需求，选择各龄适熟优质柞叶，满足蚕体的生长需要。由于柞叶中含水量与碳水化合物、脂肪类的含量呈负相关，而与含氮量及蛋白质含量呈正相关，所以小蚕期的饲料应选择质地柔嫩，水分、蛋白质含量较多、糖类含量充足的 2~3 年生的适熟柞叶，以满足蚕体迅速增长的需要。壮蚕期饲料应选择水分较少、蛋白质含量适当、含糖量多的 1 年生的适熟柞叶，让柞蚕积累足够的营养物质，以利茧丝生成和后代繁衍生息。

生产中应适当稀放，及时匀移。在柞蚕生长发育的各个阶段，无论是小蚕期还是壮蚕期，都要做好叶量平衡调节工作。叶量与养蚕量的调节，除了备足养蚕饲料外，还要掌握适当稀放，及时匀移，让所有柞蚕都能饱食良叶，这是柞蚕生产的重要管理措施之一。只要精心管理，稀放勤匀，合理剪移，就能做到良叶饱食，保证蚕期蚕体快速生长发育，促使蚕体膘肥体壮，生命力旺盛，就能生产出优质的蚕茧和质量可靠的蚕种。

（6）品种复壮。为了防止品种退化，除采用上述几项措施外，还需要采用在不同生态环境下饲养柞蚕的方法。品种复壮工作一般 2~3 年开展 1 次。目前河南省在生产中推广应用的主要方法有以下 5 种：

1）异地复壮。在相距较远、生态环境条件差异较大的两个地区饲养同一品种的柞蚕，然后把一地雌蛾与另一地雄蛾放在一起，让它们相互交配，从而达到异地复壮的目的。

2）不同饲料复壮。利用不同营养饲料放养相同品种的柞蚕，然后把异饲料的雌雄蛾放在一起交配，使之复壮。

3）同品种不同品系的复壮。取同一品种不同品系的柞蚕，在同一个地区放养，然后利用异品系的雌雄蛾进行互相交配。

4）同品种不同季节复壮。利用同品种不同季节饲育的雌雄个体进行交配，也能起到复壮的作用。

5）不同暖种、暖卵方法复壮。利用不同温度暖茧、暖卵饲育后再进行交配，可以提高蛹蛾的羽化率和幼虫孵化率。

第三节　柞蚕杂交种优势的利用

一、柞蚕杂交种的优势

（一）杂交优势的概念

所谓杂交优势，是指两个不同遗传性状群体之间的个体进行交配所生产的一代杂交种，在生长发育、幼虫生命力、抗逆性、适应性及产量和质量方面，表现明显优于双亲的现象。

（二）杂交优势的计算方法

杂交优势法，是指杂交一代（F_1）同双亲的平均值（MP）做比较，用百分数表示。

$$杂交优势\% = \frac{F_1 - MP}{MP} \times 100\%$$

真杂交优势（超亲优势）法，是指杂交一代（F_1）与较优的1个亲本（$P_{优}$）做比较，用百分数表示。

$$真杂交优势\% = \frac{F_1 - P_{优}}{P_{优}} \times 100\%$$

竞争杂交优势（对照优势）法，是指杂交一代（F_1）与对照品种（st）或较好的推广品种做比较，用百分数表示。

$$竞争杂交优势\% = \frac{F_1 - st}{st} \times 100\%$$

（三）柞蚕杂交种的增产效果

杂交优势是生物学的普遍现象，柞蚕和其他生物一样，具有一定的杂交优势，并且在生产上表现出明显的增产效果。河南省鲁山县大面积生产应用证明：杂交一代表现卵质优，蚕卵孵化齐一，孵化率高（比对照提高3%左右），柞蚕眠起齐，发育快，结茧整齐度高，龄期经过短（比对照缩短2天左右），柞蚕生命力强，产茧量高（单产比对照提高15%~20%），茧质优良（出丝率平均提高19.49%），经济效益显著，产值比对照增长56.86%。

（四）柞蚕F_2代杂交优势

柞蚕的杂交优势主要表现在F_1，从F_2开始发生性状分离，F_2群体内个体间差异较大，而且增加了纯合基因的个体数，在生命力、抗逆性和产茧量等方面均有下滑趋势，因而杂交优势趋于衰退。从试验材料看：F_2的杂交优势一般比F_1降低6个百分点，但与亲本比较，仍有一定杂交优势，其优势率可在10%左右。因此，在生产上主要利用F_1杂交种，一般不利用F_2代，但在杂交种种茧紧缺的情况下，F_2还是可以考虑的。

F_2优势降低程度的估算方法：

$$F_2\text{优势降低}\% = \frac{F_1 - F_2}{F_1}\%$$

二、柞蚕杂交种的制造技术

（一）选择适宜本地区的优良杂交组合

杂交优势是两个不同遗传基因的品种相杂交的组合方式，其杂交优势的大小，因亲本的配合力、纯度、血缘、产地、生态条件等遗传与环境因素而有差异，并不是任何两个品种杂交都能够产生明显的杂交优势。不同品种的杂交种优势的差异，只有通过配合力测定才能知道。并不是所有品种都能拿来进行杂交，或者相互混交、乱交，这都是思想认识的误区。试验结果表明：选用优良的杂交组合，比纯种增产15%～20%。目前辽宁、吉林、黑龙江、山东、河南和贵州等省均选择一些比较优良的杂交组合，各蚕区可因地制宜，选配适宜本地区的优良杂交组合发展蚕业生产。

（二）做好杂交亲本的提纯与防杂工作

杂交优势的强弱，均来源于双亲的遗传物质基础。品种纯正，生物学性状稳定，则杂交优势强；反之，品种不纯，生物学性状不稳定，则杂交优势弱。做好亲本的提纯防杂工作，这是保证杂交种增产性能和各种优良基因性状发挥最佳水平的经济学性状的根本条件。因此，在杂交亲本的繁育过程中，原蚕要严格分品种、分饲育区饲养，直至采茧和保种。种茧要分室、分品种、分饲育区保种，防止种区混杂，并在柞蚕发育的各个变态期，严格进行群体和个体选择，以保持杂交亲本的纯度和优良性状。

（三）认真做好雌雄茧的分离工作

为了保证品种间杂交，使杂交种具有较强的杂交优势，必须认真做好雌雄茧的分离工作。雌雄茧分离有人工鉴别和机械鉴别两种。人工鉴别蚕茧较为准确，但速度慢，效率低。利用雌雄分茧机进行鉴别工作，分茧效率比人工提高10～15倍，准确率达到92%左右，对部分分辨不清的蚕茧，再依靠人工鉴别进行分离。

（四）杂交亲本种茧要分开穿挂

种茧经雌雄鉴别分离后，应进行穿茧和挂茧工作。穿挂茧形式有雌雄茧分别穿挂和雌雄茧混合穿挂两种。雌雄茧分开穿挂方法，是把2个对交品种分成2个对交形式：甲品种雌×乙品种雄，乙品种雌×甲品种雄。同一对交形式的雌雄茧应分开穿串，分室挂种。若在同室挂茧，就必须用纱网把雌雄茧隔离开来。发蛾时还要从雌中挑雄，从雄中挑雌，力求杂交彻底。混合穿挂方法是按甲品种雌×乙品种雄、乙品种雌×甲品种雄的交配组合，将同一对交组合的雌雄茧先混合而后穿串，把2个对交组合的蚕茧分别挂于2座暖种室，发蛾后按对交组合进行常规制种。此法省工、省设备、简便易行，但杂交不够彻底。设备条件好的蚕种场，应采用第一种方法制种。根据鲁山县制造杂交种生产实际，采用雌雄分开穿串、隔离挂茧制造的杂交种进行饲养，其产茧量比混合穿挂制种的方法效果明显，单产平均增长10%以上。

（五）做好对交亲本蛹体发育的调节工作

柞蚕杂交种，不论二元杂交或多元杂交，其杂交亲本固有性状都存在一定的差异，如不同亲本的蛹体发育所需要的有效积温就不相同，这给暖茧制种生产带来一定困难。若安排不周，两品种发蛾期就不一致，解决办法是科学地规划升温暖种日程，及时制订适温标准，并做好不同亲本间蛹体发育的调节工作。首先了解不同亲本的蛹体对积温的要求，妥善安排升温暖种日程、暖种起止时间和适温方法。对蛹体发育需要有效积温多的杂交亲本可早加温，对需要有效积温少的杂交亲本可晚加温。或者是在暖种过程中，对要求积温较多的杂交亲本，适当提高暖种温度；对要求积温较少的杂交亲本，适当降低暖茧温度。因此，在暖茧前就把不同亲本蛹体发育的有效积温合理地分配到暖种日期中去，以期达到同时发蛾的目的。其次，在暖种期要经常剖茧观察蛹体发育情况，发现两品种蚕蛹发育不同步时，就采取不同暖种温度进行合理调节。为了防止制种后期缺雄，可将部分雄茧适当晚挂3~5 d。

三、现行选配优良杂交组合

柞蚕杂交种的类别有二元杂交种、三元交杂种、四元交杂种和回交种等。河南、山东、辽宁等省在生产上应用一些优良杂交组合，取得了良好的经济效益。

河南选择的优良杂交种有豫杂1号（33×101）、豫杂3号（6号×河41）、豫杂2号（6号×早1）等。其中以豫杂3号的杂交种优势表现最好。把6号×河41或6号×33作为杂交原种，杂交原种的优势就明显高于纯种33。用6号配制的三元交组合的杂交种优势又显著高于二元杂交组合。

不同柞蚕品种间杂交具有明显的杂交优势，优良杂交组合具有一定的增产效果。如何把杂交优势潜能发挥出来，除满足生产的杂交种之外，还需要有良好的饲养技术和外界环境条件。俗话说："要想好（产量高），三凑巧，种好、坡好（饲料）、技术高。"这说明柞蚕的产茧量与蚕种、饲养条件和技术管理都有密切关系，互为条件，缺一不可，只有"三凑巧"，才能保证蚕农养蚕增收，实现柞蚕茧的稳产高产，促进河南省柞蚕产业持续、快速、健康发展。

第十章　柞蚕病害及其防治

柞蚕的病害是影响柞蚕茧产量及产值的主要原因之一。由于病害的发生，河南省柞蚕茧总量每年减产20%左右，蚕茧产值损失近1亿元。发病重的年份减产可达30%~50%，给柞蚕生产带来不可估量的损失。河南省柞蚕病害主要有柞蚕脓病、柞蚕微粒子病、细菌中毒性软化病、败血病和白僵病等。其中，以柞蚕脓病、柞蚕微粒子病对柞蚕生产影响最大，其他蚕病影响相对较轻。

第一节　柞蚕病毒病

一、柞蚕核型多角体病毒病

柞蚕核型多角体病毒病又称柞蚕脓病，俗称“老虎病”或“黄烂病”，是由核型多角体病毒引起的一种烈性传染病。柞蚕脓病是一种常见病害，各个蚕区均有发生。但以河南、山东、四川、贵州、辽宁等省为害较重，黑龙江、吉林等省较轻。

（一）病症

感染核型多角体病毒的柞蚕，在发病前期与健康蚕无显著差异，患病后经过潜伏期就逐渐地表现出症状来，表现为蚕体肿胀、体壁变色、质脆易破、化脓腐烂。蚕的发育时期不同，病蚕表现出的症状也有明显差异。

1. 蚕期病症

（1）水眠子。该病多发生在2~3龄蚕的眠中或眠期阶段，表现为蚕体虚弱无力、体壁柔软、环节肿胀、体色发黄、体腔内血淋巴多。病蚕多用尾足或后部腹足抱住柞枝，头部下垂。随着病情的进一步加重，体壁溃烂，流出脓汁而死。

（2）半蜕皮蚕。病蚕眠起蜕皮时，因病势严重，无力蜕去旧皮，仅露出灰黑色的新头壳和前胸。这种病蚕称为半蜕皮蚕。各龄眠中均有发生。经调查，3龄之前发生此病较多，常用腹足抱紧柞枝倒挂下垂而死。

（3）嫩起子。病蚕眠起蜕皮后，体壁柔软不硬化，体色变暗，环节肿胀，有时候尾部三角板呈现黑褐色，病势加重时，体皮破裂，流出脓汁而死。

（4）黄烂蚕。该病蚕多发生在3~5龄期。发病初期，体色变淡，皮下组织和脂肪体等组织开始溃烂，呈现豆腐脑状混浊状态，进而皮下组织溃烂，最后体壁破裂流出脓汁而死。

（5）老虎斑蚕。该病多发生在5龄盛食期后到营茧前期间，初期病蚕体节肿胀，背部疣状突起或气门线下侧疣状突起的皮下组织出现症状，从体皮外面肉眼观察可透视出发病部位有许多灰色或褐色斑点。病势进展加重后，发病部位由小到大开始溃烂，并逐渐扩大变成黑色或深褐色斑块，如同虎皮斑纹，故称老虎斑蚕。最后由病斑处破裂，头胸下垂而死。

2. 蛹期病症　蚕蛹的颅顶板逐渐失去白玉光泽而成为灰褐色，病势加重后，蛹体无弹性，皮色深暗，内部组织液化，体皮极薄，稍经触动，便流出脓汁。脓汁由内向外污染浸透茧层，俗称血茧，有的脓汁在茧壳内慢慢阴干，变成空瓤茧。

3. 蛾期病症　蛾翅卷曲，环节肿胀，行动不活泼，生存能力弱，交配性能差。

（二）病原

柞蚕脓病病原是核型多角体病毒。当病毒侵染蚕体后，便在细胞核内形成一种包涵体，称为多角体。多角体内包含许多杆状病毒粒子。游离态病毒和多角体病毒在病蚕体内同时存在，对柞蚕具有强烈的传染性。当病蚕组织细胞破裂时，多角体病毒便游离于蚕体腔的脓浆中。

柞蚕脓病病毒的形态：多角体呈三角形、四边形和多边形，直径为 0.74～3.64 μm，也有大的多角体，直径达 10 μm 左右。多角体剖面：在多角体结晶蛋白质中含有许多病毒颗粒，大小为（123～185）nm×（389～435）nm。病毒颗粒中包含 1～14 根核衣壳，核衣壳呈杆状。

（三）病变

核型多角体病毒侵入蚕体后，首先在血细胞内寄生，其次寄生在脂肪细胞、气管被膜细胞、体皮组织核内，这些组织因寄生部位不同而使病蚕外部表现的症状也不一样。

1. 血液的病变　病毒侵入血细胞，首先在细胞核内繁殖，形成多角体，由少到多，最后把血细胞胀破，多角体和血细胞的代谢物质一块混合流入血液内，使血液颜色变得混浊发暗，类似脓汁。

2. 脂肪的病变　病毒侵入脂肪细胞核后，就开始在细胞内分裂增殖，逐渐在细胞核内形成多角体，最后细胞核和细胞膜都被胀破。这时脂肪组织呈现混浊溃烂状态，从病蚕体外肉眼观察来看，可以看到皮肤下层的脂肪溃烂状态似豆腐脑。脂肪细胞被多角体胀破后，多角体和脂肪球都流入血液内，使血液变得混浊不清亮。

3. 气管的病变　病毒侵入气管被膜细胞引起病理变化，肉眼观察不易看见，影响蚕的正常吸收和排泄，主要造成蚕体水分难以排出而出现蚕体环节肿胀。

4. 体壁的病变 柞蚕体壁真皮层内分布着许多毛源细胞，特别是疣状突起上刚毛丛的基部，生毛细胞更为明显。病毒对生毛细胞和真皮细胞同样有亲和力。病毒寄生后，首先在细胞核内分裂增殖，核内出现许多大小不一的病毒颗粒。随着病势的进一步发展，这些病毒颗粒也随着变大，形成钝三角或四角形多角体病毒，最后细胞被胀破，多角体病毒流入血液内。体壁细胞被破坏以后，呈现溃烂状态，只剩一层角质的表层，稍经触动，体壁易破，称为“烂皮”。病蚕的真皮细胞和生毛细胞被病毒寄生以后，生毛细胞的病程进展往往比真皮细胞快。在小蚕期，因为病蚕的发病经过时间短，病症表现不明显，到5龄盛食期持续时间较长，所以在生毛细胞多的地方首先出现病斑，先为褐色，继而变为黑色斑块连在一起形成黑色斑纹，俗称“虎皮斑”。

5. 脓病发生与内外部条件的关系 柞蚕脓病发生的原因很复杂，病原体的存在和蚕体的传染是发病的主要原因，与蚕体自身的抵抗力和环境条件也有密切的关系。经在生产中总结，柞蚕脓病发生和下列因素有关。

（1）用上代发病重的柞园来放养蚁蚕，上代污染柞园的病毒经过越冬致病力虽有衰减，但翌年春季传染力、致病力还很强。

（2）不同品种对脓病抵抗力不同。同一品种，小蚕抵抗力弱，大蚕抵抗力强。小蚕微量感染，大蚕大量暴发，是由于寄生在小蚕体内的病毒在一定的条件下，经过分裂、增殖及复制过程，到大蚕时体内积累到一定数量的病毒而最终导致蚕病大量暴发。

（3）脓病发生与外部环境条件的关系。饲料和环境条件对蚕生长发育不利时都会引起脓病发生：在饲养过程中柞园枝叶不好或技术管理不当，跑坡窜枝，忍饥挨饿，营养不良都会造成蚕体虚弱；在茧蛹越冬期保管不严，长期感受5.5 ℃以下温度；种茧运输中堆积过厚，遇高温多湿，密闭空气不流通等均会造成茧蛹“伤热”；制种期间发蛾过早，特别是蚕卵在低温环境中保管时间长（超过30 d）；小蚕期遭受低温影响时间长，小蚕吃水叶嫩叶过多；蚕体在生长发育中遇到温度骤变，风、雨、霜、雹等异常天气侵袭，或高于35 ℃以上的高温剧变刺激；柞树低矮、植被稀疏、太阳光直射等不良条件都能诱发脓病。

（四）传染规律

病蚕、病蛹的尸体含有许多多角体病毒，此病毒具有强烈的传染性和致病力。柞蚕脓病病源的传染途径，主要有食下传染和创伤传染两种。在柞蚕生产中以食下传染为主。

1. 食下传染　柞蚕食下游离态病毒（病毒粒子）和包涵体态病毒（多角体）都能够感染柞蚕脓病。

2. 创伤传染　病毒粒子除通过口腔食下传染脓病外，还可以通过接触皮肤伤口传染发病。蚕体不分大小，只要经伤口感染微量病毒就能够患病致死。

（五）防治措施

1. 挑选良种　优良品种具有稳定的生物学性状和较高的经济学性状，在饲养过程中，具有蚕体健壮、发育齐一、表现良好、抗逆力强、增产明显等特点。因此，养蚕农户大多选用良种和推广应用一代杂交种，严禁选用个体蚕场生产的质量无保证的蚕种。生产实践表明：河南当家的“33”“39”“河41”柞蚕品种及近年来从贵州、四川引进的“101”和柞蚕川种，对柞蚕脓病病原都有较强的抵抗力，又适应于不同类型柞园放养。

2. 科学选芽　蚕期各龄场选芽必须科学合理。小蚕不能取食过嫩过暴芽子，因为嫩叶和暴芽所含胆宁酸浓度大，水分多，蚕取食后易造成蚕体虚弱，体质下降，抗病力差，后期易发病。应严格按照深、中、浅山区柞芽发育情况及各龄用叶标准合理安排：一般蚁场选用柞叶伸展 3 cm 左右薄坡黑栎老梢，不宜选用尚未伸展的红芽暴叶（深山壮坡过嫩柞芽应先摘芯后养蚁）；2~3 龄蚕宜采用适熟柔软的白栎老梢；同时，还要根据当年天气情况灵活掌握，4 龄场选用梢坡芽子或适熟火芽，雨水天气多选老梢，干旱天气选用适熟的火芽；二八场选用适熟肥厚的柞芽，不用过嫩或老硬叶；茧场选用枝叶茂密、梢部有部分软叶的老梢。深山壮坡养蚕或蚕期多雨，用叶尤其要防嫩、防薄，选芽标准应相对适熟偏老。

3. 加强管理　良种是丰产的基础，蚕期管理是丰收的保障。蚕期饲养管理是否得当，直接影响蚕茧收成。因此，在放养过程中，必须做到精心喂养，科学管理，规范操作。蚕上山时，做到适时出蚕，精工收蚁，选芽适熟。收蚁用具包括蚕筷、鹅毛、引枝、塑料布，塑料布必须消毒彻底。收蚁密度要适当，不能过密，蚁场尽量用0.5%漂白粉或1%石灰水消毒。雨天收蚁不可直接上山，防止灌蚁子。蚕期要合理剪移，精工细养，及时匀蚕，良叶饱食，确保蚕发育齐一，体质强健。提倡采用眠前移，切忌不能出现眠光枝、光墩现象，要及时匀蚕、移蚕，防止出现蚕窜枝跑坡，以免影响蚕的体质，导致后期脓病发生。在柞蚕生产中，严格做到“五不移”，即温度过低的早晨和傍晚不移、大风天不移、中午高温不移、雨天和露水重时不移、白头起不移。移蚕、匀蚕时动作要轻、快、稳，切忌生拉硬扯抓光蚕，以免损伤蚕体，感染病原。同时，放养稀密适当，合理掂场选芽，认真做好饲料选择和调节工作，严格按照各龄场选芽标准和要求进行，并根据天气变化，灵活掌握。例如，遇高温干旱年份，稚蚕选叶应适熟偏嫩；大眠场喂梢芽或火芽，壮蚕期可利用早晚凉爽时洒水饮蚕；若遇阴雨涝天，稚蚕喂老梢时可把顶芽掐去，大眠场和二八场应多喂老梢，少喂火芽。

4. 严格消毒　认真做好蚕体蚕座消毒工作是确保蚕体正常

发育的基础和前提。制种、催青、收蚁所用的房屋用具都要进行严格清洗消毒。2%的石灰水、3%的福尔马林溶液、1%的漂白粉澄清液、毒消散等对脓病病原都有较好的消毒效果，采用洗刷、暴晒、药物浸泡、熏蒸综合立体消毒方法效果最佳。养蚕前，要先清理柞园残枝败叶，再用配制好的药液进行喷洒；收蚁时，可用新鲜石灰粉撒布薄霜状进行蚁体消毒；蚕筐、剪子等养蚕用具要放入盛装2%石灰乳或1%漂白粉澄清液的消毒池或消毒缸内浸泡20~30 min，待充分消毒后晾干备用；对柞墩、柞叶、场面要采用2%石灰水喷洒消毒。总之，采用上述各项措施都能有效地杀灭病原，减少和杜绝脓病传染、扩散，从而达到预防柞蚕脓病的发生。

5. 隔离病原　切断病原传播是预防柞蚕脓病发生的一项行之有效的措施。收蚁场所不能使用上年存放过柞蚕茧的房屋和院落。上年暴发脓病的蚕坡，翌年不能用于放养小蚕，以防蚕坡遗留病毒过多，造成来年蚕体感染发病。即使放养大蚕，也要进行严格消毒。饲养期间，一旦发现迟眠、迟起弱小蚕，应分批饲养，完全隔离。若有个别脓病蚕发生，要把病蚕连同污染的柞叶一起剪下，放入消毒池或消毒缸内浸渍消毒后挖坑深埋，以防病原扩散。蚕茧下坡后，要及时摇选，挑出油烂茧，先蒸煮后暴晒，尽量缩短好茧与次茧混杂保管的时间，以免污染好茧。随后要用20%石灰乳对晒茧场所或保茧场所进行全面彻底喷洒消毒，消灭病原，避免柞蚕脓病传染。

6. 严防创伤、捂热　防治柞蚕脓病的重点还要做好预防蚕卵、蚁蚕受捂、伤热及蚕体损伤。在制种和蚕期生产过程中，通过蚕卵合理催青、适时出蚕、安全收蚁等措施来加强小蚕期饲养管理。蚕卵浴洗消毒时，掌握控制好药液的温度、时间和浓度，及时补入药品，确保消毒安全彻底；消过毒的蚕卵避免接触未消过毒的用具、蚕具、蚕室等；净卵室由专人负责、专人管理，出入净卵室要换鞋，严防卵面再次感染；催青室要严格消毒，不留死角，在催青过程中蚕卵要平摊、薄摊在孵卵盒内，厚度以不超过 0.5 cm（3~4 粒卵）为宜，不能堆积过厚，以免出蚕时相互积压、受捂、伤热，影响蚁体健康；催青室温度、湿度不能过高或过低，注意经常通风换气，保持室内空气清新，严防高温闷热或低温干燥，出现高温死蚕、蚕卵孵化不齐及“头顶壳”现象。为防止蚕体创伤感染蚕病，必须做到精工细养、规范作业。收蚁时，边引边收，收满一盆立即上山撒蚁，动作要轻快、迅速，不能长时间停留在孵卵盒内或收蚁盆内，以免蚕体在孵卵盒内堆积抓伤；移蚕时，采用小蚕带枝移，大蚕带叶移，切忌不可手抓光蚕，这样极易损伤蚕体，造成脓病的感染。移蚕、匀蚕要小心谨慎，不能生拉硬扯，损伤蚕体。蚕筐内盛蚕不能太多，一般 2~3 龄每筐盛蚕 1 000 头左右，4 龄盛蚕 600 头左右，5 龄盛蚕 400 头左右。运蚕撒蚕要及时、快捷，不能使蚕在筐内停留时间过长，以防蚕受捂、伤热。撒蚕时动作一定要细致轻稳，不可粗放乱丢，防止柞枝戳伤蚕体。要掌握稀密适当，分布均匀，确保蚕良叶饱食，发育整齐。要注意种茧运送工作，运输种茧时一般掌握在 11 月下旬进行，种茧运输中堆积不宜过厚，注意空气流通。另外，制种期间发蛾不可过早，特别是蚕卵在低温期间持续时间长（超过 30 d），都会影响蚕卵的孵化和蚁体的健康。总之，按科学的方法运种、保种、制种、催青、收蚁、养蚕、防病，就能达到增强体质、提高蚕体抗病力、减少和遏制脓病发生的目的。

二、柞蚕非包涵体病毒病

柞蚕吐白水软化病是柞蚕软化病中的一种，又称为柞蚕非包涵体病毒病。在辽宁、吉林、黑龙江和内蒙古等省（自治区）时有发生，且多发生在冷凉地区。一般发病率为 30%，严重年份的蚕区高达 70%~80%，对柞蚕生产为害比较严重。

（一）发病原因

柞蚕吐白水软化病是由于柞蚕被非包涵体病毒（FV）感染而引起的一种病毒性软化病。在电子显微镜下观察，这种病毒为近似球形的20面体。柞叶面上的柞蚕非包涵体病毒在阳光照射下，经48 h就失去致病力；60 ℃水温30 min也能使病毒完全失活。用紫外线照射（20W，$r=1m$）20 min，或用2%的氢氧化钠和甲醛处理，均不能使病毒完全失活。另外，病蚕尸体中的病毒在柞园中经过1年时间仍有较强的致病力，仍然会引起翌年柞蚕感染而发病。

（二）发病时期

柞蚕吐白水软化病多发生在5龄后期至结茧前，秋蚕期发病比春蚕期重。

（三）发病特征

患病的柞蚕，初期表现为行动呆滞，不活泼，食欲减退，臀板变暗，头胸紧缩；病势进一步加重后，病蚕就静伏在枝梢顶端，头胸后仰，身体缩小变短，体色变深，口吐透明黏液，丧失抓握力，多落地而死。死后尸体不溃烂，逐渐萎缩变黄。

（四）发病规律

柞蚕吐白水软化病的发生与外界环境条件密切相关，在海拔高的地区及秋季寒风早来时发生严重。同时，柞园土壤贫瘠、柞叶生长期短、老化快的蚕区，发生柞蚕吐白水软化病概率大。低温条件下放养造成的蚕体营养不良、体质虚弱也是诱发吐白水软化病发病的因素之一。另外，该病的发生与蚕种质量及品种也有一定关系。蚕种质量好，蚕体就健壮，抵抗力就强，柞蚕吐白水软化病发生的概率就小；反之，则大。就柞蚕品种而言，龄期短的品种发病较轻，龄期长的品种发病较重。

（五）防治措施

1. 注意品种选择 选择龄期短的柞蚕品种或一代杂交种放

养，可以减少吐白水软化病的发生。

2. 采用合理放养方法 各龄选用适熟柞叶，合理剪移，选择适宜柞园坐向和各龄适宜饲料，加强蚕期管理，避免低温条件对柞蚕的影响，注意蚕座通风透光，适当稀放，及时匀蚕，做到良叶饱食。吐白水软化病多发区，适时早收蚁。

3. 严格进行卵面及蚕室、蚕具消毒 蚕期应分批饲养，及时淘汰迟眠、迟起弱小蚕，1~3 龄柞园要彻底消毒，发现病蚕要隔离，尸体及被污染柞叶要深埋。从制种、放养等环节严格把关，做好预防和消毒工作，防止病原物感染和该病的发生。

4. 蚕期添食蚕得乐 蚕得乐对柞蚕吐白水软化病的发生具有良好的防治效果。

第二节 柞蚕细菌性病害

一、柞蚕空胴病

柞蚕空胴病是柞蚕软化病中的一种，俗称“稀屎腚”，在辽宁省各蚕区均有不同程度的发生，河南蚕区至今尚未见到此种病害。一般发病率为 30%~40%，严重地区或年份发病率高达 70% 以上。

（一）发病原因

柞蚕空胴病是一种慢性传染病，由细菌侵染引起，这种细菌是由辽宁省蚕业科学研究所于溪滨研究员发现的，被命名为柞蚕链球菌。柞蚕链球菌呈球形，多数是成对排在一起，少数单个存在，或 3 个菌体结成短链排在一起。柞蚕咬食卵壳，或在食叶的过程中，都有机会将柞蚕链球菌食进体内。细菌进入消化道后逐渐增殖，并侵染肠壁细胞，破坏其消化系统，失去消化功能，从而引起柞蚕发病。柞蚕链球菌的抗药性比较强，研究表明：用2%或3%的甲醛在温度23 ℃条件下熏蒸30 min，只能起到抑制病菌发育的作用，而不能将其杀灭。柞蚕链球菌有喜碱忌酸的特性，柞蚕幼虫的肠液呈碱性，细菌侵染后有利于其繁殖，能引起幼虫发病；而柞蚕蛹、蛾的肠液及血液呈中性或酸性，其环境不利于细菌繁殖，只能潜伏其中，不能导致蛹期和蛾期发生病变。

（二）发病时期

柞蚕空胴病主要发生在蚕期，一般在眠中不发病，多在眠起或眠起后2~3 d发病死亡。蛹期和蛾期只是体内携带病原菌，很少有发病死亡的现象。

（三）发病特征

柞蚕空胴病在柞蚕幼虫各期都能发生。但由于发病时期不同，其病症表现差异。1龄发病，蚁蚕不爱活动，很少食叶，发育迟缓，病势进一步加重就会完全停止食叶，排泄少量褐色稀粪，蚕体萎缩变小，死后尸体大部分被风吹落。也有部分病蚕由于排泄稀粪，尾足被粘在柞叶上，蚕体慢慢干枯或下垂而死。2~3龄眠起发病的，病蚕蜕皮后，待在就眠位置上，不食叶，蚕体收缩，体色变淡，抓握力较差，死后尸体大部分掉落在地面。4~5龄眠起发病的，蜕皮后仍停留在就眠位置附近，不食叶，蚕体瘦小，显得头壳大、刚毛长。有时排泄少量稀粪，临死时用尾足抱住柞枝，头部下垂而死。由于消化管内空虚，从尸体表面看略有透明感。各龄龄中发病的，眠起后能照常食叶，2~3 d后开始发病，病蚕停留在柞枝上，不食叶，发育缓慢，蚕体瘦弱略收缩，排泄黑褐色稠状稀粪、肛门外缘被稀粪污染，病势加重后则用尾足或用腹足和尾足抱住柞枝，头胸部下垂而死亡。病蚕死后尸体不溃烂，无恶腥臭味。患病轻的蚕可以作茧化蛹，但从蛹的外部看不出明显的病症；稍重的，尾端的茧壳内层被污染呈褐色。患病轻的蛾，外部看不出明显病症；患病重的比健蛾羽化晚，排泄灰色或灰褐色蛾尿，蛾的背脉管两侧有隐约不清的灰褐色双线。

（四）发病规律

柞蚕幼虫期发生空胴病，重的会死亡，轻的可以作茧化蛹，病原菌从蚕的中肠转移到蛹的中肠，因蛹的中肠液呈中性，故柞蚕链球菌不能增殖，只能潜伏在蛹的中肠中越冬。越冬后，在化蛾过程中，柞蚕链球菌便穿过肠壁进入蛾的血液，随血液循环扩散到各种组织中。蛾的血液或脂肪体等组织中的柞蚕链球菌不增殖，只有当卵巢管长成的时候，又因卵巢管内呈碱性，这时柞蚕链球菌才会在卵巢管的内壁上开始增殖，同时黏附在卵面上。蚕卵孵化时，蚁蚕通过咬食卵壳便把病原菌食入体内，传染给下一代。由于蚁蚕对病原菌的抵抗能力特别弱，所以蚁蚕被感染后，眠起就开始发病死亡。柞蚕发生空胴病后，在其排泄物及吐出的胃液中也存在一定量的柞蚕链球菌，受污染的柞叶被健蚕食下而被感染。如果发病期间遇上连阴雨，或小蚕放养过密，相互交叉传染概率就会更大。另外，柞园中有一种麻蝇，专在病蚕肛门外产卵，麻蝇的这种活动可以把病原菌传播到柞叶上，健蚕食下后也会被传染。研究证明，病蚕尸体及病蚕排泄的蚕粪中携带的柞蚕链球菌可以在柞园中越冬，具有传染给下一代的致病力。同时，柞蚕链球菌可以寄生感染多种柞园中的昆虫，这些昆虫的排泄物也能引起健康蚕感染发病。柞蚕链球菌是一种弱致病菌，蚕被感染后，如果能精心管理，精工饲养，良叶饱食，加上温度、湿度条件适宜，就会减少或降低健蚕发病；反之，如果蚕卵低温下抑制时间过长，蚕期环境条件恶劣，或放养技术不科学，操作管理粗放，即使感染少量病原菌，也会引起蚕病大量暴发。

（五）防治措施

（1）选用上代没有发病或发病较轻的种茧制种。尽量选用一代杂交种。

（2）适当晚出蛾、早收蚁，缩短低温控制种卵的保护时间。卵期应注意补湿，防止过于干燥，影响蚕卵的孵化率。

（3）严格目选和镜检，选留健蛾，淘汰病弱蛾，提高种卵的质量。

（4）严格卵面消毒。先用0.5%氢氧化钠搓洗1 min，去掉卵面上的黏液腺，再用清水冲洗卵面上的碱液，然后用10%盐酸或5%硫酸浸泡10 min，温度保持在18～20 ℃，达到规定时间后用清水反复漂洗数次晾干。另外，用3%盐酸甲醛混合液消毒也能有效杀灭病原菌。

（5）加强蚕期管理。小蚕选用1～2年生柞树放养，适当稀放，及时剪移，防止窜枝跑坡，发现病蚕及时深埋处理。

二、柞蚕细菌中毒性软化病

柞蚕细菌中毒性软化病是柞蚕软化病中的一种，是由细菌寄生而引起蚕中毒死亡的一种病害。该病害多发生于辽宁、吉林、黑龙江、内蒙古等二化一放地区，但近年来在河南蚕区也有此病发生。尤其是稚蚕期遇低温和阴雨天气，该病发生概率较大。

（一）病症及病变

该病害由于其病源与其他几种软化病不同，病症及病变的表现也有差异，按食下毒素量的多少导致发病快慢也不相同，可分为急性和亚急性症状两种。

1. 病症

（1）急性症状。表现为蚕突然停止食叶，蚕体刚毛尖端呈波状，体躯痉挛扭曲，腹足和尾足丧失抓握力，蚕体从柞叶表面上滑落，有的以胸足抱着柞枝倒挂在叶缘。病蚕尸体紧缩而挺直，颜色不变，胸节稍有伸长，体皮不溃烂，带有芳香味。

（2）亚急性病症。表现为蚕食欲减退，刚毛弯曲，尖端逐渐呈波状断缺，多数爬在无叶的光枝顶端，胸部松弛。卧伏不动，体皮松软，节间膜失去伸缩弹性，体色稍淡，病情继续加重，则头胸仰起，出现痉挛性摆动，口吐白色透明的胶状黏液，尾部上翘，排泄褐色黏液稀粪，部分稀粪粘在肛门处，有明显的脱肛现象。胸部略显膨大，落地而死，死后尸体收缩，经 2~3 d，体色逐渐变黄，胸腹交界处呈淡褐色或黑褐色，不溃烂，无腥臭味。

2. 病变 蚕体内的脂肪体、血淋巴、气管、神经等组织基本正常，脂肪体少且薄，丝腺较小，中肠外形有结节现象。急性发作时，中肠壁溃烂，溃烂部分变成无色胶状物呈半透明，中肠内食物尚未排尽，大部分呈红褐色，常在中肠的末端有穿孔，肛门部有较软或硬的粪块。亚急性病变在中肠贲门瓣处膨大部分内充塞着透明的块状凝胶物，有的在幽门瓣处也有少量凝胶状物存在，多数中肠空而无物，围食膜溃烂，失去原有的节间和色泽，结肠部分也有淡褐色黏液，死后肿胀部肠壁遭破坏，破坏处外皮呈褐色。

（二）病原

柞蚕细菌中毒性软化病的病原为苏云金杆菌蜡螟变种，营养细胞呈杆状，为 0.9 μm×（1.1~1.2）μm，另一端形成伴孢晶体，培养温度为 30~37 ℃。最适 pH 值为 7.0~7.6，但在 pH 值为 8.6~9.0 时也可生长。生化及血清学检测结果表明属苏云金杆菌蜡螟变种。

1. 形态及生理特征 营养细胞呈杆状，两端钝圆，宽度在 0.9 μm 以上，通常以 2、4、6 个连成短链。芽孢次极端椭圆形，芽孢囊不膨胀，游离的芽孢大小为 0.9 μm×（1.1~1.2）μm，另一端形成伴孢晶体。晶体用 1/10 复红稀释液染色呈菱形，大小为（1.1~2.2）μm×（2.2~4.0）μm；葡萄糖斜面培养基培养的菌用吕氏亚甲蓝染色着色不均匀，用苏丹黑染色在菌体内有黑色颗粒，革兰氏染色呈阳性。培养温度为 30~37 ℃，最适 pH 值为

7.0~7.6，但在 pH 值为 8.6~9 时也可生长。在谷氨酸钠、马铃薯、麦芽糖、卵黄及营养琼脂斜面上培养不形成色素，24 h 后出现游离晶体。

2. 生化及血清学反应　按照 Debarjac H 等的分类检索，对 12 个生化项目进行检测的结果表明，除菌膜一项有波动外，其余各项指标均符合苏云金杆菌蜡螟变种。血清学鉴定结果，H 抗原与苏云金杆菌蜡螟变种 H 抗原完全相同，其血清型为 Has-5b，属苏云金杆菌蜡螟变种。

（三）传染规律

研究结果表明：菌液中晶体毒素在致病中起重要作用，即晶体毒素是导致蚕中毒的根源。晶体毒素含有硫链和氢链，不溶于水而溶于碱液，蚕的中肠液呈碱性，当蚕食下伴孢晶体后，晶体在中肠碱性消化液的作用下，伴孢晶体被溶解释放出包含的毒素，部分毒素侵入消化管的上皮组织细胞，刺激细胞，引起异常分泌，失去原有机能，肠内食物不能进行正常消化和吸收，故有时形成硬块。另一部分毒素经中肠壁吸收进入血淋巴，随血淋巴循环侵入中枢神经并引起神经中毒，促使背血管急速搏动，使神经所控制的各个器官处于麻痹状态而失去控制，蚕中毒后很快就会死亡。随着中肠组织细胞的破损及肠内细菌和肠道中的内含物渗入体腔，引起血淋巴 pH 值增高，导致全身瘫痪，丧失抓握力，直接落地而死。细菌中毒性软化病的传染途径主要是食下传染。病原菌广泛分布于土壤、水、空气中，尤其是柞园内的病蚕尸体，患病轻的蛹、蛾、鸟类和鼠类的粪便等携带有病原菌，食下后均能引起中毒症状。

（四）防治措施

1. 卵面消毒　采取 3% 甲醛浸卵 30 min（药液温度 23~25 ℃）或盐酸、甲醛和水混合溶液（1∶1∶10）浸卵 30 min，均能起到消毒效果。

2. 叶面消毒 采用氯霉素400倍液直接喷洒柞叶或用黄芩及白头翁浸出液喷洒叶面。

3. 柞园环境消毒 柞园地面及周围环境用石灰乳20%或含有效氯1%的漂白粉澄清液消毒，可有效杀灭病原物。

4. 加强饲养管理 消灭柞园内的鸟、鼠、虫害，严格选蛾，勤剪移，精工细养，良叶饱食，随时挑出病、弱、晚批蚕。

5. 选好营茧场所 选用上代无病或发病轻的柞园养蚕，营茧场地宜选用4~5年生柞树；发现患病蚕时，及时把整批蚕移至阳坡的柞芽上，可减缓病情；尽量选用上代未发病柞园营茧。

三、柞蚕败血病

柞蚕败血病是由细菌侵入蚕体血液中大量繁殖，是蚕体内部器官组织逐渐解离液化。柞蚕表现出全身性症状，即为败血病。根据病菌侵入体腔的途径可分为两种，一种为原发性，病菌直接从蚕的体壁伤口侵入血淋巴内而引起发病；另一种为继发性，病菌在蚕的消化管内繁殖，在蚕正常发育的条件下不能引起发病，而当蚕的抵抗力减弱或肠壁细胞有慢性病菌寄生时，败血病菌便穿过肠壁进入血淋巴内与其他病并发。

（一）病症

1. 蚕的病症 败血病是由细菌侵入蚕体血淋巴内而引起的一种病害。柞蚕感染病原后，在25℃温度中2 d左右死亡。病蚕初期行动不活泼，食欲逐渐减退，最终停食。多数病蚕口吐胃液，排不成形蚕粪（包括链珠粪和稀粪），腹中空虚，体躯收缩而后膨胀，腹足、尾足失去抓握力，易掉枝落地而死。有的病蚕头尾翘起，向背部弯曲，呈倒“V”形悬挂在柞枝上，皮肤显现不定位的褐色小点，同时发生抽搐现象，病势进一步发展加重，柞蚕迅速毙命，内容物液化；有的病蚕食欲减退，躯体逐渐瘦弱，皮肤生皱纹，失去伸缩性，数日后死于眠中或蜕皮之际。个别病蚕发病缓慢，病蚕尸体色泽随菌株而异，如尸体呈黄褐色、黑褐色或红色。病蚕尸体腐烂时散发出腥臭气味。

2. 蛹的病症　感病的蚕蛹从外观上看不出明显的症状，只能从头部颅顶板看出病程的变化。当颅顶板由白色变为褐色时，就表明蚕蛹的生命已经结束。蚕蛹被细菌寄生后，血液逐渐混浊，内部组织逐渐破裂腐烂，流出体液，有腥臭气味。病蛹内容物色泽也随菌株而异。

3. 蛾（成虫）的病症　病蛾精神萎靡不振，行动不活泼，腹部松弛柔软，多静伏在蚕筐底部，不交尾或交尾慢，易开对，早期染病的蚕蛾产卵粒数少或不产卵，死后蛾腹部很快变成红褐色或黑褐色。病蛾鳞毛易脱落，翅足易折断，尸体腐烂变质散发出腥臭气味。

（二）病原

柞蚕败血病的病原主要是细菌。引起柞蚕败血病的细菌种类较多，常见的有蜡质芽孢杆菌、灵菌和短杆菌3种。

1. 蜡质芽孢杆菌　蜡质芽孢杆菌是一种能形成芽孢的大杆状菌，在繁殖过程中芽孢阶段对外界的抵抗力最强，在自然界里常以芽孢状态存在。芽孢为椭圆形，在23～30 ℃条件下，蚕血淋巴内的芽孢逐渐膨大，芽孢的光亮逐渐减弱，经过2～3 h就膨大到极度，在显微镜下观察可见到芽孢，此后膨大的芽孢渐渐伸长，从芽孢的一端发芽，再经1～2 h，发芽的菌体呈杆状并生鞭毛，开始运动并分裂繁殖，再经过8～10 h，便停止分裂，菌体由长变粗变短，在菌体的中间部分形成芽孢。

2. 灵菌　灵菌也称赛氏杆菌，是一种短杆菌，菌体呈卵圆形，周边生有鞭毛，能运动，革兰阴性菌，在不良环境条件下不形成芽孢，能形成椭圆形孢子，能产生红色的灵菌素，菌落玫瑰红色、半透明，病蚕尸体呈红色。

3. 短杆菌　短杆菌菌体很短，菌落为灰白色，有鞭毛，能运动，多数菌体两两相连，菌体为小杆状。

（三）传染规律

1. 经口传染 败血病菌可通过食下进入蚕的消化管内，在蚕体健康的情况下不易引起发病，当蚕的抵抗力减弱或肠壁细胞因病受损时，败血病菌通过肠壁进入血淋巴引起败血病的发生。将3种细菌的稀释液进行卵面接菌，小蚕发病率3.1%～10.8%，对照3.9%；经蚕添食区发病率为7.2%～8.0%，对照为7.2%。结果说明这3种败血病菌对卵面接种和蚁蚕添食致病力没有明显差异。

2. 创伤传染 败血病是由创伤感染细菌而引起的病害。随着伤口的愈合，发病率逐渐下降。在生产过程中使柞蚕创伤的机会很多，如孵卵盒盛卵过多、摊得过厚；出蚕时拥挤，可使大量蚁蚕相互抓伤，易引起传染；大蚕期移蚕时操作粗放或装筐撒蚕等技术处理不当，病原菌都会通过伤口侵入引起该病的发生；制种时茧串挂得太密，出蛾时蚕蛾互相抓伤，病原菌会通过蚕蛾的伤口侵入造成该病的发生。将孵化出来的蚁蚕放在带有3种病菌的滤纸上爬行，使蚁蚕腹足黏附一定的病原菌，然后放在一起互相抓伤后进行集中放养，1龄期发病率达40%～70%，对照区只有3%左右，实验证明创伤传染是败血病的主要传染途径。

（四）防治措施

根据败血病经由创伤传染的特点，主要防治措施如下：一是发蛾制种时应做到及时捉蛾、晾蛾，防止蚕蛾相互抓伤。二是及时收蚁，采取边出蚕边收蚁，可防止相互抓伤感染败血病。三是剪移时应做到带小枝，要轻拿轻放，装筐不能太紧，防止因剪移造成的创伤。另外要妥善处理病死蚕，深埋或放入消毒缸中消毒，以防病原菌传播和扩散。

第三节　柞蚕微粒子病

柞蚕微粒子病，俗称锈病、黑渣病，是由原虫寄生而引起的慢性传染病。该病能造成柞蚕茧减产、歉收或绝收。据调查，一般年份发病率为15%～30%，严重的年份可达70%左右，是柞蚕生产中为害较为严重的病害之一。在河南、山东、辽宁等柞蚕产区均有发生，对柞蚕种茧繁育和丝茧生产都造成了不同程度的影响。

一、病症

柞蚕微粒子病在柞蚕的各个变态期都有发生。蚕、蛹、蛾的病症比较明显，唯独病卵的病症不易鉴别和认定。

（一）蚕的病症

通常患病柞蚕表现为食欲不振，行动迟缓，发育不良，迟眠迟起，体皮多皱，失去固有色泽，腹足、尾足抓握力弱，病势继续进展，病蚕体色变淡，易被风吹落，不能进入三眠，胚种传染的小蚕到3龄期慢慢死亡。3龄以后，病蚕体皮上逐渐显现不规则的褐色小渣点。特别是在气门线上下，渣点更为多见。蚕群发育参差不齐，小蚕群集性差，随着龄期的增加，蚕体大小差别越来越大，病蚕体瘦毛长，群众称之为“锈墩子”。个别5龄蚕，在其背脉管两侧，出现淡红色线条。蚕体两侧气门线以下、前胸背部小斑点更为集中，这些斑点可随眠起蜕皮时一起脱掉，但不久又在新体皮上出现。患病重的蚕往往出现刚毛脱落、半截毛或黑根毛现象。患病轻者可以营茧化蛹，羽化成蛾产卵。患病稍重者有的吐平板丝，有的不吐丝，化为裸蛹。病蚕刚毛常卷曲或脱落，一般病蚕多死于蚕期，后期感染的病蚕多死于蛹期，个别轻病蚕能够化蛹化蛾，把蚕病胚种传染到子代。

（二）蛹的病症

轻病蛹，肉眼不易识别。病势加重，蛹皮失去固有色泽，腹部环节萎缩，无弹力。病蛹的颅顶板变成灰色，环节间膜有黑褐色渣点。撕开蛹皮透视，可看到病蛹血淋巴液的黏稠度低，蛹胃形态不正，脂肪松懈，且有黄褐色或黑褐色渣点。

（三）蛾的病症

轻病蛾，外观上无明显症状。重病蛾，精神萎靡不振，蛾翅稀薄而卷曲，鳞毛易脱落。翅脉细而弱，多为卷翅蛾，腹部背脉管呈黄褐色。从环节膜透视内部组织，可看到气管、脂肪组织着生很多黑褐色渣点。一般病蛾血液混浊，尿液为褐色或灰褐色，节间膜不清晰，失去光泽，有密集的褐色渣点，背血管两侧有隐约不清的红褐色双线。蛾腹小，卵量少，交尾能力差。

（四）卵的病症

一般病蛾产卵量少，病卵无明显病症，重病卵胶液黏着力差，叠卵多，不受精卵多，蚕卵孵化率低，孵化不齐。

二、病原

柞蚕微粒子病的病原是微孢子原虫。微孢子原虫的生活周期分游走体、静止体和孢子 3 个阶段。从微孢子极管中脱出的具有双核的原生质（也称芽体），吸收蚕体营养进行分裂增殖，并能做变形虫的运动，故称为游走体。游走体呈圆形或卵圆形，直径 1~1.5 μm。游走体进入蚕体内的组织细胞，在细胞内继续分裂增殖，处于这一阶段的微粒子原虫，因表面形成一层薄膜而失去运动能力，故又称为静止体。静止体在分裂期呈椭圆形或纺锤形，大小为 2 μm，分裂前可达 5~6 μm，静止体发育成熟变为孢子。微孢子呈卵形或椭圆形，表面有微皱，在孢子的一端有较深的凹陷，柞蚕微孢子的大小平均为 3.3 μm×1.77 μm。孢子比重大于水，折光性强，在显微镜下呈淡绿色。柞蚕微孢子的内部结构由被壳、原生质、极管（极丝）和核等部分组成。

三、病变

微粒子原虫在蚕体各组织细胞内繁殖、分泌蛋白酶、液化细胞质，然后借渗透作用吸收营养，在细胞内不产生毒素，所以致病作用弱，病程较长。由于微粒子原虫侵入消化管、血细胞、肌肉、脂肪、马氏管、气管、丝腺、生殖器官及体壁等各种组织寄生，因不同组织的差异而产生不同的病变。

1. 蚕期病变　患病蚕多在消化管、体壁、丝腺、肌肉组织、脂肪组织等发生明显病变。

（1）消化管。消化管被微粒子原虫寄生后，孢子在管内发芽，侵入消化管的上皮细胞后在其中分裂增殖，使细胞显著膨大，消化管出现斑点或黑色的病斑。微粒子原虫继续增殖，细胞膨大呈乳白色突出腔管，消化管功能减退，最后破裂，孢子逸散，随粪便排出。表现为食欲不振，蚕体瘦小，发育缓慢，群体中大小不一，参差不齐等。

（2）体壁。微粒子原虫侵入蚕的体壁组织细胞后，使真皮细胞形成空洞，肿胀而破裂。在此期间受到血液中颗粒细胞的包围形成褐色斑，这些褐色斑被新生的真皮细胞填补覆盖，形成一个囊状物，所以在蚕体外表可以看出许多褐色的小渣点，形似胡椒面状。

（3）丝腺。丝腺变化明显。因为丝腺各部细胞都能被寄生，寄生后细胞膨大突出，形成乳白色脓包状的斑块，有的病变细胞与正常细胞相互交杂，相间排列成鞭节状，肉眼很易观察。丝腺被寄生后失去了分泌绢丝物质的能力，因此重病的微粒子蚕不能结茧或仅结薄皮茧。

（4）肌肉组织。寄生于肌肉组织细胞的裂殖子沿着肌纤维的方向寄生，组织内的肌质大部分被融化形成空洞，所以仅有一些离散的肌核与肌鞘。肌肉附近的结缔组织同样受到破坏，肌肉失去了原有的收缩性。因此病蚕的行动迟缓，表现为精神不振，卧伏呆滞，抓握力弱易落地。病蚕体躯瘦小、萎缩，体皮松弛无弹性。

（5）脂肪组织。脂肪、马氏管、生殖细胞、神经、气管等组织细胞被微粒子原虫寄生后，细胞肿大隆起，呈乳白色或淡黄色。脂肪组织间出现联络松弛，甚至破裂溃烂，致使血液混浊。生殖细胞（卵巢外膜、卵母外膜、滋养细胞、睾丸外膜、精母细胞）被微粒子原虫寄生是造成胚种传染的根源。马氏管被寄生后，细胞肿胀，并引起尿酸的排泄障碍。

2. 蛹期病变　微粒子病蛹的病变较为明显，蚕蛹的中肠细胞被微粒子原虫寄生，失去了消化和吸收功能。到化蛹时，消化管中的内容物排泄不畅。故在蚕蛹中肠仍残留较多无法正常消化、吸收的粗糙内容物。因此，蚕蛹中肠收缩性减退，外形不正，中肠壁变黄变脆，并且上面分布有密集的小渣点。蛹体肌肉组织被寄生后，细胞肿胀呈乳白色隆起，细胞质液化，肌肉纤维逐渐溶解而失去收缩性。蛹体其他组织细胞被寄生后，细胞遭到最终破坏，被破坏的细胞残留物和微粒子孢子均流入血液中，使蚕蛹的血液变成混浊状。血细胞被寄生后，导致血细胞破裂溃烂，孢子悬浮于血液中，致使血液变混浊，黏度下降，血液颜色变暗。

3. 蛾期病变　蛾期血细胞和脂肪细胞的病变与蛹期的病变相同。背血管两侧的围心细胞能够吸收血液中的颗粒杂质，悬浮在血液中的孢子和溃烂细胞的残余物，被围心细胞吸收后积累在背血管的两侧，当积累到一定量时，背血管两侧就显现出隐约不清的黄褐色双线。形成鳞毛的毛原细胞被微粒子原虫寄生后，裂殖子在毛原细胞中增殖，当该细胞形成鳞毛时，裂殖子与孢子随之转移到鳞毛基部，造成细胞营养受阻，导致病蛾鳞毛稀少、短小、毛色不新鲜亮丽，并且容易折断脱落。雌蛾卵巢内的卵原细胞被微粒子原虫寄生后，当卵原细胞分化成卵母细胞和滋养细胞时，病原体也随之转移到卵母细胞和滋养细胞内寄生，从而影响卵粒形成。所以病蛾腹部逐步萎缩变小，卵粒数少，叠卵多。雄蛾的精子细胞被寄生后，不能发育成健全的精子，交配后容易形成不受精卵。

四、传染规律

（一）传染源

患病的卵、蚕、蛹、蛾体内存在着大量微孢子原虫，病蚕、病蛾的排泄物（如蚕粪、蛾尿等）和脱离物（如蜕皮、蛹壳、蚕蛾的鳞毛和卵壳）等都含有数量较大的病原。柞蚕的分泌物、排泄物和脱离物直接对柞园周边环境或制种场所造成严重的污染，这些是潜在的最危险的传染源。其次，野外患病昆虫和害鸟排泄的粪便，也能将微粒子病传染给柞蚕。柞蚕微粒子病的传染途径主要有2种，即胚种传染和食下传染。其中以胚种传染对柞蚕生产为害最大。

（二）传染途径

柞蚕微粒子病的传染途径主要有经口（食下）传染、胚种（母体）传染。经口传染是胚种传染的基础，胚种传染又为经口传染提供足够的病原。

（1）经口传染。经口传染是由于蚕食下被微孢子虫污染的卵壳或柞树叶而引起的传染，也称食下传染。

1）卵表面传染。孢子可以通过4种途径沾染到卵面上：一是患病雌蛾产卵时，卵管膜上孢子附着在卵表面而又消毒不严格、不彻底。二是未经消毒或消毒不彻底的保卵室或暖卵室残存的微孢子虫借助尘埃落到消毒后的卵面。三是盛放净卵及用于收蚁的用具沾染上孢子，可直接黏附于消毒后的卵面。四是保卵室及周围环境中有微孢子虫，通过养蚕操作将孢子携带到卵面。这些传染途径可通过彻底消毒蚕室、蚕具及周围环境，尤其是出蚕前彻底严格的卵面消毒来切断，从而防止病原的感染。

2）叶面传染。微孢子虫可以通过 3 种途径扩散到柞树叶上：一是养蚕发病的柞园残留的病蚕排泄物、脱离物及尸体或粪便，其中的孢子可随尘土落到柞树叶上。二是患病昆虫排泄物、脱离物及尸体中的孢子沾染到柞树叶上，有些捕食性昆虫如蠡斯、螳螂、步行甲、蚂蚁、蜘蛛或为害蚕的鸟类、鼠类等，在取食活动中将孢子携带扩散到柞树叶上。三是春蚕摘茧后遗留下来的茧羽化出的病蛾，产卵后孵化的蚕及其排泄物、脱离物中的孢子等都是新鲜孢子，对蚕的传染力、致病力极强，不仅在养蚕期间扩散传播，而且成为下一代的传染源。

（2）胚种传染。胚种传染是由雌蛾卵巢内发育中的卵感染到微孢子虫而引起的传染，也称经卵巢传染，是该病的主要传染途径。

微孢子虫侵入卵巢寄生于卵原细胞内，当卵原细胞分化为卵母细胞和滋养细胞时，卵原细胞内的微孢子虫转移到卵母细胞和滋养细胞内。如果微孢子虫在卵母细胞内寄生繁殖，可使其细胞质被破坏，细胞核萎缩，不能正常发育形成胚胎而成为未受精卵或死卵；如果微孢子虫寄生在滋养细胞内，卵的生理机能维持正常，能正常受精形成胚胎，即发生了经卵巢传染的情况。经卵巢传染又因微孢子虫侵入的时期不同，可分为胚胎发生期和胚胎成长期感染 2 个时期。

1）胚胎发生期感染。卵是由 1 个卵细胞发育而来，多个滋养细胞提供营养。在蚕卵发育过程中，滋养细胞为卵细胞提供营养，促使蚕卵正常发育，自身却逐渐缩小消失，寄生在滋养细胞内的微孢子虫在滋养细胞向卵细胞输送营养时便随细胞质流出来靠近卵细胞，卵核和精核结合后开始发育的时候，有部分原虫转移到胚胎内。通常胚胎不能继续发育成为死胚，个别可孵化出蚕。

2）胚胎成长期感染。胚胎形成时本身并未感染微孢子虫，病原只在卵黄中存在。胚胎发育初期通过体表的渗透作用吸收营养，这时卵黄中的微孢子虫不能进入胚胎内，胚胎发育至翻转期后，体内的组织器官已经形成，胚胎开始由第 2 环节背部的脐孔吸收营养，卵黄中的微孢子虫可随之进入胚胎消化管内。孢子借消化液作用发芽放出孢原质，寄生各组织细胞，这样的卵孵化出蚁蚕成为经卵巢传染的个体，这是微孢子虫通过胚种传代的主要方式。同一雌蛾所产的卵，并不都带有微孢子虫。微孢子虫可侵染雄蛾的睾丸、精原细胞、精母细胞及精囊，精母细胞被寄生后不能发育为正常精子，成熟精子不能被寄生。微孢子虫可以随精液进入雌蛾受精囊，但不能通过卵孔或其他途径进入卵内，不会造成经卵传染。

五、发病规律

柞蚕微粒子病的发生与病原数量、蚕体的发育状况及病原和蚕体所处的环境条件有密切关系，是三者相互作用的结果。

（一）孢子数量

柞蚕感染孢子数量多，发病快，死亡率高。1 龄柞蚕感染1～10 个孢子，一般在 4 龄期发病，发病率 20%～75%。感染 10 个孢子，则 3 龄期开始发病，发病率 94.8%，大多数在幼虫期死亡。实践证明，未养过蚕或历年发病轻的柞园，孢子数量少，感染轻，蚕发病率低，反之则发病率高。

（二）柞蚕品种及发育龄期

柞蚕不同品种对微粒子病的免疫力不同，882、海青、黄安东、宽青、抗病 2 号等二化性青黄系统的品种抵抗力较强，白蚕、33、39 等一化性黄蚕系统品种抵抗较弱。同一品种发育的不同龄期或同一龄期的不同发育阶段对微粒子病的抵抗力也不相同，小蚕期抗病力弱，大蚕抗病力强。眠起和将眠蚕抗病力弱，盛食期抗病力强。

（三）环境条件

温度过高、过低都不同程度地降低蚕体抵抗力，小蚕期低温（5 ℃以下）、大蚕期高温（30 ℃以上）尤为明显。高温多湿条件下易发生微粒子病，因此有“潮生锈”之说。该病在年均气温较低的我国东北蚕区发病轻，山东、河南等蚕区发病重。养蚕密度大、叶质差、饥饿等不良条件的影响也会降低蚕的抵抗力，蚕容易感染发病。

（四）蚕种含微孢子虫数量

患微粒子病较重的雌蛾产下的卵可全部被感染，病轻的雌蛾产的卵感病程度不同。制种过程中漏检、漏淘汰等使种卵不同程度地带有微孢子虫，种卵含病原数量多，蚕发病重。种卵中混入的微孢子虫病卵所孵出的蚁蚕大多数是微粒子病蚕，其蜕皮、消化液及排出的蚕粪中，从 1 龄起就能检测到微孢子虫，造成对1~2龄期健康蚕的传染，即为第 1 期感染；第 1 期感染的蚕发育到 2 龄以后，蜕皮、消化液、粪中开始出现孢子，对 3 龄以后的蚕具有较强的传染性，即第 2 期感染；第 2 期感染的蚕能够正常营茧、羽化，产下病卵将微粒子病传到下一代。这是柞蚕微粒子病胚种传染的主要方式。

（五）其他昆虫与柞蚕交叉感染

柞园中与柞蚕能交叉感染微粒子病的野外昆虫发生量和患病率与柞蚕微粒子病发病率呈正相关，患微粒子病昆虫种类多、发生量大、患病率高，柞蚕微粒子病就越重。随着栎粉舟蛾数量的逐年增加，柞蚕微粒子病发病率也逐年升高，种茧合格率逐年下降。

六、检测

柞蚕微粒子病是重要的检疫性病害，有效检测是防控微粒子病的关键环节。

1. 外部病症鉴别　柞蚕良种繁育中，主要通过制种生产环节中目选及镜检雌蛾和养蚕过程中的选蚕来淘汰患病个体和群体。制种拆对后按病症目选雌蛾，选择健康雌蛾继代，淘汰患病蛾卵；幼虫期依群体表现淘汰感病蛾区或个体，5 龄期通过个体外部病症观察、淘汰患病个体。

2. 光学显微镜检测　用光学显微镜检测患有微粒子病个体中的微孢子虫，这是确诊该病的有效方法。在光学显微镜 600~640 倍的视野下可观察到椭圆形折光性很强的淡绿色孢子，孢子相对密度大于水，一般沉在标本底层，左右小角度翻转做不规则的布朗摆动。

卵和蚁蚕可整体取样，大蚕可取中肠或血淋巴，蛹、蛾可取腹部背面脂肪体或整体。在所取标本中加入水、1%氢氧化钾或1%氢氧化钠，并用研钵研碎或匀浆机粉碎后制成临时标本进行检查。样本经匀浆机捣碎、过滤和离心（3 000 r/ min）浓缩后可提高检出率。柞蚕发育过程中，蛾体内的孢子容易检出，卵中的孢子不易检出。显微镜检查样本时，经常会出现真菌孢子、花粉或盐的结晶等在形态上与孢子类似的物体，可借助酸处理或染色的方法加以区别。如样本中加入碘液后，花粉呈紫色，加入30%盐酸或硝酸，27 ℃放置 10 min，微粒子虫孢子变形消失，真菌孢子因细胞壁纤维能抵抗酸的腐蚀而保持原来形态。

3. 血清学检测方法　李健明（1988 年）运用玻片凝集法和SPA 法对柞蚕微孢子虫进行检测，发现其制备的柞蚕微孢子虫孢子抗血清只对同源微孢子虫产生特异性凝聚反应，而对其他微孢子虫无特异反应。唐啸尘等（1999 年）制备得到了柞蚕微孢子虫单克隆抗体，并结合间接免疫胶体金银染色法（IGSS）分别对6种微孢子虫进行了检测，发现柞蚕微孢子虫在显微镜下呈褐色，明显区别于包括家蚕微孢子虫在内的其他5种微孢子虫。

4. 胶体金免疫层析技术 胶体金免疫层析技术（黄金检测试纸测）是以免疫胶体金技术为基础、结合层析分析技术建立起来的一种快速免疫学检测技术，因其快速、安全、低成本等特点在病害诊断领域中得到迅速推广。

5. 分子诊断技术 邓真华等（2010年）采用斑迹抽提法提取柞蚕微孢子虫基因组DNA，选用已报道的微孢子虫属的16S rRNA基因的保守序列设计2对引物P1/P2和N1/N2进行PCR扩增，2对引物均可有效地检测出柞蚕微孢子虫DNA。应用PCR技术可有效检测出感染柞蚕幼虫、蛾中的柞蚕微孢子虫。

七、防治措施

柞蚕微粒子病是通过胚种传染的一种蚕病，也有经口传染的途径，发病后很难治愈，只有采取综合防治措施，才能控制该病的发生。

1. 严格目选，认真镜检 制种生产上要按照选蛾的标准进行严格的目选。要选留蛾翅展开、蛾体饱满、活泼健壮、腹部环节间膜清晰、无赤褐色渣点、尿液清白的母蛾。坚决淘汰蛾翅薄而卷曲、鳞毛脱落不全、背脉管发黑发暗、尿液灰褐色、腹部环节间膜不清、内有赤褐色小渣点的母蛾。在严格目选的基础上，采用600~800倍的普通光学显微镜进行认真的镜检，做到不漏检、不误判。当天检出的微粒子病蛾，连同其卵袋彻底淘汰并销毁，这是杜绝母体传染，从源头上预防微粒子病发生及蔓延的一项有效措施。

2. 严格执行良种操作规程，切实做好种茧分区饲养工作 一是微粒子病毒超标的种茧坚决不穿挂，并且做到不座级制种，应尽量选择无毒或符合国家规定标准的合格种茧制种；二是对合格区内的不良种茧要进行严格的选除；三是分区繁育，分区管理。种茧、丝茧要严格区分，不能混育，丝茧绝对不能座级留种。

3. 分批放养，精心管理　一是要认真做好选蚕、拔蚕和分批放养工作。坚持大蚕与小蚕分开，不能集中混育，淘汰迟眠迟起蚕及弱小蚕，早、中、晚批蚕要合理调节。可以通过选场、选芽的方式进行科学调节，促使蚕群整体发育齐一，适当减轻分批饲育的劳动强度，做到省工省力。二是要做好稚蚕期发育迟缓、体色不正的迟眠蚕预知检查，发现有微粒子病的蛾区应坚决淘汰或降为普通的丝茧育，不做种茧使用。

4. 合理掌握食叶程度　撒蚕时要适当撒稀，确保蚕食上部新鲜适熟柞叶，不食下面的泥叶或劣质叶，严防食下感染带毒叶。

5. 严格淘汰病死蚕　小蚕放养时应及时退去敖枝，淘汰迟眠迟起病蚕、渣子蚕和弱小蚕。发现有微粒子病死蚕时，不要随地乱丢、乱放，要及时连枝带叶剪除，集中用火烧掉或挖坑深埋。

6. 加强蚕期饲养管理，提高蚕体抗病力　尽量选用营养丰富的优质柞叶进行饲养。收蚁时，选用适熟偏嫩完全伸展的柞叶；2~3 龄选用白栎柞叶喂养；4~5 龄选用营养适中的老梢或火芽喂养；茧场选用 3~5 年老梢。从而促使蚕良叶饱食，活泼健壮，发育整齐，增强蚕体抗病力、抗逆力。

7. 严格卵面消毒，合理保护种茧　制种期要严格进行卵面消毒，防止消毒后再感染病原。保卵、收蚁做到“四无毒”，即卵面无毒、保卵用具无毒、保卵室和收蚁场所无毒、养蚕农户操作时手脚不带毒。种茧保管期间要给予合理的温度、湿度调节，注意通风换气，防止种茧伤热受潮。

8. 选用良种，推广普及一代杂交种 养蚕要选择适应本地放养，而且稳产、高产、优质的良种，不宜购买不合格、粗制滥造的蚕种，尤其是“无三证”非法经营个体制种厂家生产的不合格蚕种。这些商家制种条件简陋，消毒防病不彻底，制种全靠目选，没有严格镜检把关，所生产的蚕种质量不能得到安全有效保证。丝茧生产用种最好采用一代杂交种养蚕，这是预防柞蚕微粒子病发生，实现蚕业增效、蚕农增收和河南省柞蚕业可持续发展的重要物质基础。

第四节 柞蚕白僵病

柞蚕白僵病是由真菌引起的一种传染病，柞蚕受白僵菌寄生死亡后，尸体硬化变白，故称为硬化病或白僵病。柞蚕于野外放养，由于真菌受温度和湿度条件的影响，柞蚕白僵病的发生率很低。可是近年来，随着农林害虫生物防治工作的开展和夏秋高温多湿天气的出现，河南省秋柞蚕生产中也出现白僵病发生相对较多的现象。为保证正常生产的安全，在今后利用生物制剂防治农林害虫时应尽量减少白僵菌粉等生物药剂的滥施乱用，做好柞蚕安全防护工作，有效地降低白僵病发生的概率。

一、病原

柞蚕白僵病的病原是白僵菌，是一种真菌，菌体呈丝状。菌丝可分营养菌丝和气生菌丝两种。营养菌丝无色透明，初期呈短棒状，随发育而延长分枝，菌体有隔膜，宽 2 μm 左右。营养菌丝发育到一定程度，穿透柞蚕体壁生出气生菌丝。气生菌丝着生孢子梗，在孢子梗上着生分生孢子。孢子白色，呈球形，直径 2~3 μm，多数孢子堆积在一起而呈白粉状。

二、病症

（一）蚕的病症

小蚕期感染白僵菌后，食欲逐渐减退，随着病情加重，最后完全停食，由于小蚕体表面积大，体内水分容易散发，小蚕尸体迅速僵化，随后体表生出气生菌丝。大蚕期感染白僵病后，初期表现不明显，病势加重时，行动呆滞，食欲不振，在体壁上出现不规则的黑褐色斑点，气门线上下较多。初死时病蚕尸体柔软，体色呈现微红色，继而尸体僵化变硬，先从口部和气门处长出白色菌丝，随后白僵菌菌丝和白粉状孢子逐渐增多遍布蚕体，形成僵蚕。

（二）蛹的病症

柞蚕在前蛹期或蛹期发病死亡的，尸体收缩硬化，尸体布满白色菌丝和孢子，形成白僵蛹，用手摇动蛹茧，发出清脆的响声，俗称为“响茧”。

三、病变

白僵菌侵入蚕体后，在血淋巴中不断生长、增殖，并随血淋巴循环遍布蚕体脂肪体、肌肉、消化器官等组织内，使组织器官发生一系列变化。白僵菌争夺蚕体的养分和水分，造成蚕体营养和水分缺失，并对组织细胞产生机械破坏作用，使蚕体组织细胞萎缩、解体、破碎；白僵菌在蚕体内产生一些代谢物质，破坏蚕体内环境，影响蚕体正常生理活动，特别是白僵菌毒素对蚕体的毒害作用，加速蚕的死亡。

1. 上皮组织病变　白僵菌孢子萌发后长出芽管，芽管侵入蚕体表皮，进而穿透真皮细胞膜进入细胞内，争夺细胞内养分和水分，造成细胞死亡，以致局部组织崩溃离解。由于蚕体的防御反应，真皮组织内侧血细胞堆积，表皮肥厚，并在表皮内形成黑色素沉积，蚕表皮出现暗褐色的针状斑点。病蚕死亡后，菌丝开始营腐生生活，在适宜的温度下，营养菌丝长出体壁，并产生分生孢子，体壁上布满粉状分生孢子。

2. 血淋巴病变 白僵菌菌丝侵入蚕体腔后，在血淋巴和血淋巴浸润的组织中生长，以分裂和增殖的方式大量繁殖。初期，由于蚕体血细胞的防御反应，大量的血细胞将菌丝包围形成团囊，但白僵菌依靠自身分泌的毒素抑制血细胞对菌丝的防御作用。当菌丝侵入血细胞后，细胞质和细胞核被破坏出现空泡，着色力差，细胞死亡溃烂，大量细胞碎片混在血淋巴中。同时，白僵病大量繁殖使血淋巴中充满菌丝体，血淋巴变混浊，黏滞性增大。白僵菌生长过程中产生很多代谢物（如淡红色素和草酸等有机酸）并结晶析出，使血淋巴酸化，pH 值下降。菌丝生长吸收水分，使血淋巴浓缩、比重增大，这些病理变化破坏了蚕体血细胞功能，阻碍了血淋巴循环。

3. 脂肪体组织病变 脂肪体是白僵菌寄生的主要场所，菌丝最初沿着脂肪体细胞膜在细胞间隙生长，接着侵入细胞内吸取养分，不断生长，并以芽殖的方式大量繁殖，造成脂肪体细胞内容物被耗尽而死亡，脂肪体萎缩、解体。幼虫体内脂肪体被破坏后，蜕皮受阻不能发育变态。成虫的脂肪体被破坏，将抑制性细胞的分化形成，繁殖力下降，产卵量减少，甚至不产卵或所产的卵孵化率较低。

4. 肌肉组织病变 白僵菌菌丝侵入蚕体内肌肉组织纵横贯穿生长，破坏肌肉细胞质和细胞核，使蚕失去对运动器官的控制而出现瘫痪状态。

5. 消化器官病变 进入消化管内的白僵菌菌丝先侵入中肠上皮组织，沿着细胞膜生长，菌丝进入细胞内时，破坏细胞质和细胞核使上皮细胞与肌肉分离，最后崩溃离解，菌丝便进入蚕体腔内进行生长繁殖。菌丝也可侵入唾液腺细胞内生长发育，当菌丝进入腺腔内时，腺体萎缩，染色时着色力差，最后使整个腺体离解。

6. 马氏管病变　蚕体腔内的白僵菌菌丝沿着马氏管生长并侵入管腔细胞内，破坏其细胞质及细胞核，再行侵入管腔内生长发育。在马氏管管腔内繁殖的菌丝一般比在其他组织内增殖的菌丝粗大。

7. 神经组织病变　白僵菌侵入蚕体血腔后，经一段时间的寄生繁殖，在蚕体濒于死亡之际，菌丝也可侵入到脑、咽下神经节及腹神经索破坏神经细胞，使神经传导失调，蚕体表现出迟钝，对外界的刺激反应不敏感。

8. 气管组织病变　白僵菌的营养菌丝侵入到气管部位，先沿着气管生长，而后穿破气管上皮细胞膜进入气管上皮细胞内寄生，吸收细胞养分和水分，破坏细胞结构。进入气管腔内的菌丝沿着管腔生长阻塞管腔，阻碍蚕的呼吸。菌丝从气门侵入并在气管内生长，同时侵入气管上皮细胞，由于蚕体呼吸作用受阻，组织细胞供氧不足，加速蚕体死亡。

四、传染规律

柞蚕白僵病传染途径主要是经体壁接触传染，其次是创伤传染。白僵菌的分生孢子落在蚕体后，在 25 ℃ 和相对湿度 90% 以上的条件下发出芽管，分泌几丁质酶、蛋白酶、酯酶，分解蚕的体壁，并借助芽管的机械压力侵入蚕体内，在血淋巴中形成有分枝、有隔膜的营养菌丝，不断吸收营养，再产生短菌丝，短菌丝脱落在血淋巴中，发育成新的营养菌丝。在大量繁殖的同时，白僵菌还产生白僵菌毒素、红色素、草酸钙结晶等代谢物，对蚕体具有毒害等作用，影响蚕体正常生理机能。

五、发病规律

覆盖于白僵病蚕体上的分生孢子极易脱落，随风飞散。白僵菌分生孢子在室外日光照射不到的地方或土中可生存 5 个月至 1 年。10 ℃以下低温中，能生存 3 年。-20 ℃的低温中可生存数年之久。直射日光（32~33 ℃）下，5 h 便可失去致病力。白僵菌对消毒药剂的抵抗力比曲霉菌弱，1%~3%甲醛溶液浸渍 10 min，或 0.2%有效氯漂白粉溶液浸渍 5 min，或 0.1%升汞溶液浸渍 2 min，或 70%乙醇浸渍 1 min 均能使其灭活。温暖潮湿的环境利于白僵菌孢子萌发和菌体生长，所以雨水多的年份发病重；柞树密集、低洼、窝风、郁闭度大时发病重；小蚕保护育因饲育密度大，如消毒不彻底，也易发生白僵病。

六、防治措施

1. 彻底消毒，预防病害发生　春蚕小蚕期多采用室内保护育，养蚕前要对蚕室、蚕具、蚕卵及周围环境进行严格消毒，消灭病原，防止发病。可用含有效氯 1%的漂白粉液或防僵灵 2 号 1 000 倍液喷洒，也可用甲醛或毒消散熏蒸消毒。

2. 控制饲育环境条件，认真做好良叶饱食　春蚕小蚕期多采用合成袋或塑料大棚土坑保护育，饲育过程中注意袋内或棚内湿度不可过大，要及时打开袋口或揭开大棚两端通风排湿，或在袋内或棚内放适量新鲜石灰粉等干燥材料，注意不喂湿叶。在收蚁和眠起时可用防僵粉对蚕体进行严格消毒防病。勤除沙，防止袋内或棚内湿度过大。除沙后要注意对地面、用具等进行消毒。蚕沙要集中妥善处理，饲育人员要注意卫生，避免携带传播病原物。

3. 清理柞园，改善柞园环境条件　高温多湿是白僵菌分生孢子发芽的必要条件，要清理好柞园，使之通风透光，改善饲育环境条件。

4. 处理好白僵病蚕、蛹、蛾，防止病原菌扩散传播　养蚕过程中发现有白僵病发生时，每天应用灭僵灵或漂白粉等进行蚕体、蚕座消毒2次，直至不见白僵病发生为止。将病死蚕放入消毒缸集中处理，严防扩散。除沙动作要轻，防止白僵菌孢子飞扬。此外，蚕具要经常在日光下暴晒或用药液消毒，以杀灭白僵菌孢子。勤洗手、勤换鞋，防止接触传染。

5. 治理柞园害虫，防止交叉传染　控制好野外昆虫的虫口密度，防止野外昆虫传播白僵病，防止患病的害虫及其尸体、排泄物等附在柞叶上而传染给健康蚕。柞园附近严格控制使用白僵菌微生物农药，避免感染柞蚕而导致柞蚕蚕病发生。

第五节　柞蚕中毒症

中毒症是由于某些有毒物质漂浮于柞园柞叶上或直接接触于蚕体，破坏蚕体正常生理机能而引起的一种非传染性蚕病。能引起蚕中毒的污染物种类较多，常见的有农药、工厂废气和煤气等。蚕中毒，轻者减产、减收，重者全部死亡，所以说中毒症对柞蚕生产影响较大。由于现代工业废气大量排放，林场、农田、果园及柞园病虫害的生物防治等，对大气环境造成不同程度的污染。在饲养期间，引发蚕中毒的情况时有发生，环境污染已成为制约柞蚕生产的重要原因之一。据调查统计，春柞蚕放养有近5%~10%的蚕户出现蚕中毒情况。近年来河南省林业害虫飞防直接引发重点养蚕区域大面积农药中毒事件，造成春柞蚕茧大幅度减产绝收，部分农户甚至出现蚕全部中毒死亡的情况，损失极为惨重，大大挫伤了蚕农养蚕的积极性。现将柞蚕农药中毒原因进行如下科学分析，并归纳总结出行之有效的预防措施加以防范。

一、中毒污染物的来源

（一）工厂排放废气

工厂排放物污染柞树叶经蚕食下引起中毒，工厂废气中的有毒物质如烟尘、硫的氧化物、氮的氧化物、氟化物及重金属粉末等。柞蚕在山上放养，中毒情况较少，若柞园附近有砖瓦厂、玻璃厂、化肥厂、石油化工厂等就容易因排放废气造成蚕中毒。

（二）农田、果园、柞园病虫害药物喷施

随着农业结构调整步伐加大，种植结构已发生显著变化，农、林、果产业协调推进，呈现多元化发展格局。在河南省部分蚕区，已出现柞蚕、林、果、农作物齐头并进，协同发展布局。在喷施农药时，受强风气流影响，农药雾滴极易漂浮到柞园柞叶上，污染柞叶而导致蚕期蚕的中毒。柞园在防治虫害时因不恰当使用长效性杀虫剂防治柞叶害虫，若蚕在残效期内食用柞叶，很容易引起中毒。

（三）林业部门微生物飞防

随着先进生物技术在林业飞防上的推广应用，尤其是运用微生物防治林业虫害，目前在林业防治上已得到大面积普及，防治效果很好。但因该微生物农药毒性强，残留期长，并通过强风对流天气给春柞蚕生产安全带来了极大的隐患。若在喷施时恰逢春蚕小蚕期，再加上大风天气，又在蚕区附近，极易造成小蚕大面积中毒。

二、中毒污染物对柞蚕的影响

（一）工厂废气中毒

这些有毒气体通过叶肉气孔侵入柞叶组织，重者使柞叶生产不良，轻者柞叶外表看不出受害，但蚕食下含氟量高的柞叶，即发生中毒症状，食下被严重污染的柞叶后，开始行动不活泼，不

久排软粪，吐肠液而死。死后尸体为黑褐色，略软化，腹部较硬，渐渐干燥，腐烂的较少。食下污染较轻的柞叶后食欲减退，发育不良，体躯瘦小，体色呈锈色。有的身着环状黑斑，呈现不眠蚕、软化蚕、半蜕皮蚕症状，而后渐渐死亡。

（二）农药中毒

农药中毒的主要原因是蚕食下被农药污染的柞叶，或通过其他途径将农药带到放养春柞蚕的场所，而药液气味通过皮肤或者气门侵入蚕体。在农业生产上使用的农药种类繁多，但根据其有效成分划分，对柞蚕生产为害较重的有以下几种：

1. 植物性杀虫剂中毒 植物性杀虫剂主要有烟草和鱼藤精。烟草中含有的烟碱是对蚕有害的一种毒素，主要作用于蚕的神经系统，使蚕的神经麻痹而死亡。蚕烟草中毒后，食叶突然停止，头胸昂起，左右摆动，吐出茶褐色肠液，死后尸体呈黑褐色，腐烂无恶臭。鱼藤精的主要成分是鱼藤酮，对蚕有触杀和胃毒作用。中毒蚕不乱爬动，很少吐出胃液，胸部不膨大，体躯也不缩短，腹足失去抓握力，侧倒蚕座，体直柔软，仅背脉管血液微动，呈假死状态，不久死亡。

2. 有机磷农药中毒 常用的有机磷农药有敌敌畏、乐果、敌百虫和甲胺磷等，中毒表现为拒食、向四周乱爬、头部收缩、胸部膨大、痉挛、脱肛、大量吐液、排粗长粪或红色污液。

3. 有机氮农药中毒 有机氮农药主要有杀虫双、杀虫脒等。蚕杀虫脒中毒表现为拒食、兴奋、向四周爬行、吐浮丝饥饿而死；杀虫双中毒表现为拒食或少食，中毒时停食不动、体软、伸展如常，经2~3 d饥饿呈空头状而死。

4. 拟除虫菊酯类农药 菊酯类农药常见的有溴氰菊酯、胺菊酯、甲醚等。蚕体接触农药后表现为头胸膨胀、尾部缩小、头尾向背部弯曲严重、肢足无力、翻滚、身体扭曲，最后大量吐胃液，脱肛而死。

三、防治措施

（一）工厂废气中毒的预防

新建柞园和养蚕区应远离有氟化物污染的工厂，一般两者相距应在 2 km 以上；工厂附近的柞园要掌握当地天气、风向变化，合理布局养蚕用叶，尽量做到小蚕期和各龄期蚕不食用废气污染的有害柞叶。发现废气中毒，立即改用良叶，加强饲养管理，防止继续中毒。用叶前 3 d 在叶面上喷 1%石灰水，可以增强柞树抗废气的能力，并减轻毒害的作用。

（二）农药中毒的预防

1. 正确喷施农药 在柞蚕生产上要严格选用对病虫害毒力强而对柞蚕影响小、残效期短的药物，严格按照农药使用浓度和剂量，做到均匀喷施，合理安排柞园防治病虫害的施药时间，喷药时要使用专用喷雾器，残效期过后，要先少量给叶试喂，无中毒症状后方可大批撒蚕食叶。

2. 合理规划养蚕布局 近年来，随着林场、果园、农田虫害防治次数的增加，施药品种不断花样翻新，蚕中毒事故不断发生。因此，要合理布局养蚕最佳适期，尽量避开林业飞防和大田农经作物施药高峰，确保柞蚕放养期间蚕座安全。

3. 喷施单位与蚕业部门及时沟通，做好防范应对措施 喷施单位在喷洒农药前应主动与蚕业主管部门联系，提前告知林业飞防或农田治虫的具体时间、地点。蚕业主管部门在重点养蚕区域设立明显区域坐标，与喷施区域保持安全距离，然后采取应对保护措施，尽量把飞防引起的蚕中毒降到最低限度，避免因风向引发药液雾点污染柞叶造成蚕大面积中毒的恶性事件发生。

（三）柞蚕发生农药中毒后的处理

1. 切断毒源 若污染源来自柞叶、蚕具，应立即用新鲜石灰粉撒于柞墩蚕座上，使蚕体与蚕座隔离，然后置冷水浸泡 5~

10 min 后捞出，摊于清洁柞墩中，置凉爽通风处，待其苏醒后添食新鲜无毒柞叶。若毒源来自环境及其他污染，应立即转移到安全无毒源的柞墩上放养，并对蚕进行冷水处理，通风、换喂新鲜柞叶。

2. 解毒处理 针对有机磷农药中毒，可添食硫酸阿托品，每 2 mL 加水 0.5 kg 喷洒 5 kg 柞叶 2~3 次；针对有机氮杀虫双中毒，可添食盐酸肾上腺素；针对污染的柞叶，及时转移蚕到安全柞墩上喂养清洁的柞叶。

3. 精心饲养 中毒发生后，要根据蚕中毒程度及时进行分批处理，做到稀放饲养，良叶饱食；并适当喷施葡萄糖水等营养物质以增强蚕的体质；喂养适熟柞叶，加强蚕期管理，尽量减少蚕中毒造成的损失，最大限度夺取柞蚕茧稳产丰收。

第六节 柞蚕蚕病的综合防治

柞蚕蚕病发生及蔓延的原因是多方面的，也是错综复杂的，既有病原体的感染、蚕体生理状况和环境条件等单方面的因素，又有两种或多种情况综合作用引发的因素。所以，在生产过程中采用单一的防治措施来达到预防蚕病发生的效果是不够的，必须从杜绝或减少病原物的存在、改善饲育的环境条件、增强蚕体体质和提高蚕体抗病力等多方面入手，在各个放养地区将各种防治方法和养蚕生产管理结合起来，进行全方位综合防治。只有这样，才能收到预期的防治效果。要以预防为主，结合综合防治的方法，积极做好蚕病的防控工作，遏制蚕病的发生和蔓延，把蚕病消灭在萌芽状态，才能夺取柞蚕生产优质稳产高产。

一、彻底消灭病原，预防蚕病传染

养蚕生产中为害最严重的是传染性蚕病，它们的发生是病原微生物感染的结果。病原物在自然界中分布很广，传染源多数存活时间长，致病力很强，所以彻底消毒、消灭病原在整个综合防治中是一项重要环节。

1. 蚕室、蚕具、柞园消毒 蚕室、蚕具、柞园是病原菌潜伏存在的场所，也是病原菌扩散传染的源头。特别是蚕种场和多年养蚕的柞园积累的病原菌更多，扩大传染概率最大。所以在制种前对制种室、保卵室、蚕具等都要进行严格消毒，用3%的福尔马林液或毒消散（5 g/ m^2），或1%有效氯漂白粉，或2%石灰粉澄清液喷洒消毒，能够起到很好的消毒效果。

2. 控制传染源，防止病原物扩散传播及蔓延

（1）蚕期发现各种病蚕及尸体等要及时收集并挖坑深埋，烧掉或放到消毒缸内杀毒。

（2）摘茧时，把好茧和血茧分别放置，血茧不要带回保种室，运回保种室的好茧中发现血茧要及时剔除，严格淘汰。

（3）制种时，要加强对病、弱蛾的管理，把淘汰的病、弱蛾全部装入废蛾桶。剪掉的蛾翅不要乱扔，随时烧掉。微粒子病蛾淘汰后，要集中深埋。以防微粒子病的传播蔓延。

（4）坚决淘汰病蛾卵，杜绝微粒子病的胚种传染。目前我们采用化学和物理的方法，还不能杀死卵内的孢子，所以只有用淘汰微粒子病蛾卵的方法来防止微粒子病的母体传染。方法：一是适当多穿挂一定数量的种茧，用肉眼鉴别方法目选淘汰一些带毒病蛾。二是单蛾产卵，逐蛾镜检，淘汰带毒的蛾卵并全部焚毁处理。

3. 切实做好卵面消毒工作 刚孵化的蚁蚕有咬食卵壳的特性，卵面上若感染病原微生物，就容易造成蚕食下传染，引起整个群体发病。因此，卵面消毒是预防蚕病感染患病的一项重要环节。卵面消毒常见的方法有三种：一是用 3%甲醛液卵面消毒。二是先用 0.5%~1%的氢氧化钠浴卵，再用 10%的盐酸消毒。三是用盐酸、甲醛混合液进行卵面消毒。

二、选用优良品种，增强蚕的体质

蚕种质量是关系到蚕体抗病力强弱的重要因素。选用抗逆力、抗病力强，优质高产的柞蚕品种，选用优良的柞蚕杂交种，是夺取柞蚕茧丰收的基础。在生产上要根据当地的气候特点和蚕期管养水平选用本地适宜的品种，对于稳定蚕茧收成，提高养蚕效益和增加蚕农养蚕收入意义重大。

1. 选用优良品种　不同的柞蚕品种或同一个品种的个体之间，对病害的抵抗力差异较大。谢秉全等（1984 年）研究发现，河南省现行的柞蚕品种“33”“39”及“河 41”的抵抗力就有明显差异。“33”“39”2 个品种抗病力强，“河 41”品种的抗病力相对较差。河南省蚕业科学研究院于 1987 年进行卵面添毒实验，发现“39”的 LD_{50}是 $10^{-0.699}$，每头蚁蚕食下 12 500 个核型多角体，3 龄饷食时，供试蚕死去 1/2，而“河 41”的 LD_{50}是 $10^{-1.54}$，即每头蚁蚕食下 1 800 个多角体，3 龄饷食时供试蚕死去 1/2，从而可知柞蚕品种抗病力差异显著。同一实验也可以看出品种内个体差异明显。在饲养中，要严格选蚕、选茧、淘汰有病和体弱的个体，实现蚕种质量的提升。

2. 丝茧生产应大力推广应用一代杂交种　一代杂交种比纯种抗病力强，而且容易饲养。柞蚕一代杂交种能避免纯种的生长劣势（生命力弱、抗逆力差、发病率高、产茧量低）等缺点，表现出优于亲本的杂交优势。丝茧生产采用一代杂交种，其增产效果比较显著，一般增幅可达 15%~20%。沈阳农业大学柞蚕杂交组合评选实验结果表明，大部分杂交组合的蚕发病率都明显低于纯种，所以丝茧生产采用一代杂交种，不仅品种抗逆力、抗病力强，而且高产、稳产、经济效益显著。

三、认真做好蛹期、卵期的保护

蚕体强健性是由遗传、生理、病理、发育阶段和环境条件等诸因素相互作用、相互影响的结果。不同发育阶段对环境条件的要求也有差异。只有在满足其生理需求的条件下来保护，才能增强其健康程度。优良的品种在蛹期和卵期保护不当，不仅影响蚕蛹和蚕卵的正常生理代谢，导致体质虚弱，降低对蚕病的抵抗力，而且极易导致蚕期蚕病暴发。所以做好蛹期、卵期的安全保护工作，也是预防蚕病发生的一项重要措施。

1. 蛹期保护 柞蚕蛹是幼虫期到成虫期的变态过程，是体内幼虫组织器官分化和成虫器官形成的关键时期。蚕蛹保护时间，一化性蚕蛹要经过约 240 d。在蚕蛹的越冬期间，经低温解除滞育后，对温度变化比较敏感。冬天保种温度应控制在 0~10 ℃。室内自然温即可，一般无须加温，相对湿度 50%~60%即可。保种和暖茧期间，种茧不要堆积过厚，以 3~4 粒为宜，注意通风换气。种茧要平摊在茧床上或蚕匾内，防止堆积过厚。暖茧时种茧及时穿挂，切勿摊大堆，造成蚕蛹伤热。暖茧期蛹体内变化剧烈，体内营养物质代谢快，蛹体和环境间热和水分的交换主要由气体交换来实现。所以暖茧时除了注意调节温度、湿度外，还要及时打开门窗，通风换气，保持室内空气流通，防止天气闷热，影响蛹体发育。

2. 卵期保护 卵期是蚕卵从胚胎发育至蚁蚕形成的阶段。卵内处于胚胎发育阶段，代谢比较旺盛，与环境间的热、水分和气体交流剧烈，若温度、湿度和通风条件不良，将对胚胎发育不利，所以要加强卵期管理。春蚕卵期室温保持 21~23 ℃，相对湿度 75%~80%。若温度高、湿度大，蚕卵胚子发育加快，体内能量消耗过大，营养得不到补充，将影响蚕卵胚胎发育，小蚕期的抗病力就会显著降低。若温度低、湿度小，则蚕卵胚子发育缓慢，孵化率低，孵化不齐，蚁蚕瘦小，易诱发蚕病，蚕期遗失率就会相应增加。

四、选择适宜柞园，加强蚕期管理

幼虫期是柞蚕 4 个变态中唯一取食柞叶的阶段。柞蚕生命活动所需营养物质积累均来自蚕期。蚕期的营养状况不仅影响蚕的体质，而且也影响蚕蛹和蚕卵质量。蚕的营养物质积累直接与饲料、生活环境（柞园的温度、湿度、气流、光照）等生态条件密切相关。但是柞蚕在不同发育阶段，对饲料和生态条件的要求也有差异。因此在柞蚕的不同发育阶段，选择不同柞园的饲料，对于增强蚕的体质、提高蚕茧产量和促进柞蚕生产健康发展作用很大。

1. 小蚕采用室内或室外大棚土坑保护育　无论是室内保护育还是室外保护育，由于饲养的蚕体、蚕座可以进行彻底消毒，同时温度、湿度也可以进行人为调节，饲料又能进行灵活选择，能够做到柞叶适熟柔嫩一致，蚕体发育齐一，良叶饱食，蚕足苗旺。

2. 根据柞蚕不同发育阶段，选择适宜柞园　可根据不同的要求选择适宜的柞园。如小蚕期需要含蛋白质多、碳水化合物和水分适量的柞叶，并且喜欢温暖向阳环境，尽可能选择 2~3 年生的柞树，背风向阳的东南或南向柞园。大蚕食叶量大，需要富含碳水化合物、适量蛋白质和水分的柞叶，并且喜欢凉爽的环境，所以尽量选择一年生的柞树，东向或北向上部通风的柞园。

3. 掌握适当稀放，及时匀移转场　柞蚕放养都应掌握适当稀放，达到良叶饱食，如果蚕撒得过密，来不及匀蚕和剪移，易造成部分蚕饥饿而滑枝跑坡，从而诱发蚕病。眠移掌握不当，会因柞叶被大部分食光而出现眠光枝、眠光墩现象，容易导致眠蚕被太阳光直射，诱发蚕病发生。所以要加强蚕期科学管理，及时匀蚕和移蚕，做到良叶饱食，增强蚕的健康体质，减少或避免蚕病扩散蔓延。

第七节　消毒与防病

一、柞蚕的消毒

（一）消毒的概念

消毒是通过采用化学药剂或物理方法对为害柞蚕的细菌、病毒等病原微生物进行有效消灭的方法。一般有 4 种方法。

1. 杀菌　杀死细菌、病毒等病原物。

2. 灭菌　将所有病原物全部杀灭，也包括芽孢之类顽强的病原。

3. 消毒　仅对柞蚕有害的微生物进行消灭，并非杀死所有细菌、病毒之类的病原物。如蚕室消毒时，就是杀灭几种与蚕病有关的细菌与病毒。蚕室、蚕具的消毒主要是杀灭其残存致病微生物，使病原物失去致病力。

4. 防腐　添加一些使细菌、真菌不增殖的药剂，主要是用于食品饲料，防止腐败。如柞蚕的人工饲料添加的山梨酸即是防腐剂，防止人工饲料在贮藏过程中腐败变质。

（二）消毒的方法

1. 物理消毒法　利用物理原理来杀死病原体，包括火烧消毒、日光消毒、紫外线消毒及加热消毒等方法。

2. 化学消毒法　即用化学药剂进行的消毒方法，有液体消毒药剂、粉末消毒剂和气体消毒剂等。

3. 物理化学综合消毒法 即利用物理和化学双重消毒方法进行灭杀，其灭杀效果尤为显著。

（三）消毒药物的杀菌作用

1. 消毒液的主要作用机制

（1）菌体壁的破坏，使菌体外壁破裂，菌内容物泄出，菌体死亡。

（2）菌体蛋白的变性，菌体主要成分是蛋白质，消毒液可起化学作用，使菌体内的流动蛋白质凝固变性，破坏菌体正常生理代谢而死亡。

（3）遮蔽菌体表面、阻碍呼吸。

这些作用比较简单，破坏性强，见效及时。

2. 消毒药物与细菌的接触 稀释后的消毒液粒子在溶液中无目的地来回做布朗运动，当粒子和细菌接触时，就产生了上述破坏菌体内部组织的作用。消毒液的浓度越大，水中消毒粒子的数量就越多，增加了同细菌碰撞接触的机会，从而杀灭细菌就越多，杀菌效果就越强。在消毒药液中浸渍的时间长，延伸了同细菌碰撞的机会，有效地提高了杀菌的效果。

3. 利用静电引力的表面活性剂 表面活性剂具有正电的阳离子，而细菌菌体表面都带负电，带正电的表面活性粒子可被带有负电的细菌体所吸引。所以在使用表面活性剂时，消毒粒子由于静电引力的作用，可以积极向细菌体接触、碰撞。因此，稀浓度的表面活性剂就具有很强的杀菌能力。

4. 细菌对消毒药的抵抗力 消毒药剂对于各种细菌并不都具有同样的杀菌能力，有的细菌对消毒药剂的抵抗力强，有的细菌对消毒药剂的抵抗力弱。这种抵抗力表现出的差异，与细菌的体壁有关。体壁厚抗受力强的细菌，受消毒粒子碰撞并不会立即死亡；而体壁薄抗受力弱的细菌，一接触粒子碰撞就会马上死亡。所以消毒药剂的杀菌效力会因病原菌不同而有差异。

5. 影响消毒效果的因素及消毒中应注意的事项

（1）影响消毒效果的因素。在实际消毒过程中，病原体往往伴有有机物（生物的排泄物和尸体），因此对消毒效力产生了下面几种影响作用：①病原体的隐蔽导致消毒效果不彻底。在一小块排泄物或尸体中能隐藏着几万个至十几万个病原体，消毒粒子是无法全部进入的。②有机物对消毒粒子的吸附减弱了消毒效果。大块的有机体好似巨大的海绵，吸附着大量消毒粒子，这样就造成消毒液中自由活动的粒子数减少（浓度稀），结果导致消毒效力的降低。③由于 pH 值的变化致使消毒药剂活性化作用不能发挥，从而导致效力下降。

（2）消毒应注意的事项。①应选择杀菌力、杀毒力强及受有机物、pH 值影响小且催化活力不降低的消毒药剂。②应用科学有效的方法进行严格彻底的消毒，同时还要做好以下 3 个方面：一是除去被消毒物体上面的污垢；二是利用合适消毒药剂洗涤；三是使用足够量标准消毒液，达到预期消毒目的。

二、化学消毒法

化学消毒是应用某些化学药剂作用于病原微生物，造成病原微生物原生质变性，从而失去活力，起到杀毒作用。酶类失去活力也就等于失去致病力，从而达到防病的效果。在柞蚕生产中被广泛应用并有显著效果的药物主要有漂白粉、福尔马林、毒消散、石灰、盐酸、烟雾剂等。

1. 漂白粉

（1）成分与性质。漂白粉是一种白色粉末，有一种强烈的刺激性气味。它的化学名称是次氯酸钙 $Ca(ClO)_2$，有效氯含量是 25%~30%，主要腐蚀金属、纤维，有漂白的作用。溶液呈碱性，药效不稳定，不耐长期贮藏，容易吸收水分及二氧化碳后而潮解失效。因此，药品必须装在密闭的容器里，贮放在冷暗、干燥的地方。

（2）作用及原理。漂白粉溶解于水而形成次氯酸，再离解为次氯酸根离子，由于次氯酸根不稳定，可以进一步分解释放出初生态氧及氯气，初生态氧具有很强的氧化作用，使病原微生物的蛋白质变性、凝固而失去致病力。氯气本身就有杀菌作用，因此漂白粉的质量和消毒效果取决于次氯酸根的含量。习惯上用“有效氯”来表示次氯酸中氯含量占药剂的百分率。目前市售的漂白粉有效氯含量为25%~30%。

（3）消毒对象。漂白粉对柞蚕脓病和微粒子病、软化病和白僵病的病原体都有强烈的杀灭作用。

（4）适用范围。漂白粉可用于制种、养蚕的房屋、用具和蚕卵的消毒。

（5）消毒标准。漂白粉浓度为含有效氯1%。药液量喷洒标准每100 m^2 需漂白粉澄清液23 kg。一般民房每间用药25~30 kg，在使用前3~4 d消毒。喷药后保持湿润30 min以上。

（6）药液配制。先测定漂白粉的有效氯含量，然后按下列公式计算加水倍数进行配制：

$$加水倍数=原液有效氯含量-1$$

如漂白粉有效氯含量25%，即1 kg漂白粉加24 kg水。调配时，先用少量水将漂白粉调成糊状，再将全部清水加足，充分搅拌，加盖静止1~2 h后，取澄清液消毒。

（7）消毒方法。可采用喷雾法全面喷洒消毒。如果用浸泡消毒时，则要经常更换药液，以保持稳定浓度。

（8）注意事项。①药液当天配当天用。②避免在日光下和强风处消毒。③漂白粉有腐蚀性和褪色作用，因此消毒前要将铁器、电器等金属品用塑料膜包好。漂白粉不宜用于针织化纤品消毒。

2. 福尔马林

(1) 成分和性质。福尔马林是甲醛的水溶液，甲醛在常温下是气体，有强烈的刺激性气味。温度越高，气体挥发性越大，对人的眼黏膜及上呼吸道有很强的刺激作用。福尔马林一般含甲醛为35%~40%（20 ℃时的相对密度为1.08~1.086），还混有少量甲醇、甲酸和丙酮等。呈弱酸性，比较稳定，可以长期贮存。但在高温或阳光下容易发生聚合反应，产生白色沉淀，杀菌力将会明显降低，遇此情况可加入少量碱性物质，如氢氧化钠、石灰等，有效解除聚合作用。

(2) 作用及原理。甲醛具有强烈的还原作用，是一种强还原剂，能透过细胞膜夺取病原体内的氧气，能将病原微生物原生质中的蛋白质凝固变性，失去代谢活力，从而起到杀菌消毒的作用。通常在生产上使用3%甲醛溶液进行蚕室、蚕具的消毒。

(3) 消毒对象和使用范围。福尔马林和漂白粉一样，消毒对象广泛，对大多数蚕病病原微生物都有强烈的杀灭作用，可用于制种室、保卵室、蚕室、蚕具等养蚕物资的消毒，也可应用于蚕种卵面的消毒，消毒效果与药液温度密切相关，消毒时室内加温到24 ℃以上，至少保持5 h。房屋喷药后，门窗封闭24 h后再开窗换气，1周后使用。

(4) 配制方法。用量杯或度量称等器具，按比例称量原液和清水混合摇匀即成。公式：

[原液浓度（%）-目的浓度（%）]÷目的浓度（%）=加水倍数

通过加入一定倍数的水便可配制成目的浓度为3%的消毒液。

(5) 消毒标准。每平方米稀释量标准是180 mL，要求喷药均匀细致。目前市场出售的福尔马林浓度规格很不一致，有高浓度为36%~40%的普通制品，有低浓度为28%~36%的工业用粗制品，还有的已聚合成棉絮状或黏糊状的精制品等。在实际生产应用时，常因原液配比时目的浓度掌握不准，而未达到消毒的预期目的。因此在配药前必须准确测量福尔马林原液的浓度，以便按需要的目的浓度对原液进行一定的稀释和配制。

3. 毒消散　毒消散是以固体聚甲醛为主要成分的固体制剂。

(1) 成分及性质。毒消散是聚甲醛与苯甲酸、水杨酸配制的混合物，为淡黄色的结晶状。聚甲醛的含量是60%，苯甲酸的含量为20%，水杨酸的含量为20%。加热时先液化，然后气化，散发出一种带有甲醛刺激气味的蒸气。所以毒消散是一种气体熏蒸杀菌剂。

(2) 作用及原理。甲醛蒸气的作用原理与福尔马林相同，聚甲醛、苯甲酸、水杨酸3种药剂都有杀菌作用，3种药剂混合配制后有高渗透、强力杀菌的特点。

(3) 消毒对象及使用范围。毒消散与福尔马林一样，消毒对象也很普遍。对大多数病原微生物都有强烈的杀灭作用，是制种室、保种室、蚕室及蚕用物资消毒的良好制剂。消毒需要在密闭环境下进行，熏蒸的效果又与室内温度有关，消毒时必须保持24 ℃以上的室温。毒消散对人、畜比较安全，对金属、蚕具、棉毛、纸张等均无药害，使用方便，可进行立体消毒，全面彻底，不留死角。杀毒后气味消除得快，门窗开放1 d蚕室气味便可除去。毒消散加温至120 ℃开始液化，即大量发烟，约经20 min，气化终止。如果加热的火力过大，容易燃烧，一旦燃烧则药效降低，影响消毒效果。

(4) 消毒标准。对密封较好的房屋，每立方米用量4 g；对密封性差的房屋，每立方米使用5 g。用具一同消毒时不必另加药量。消毒时室温升到24 ℃保持5 h以上，而后再封闭24 h。

(5) 消毒方法。室内及用具先用净水喷湿润，室内加温到24 ℃，将毒消散倒入铁锅内摊开，每只锅放药不超过0.25 kg，锅底用小火使其自行气化进行消毒。消毒密闭1昼夜后打开门窗，排放药味，待药味充分散发后方可使用。

(6) 注意事项。一是必须严格控制火源不能过大，以防药粉着火，燃烧失效。二是消毒封闭后，必须有专人值班看守，注意安全，以防火灾。三是房屋、用具一经消毒，不必再用水洗，以免再次感染。

4. 石灰

(1) 成分及性质。新鲜的生石灰主要成分是氧化钙（CaO），加水或吸水后粉碎成粉末状的消石灰（熟石灰），其成分为 $Ca(OH)_2$。石灰粉长期接触空气后吸收二氧化碳，逐渐生成碳酸钙（$CaCO_3$）而失去消毒作用。

(2) 作用及原理。石灰粉的消毒作用主要与氢氧化钙的性质有关。石灰粉在水中溶解形成 Ca^{2+} 及 OH^-，具有碱性，能直接作用于病原体的原生质，使蛋白质凝固变性而导致失活。氢氧化钙的水溶液俗称石灰水，过量的氢氧化钙与水混合成的乳状物称为石灰浆。石灰浆的消毒效力远比石灰水强。这是因为消石灰的溶解度小（0.2%），澄清的石灰水中的氢氧根离子含量较少，易于在消毒过程中耗尽而不能得到补充。而石灰浆则不同，溶解于水后的氢氧根离子消耗以后，可以由未溶解的氢氧化钙中继续离解而得到补充，消毒能力大大提高。因此应用石灰粉消毒时，必须随配随用，充分搅拌成悬浊的石灰浆再进行消毒。氢氧化钙中的 Ca^{2+}，可以直接影响病原体细胞膜的渗透性及环腺苷酸的生理代谢。

(3) 消毒对象及使用范围。新鲜石灰对柞蚕核型多角体病毒有强烈的灭毒作用。在柞蚕生产中，用于浸泡蚕具消毒、粉刷蚕室的墙壁、喷洒地面消毒等。

(4) 配制方法。先将生石灰块加水粉化，然后再取石灰粉加水配制成目的浓度的消毒液，一般在 100 kg 水中，加新鲜石灰粉 2 kg，即配制成 2%石灰浆消毒液。

（5）消毒标准。地面消毒用石灰乳消毒液进入地面 0.5～1 cm深，水泥地面、四壁和房顶等以全面喷湿为度。

（6）消毒方法。可用喷雾、泼洒、浸泡消毒。

（7）注意事项。①消毒时必须使用新鲜石灰粉配制。②喷雾消毒时要不断搅拌其混浊液。③随配随用，不可久放。

5. 盐酸

（1）成分及性质。盐酸是无色透明的液体，是一种强酸，具有酸类的一切特性，含有氯化氢 35%～37%，它与金属、碱类、盐类、棉布类接触就发生化学反应，对人的皮肤有刺激和腐蚀作用。盐酸中含有易挥发的氯化氢，挥发以后盐酸的浓度就降低了。因此贮存盐酸瓶口要密封严实，严防漏气而散失药效。

（2）消毒对象及使用范围。盐酸对柞蚕的细菌病、血液型脓病等病原微生物都有直接的灭杀作用。在柞蚕生产中常用于卵面消毒，实践应用的盐酸浓度为 10%，消毒时间是 10 min。辽宁省蚕业科研所研发的盐酸、甲醛混合液卵面消毒法，可有效杀死软化病病原菌和核型多角体病毒，效果非常显著。市场销售的盐酸是一种工业用盐酸，由于含有一定的杂质而呈淡黄色，工业用盐酸的原液浓度不准确，一般在 25%～30%，在使用前需用比重计准确测量原液浓度，然后再加水稀释配成所需要的目的浓度。

6. 烟雾剂　烟雾剂是熏烟杀菌剂的一种，由氯酸钾（$KClO_3$）35%、氯化铵（NH_4Cl）60%、碳粉 5%三种成分配合而成，对柞蚕核型多角体病毒、柞蚕细菌病、柞蚕微粒子病的病原都有杀毒作用。一般用于柞蚕纸面产卵的卵面消毒，其消毒效果与福尔马林大致相同。

三、物理消毒法

1. 火烧消毒法　火烧消毒法是利用引物或酒精火焰燃烧，达到完全消灭病原的目的。例如为了防止杂菌感染，每次取菌种用的接种环都要在酒精灯火焰上消毒。对镜检出的病毒蛾最直接的方法是把它焚烧掉，以防病原传播与扩散。

2. 加热消毒法 加热消毒分干热消毒和湿热消毒两种，干热消毒一般用250 ℃消毒，而湿热消毒温度为115~130 ℃。无论干热或是湿热，都是用高温达到消灭病原体的目的，高温能使病原体原生质中的蛋白质变性凝固而失去活力。湿热消毒通常有煮沸消毒和高压蒸气消毒两种，煮沸时间30~60 min。

3. 日光消毒法 日光消毒法是利用日光中紫外线的强力杀菌作用来进行消毒。紫外线可使病原微生物的核酸及蛋白质变性而致死。但是这种消毒只能消灭表面的病原物，而达不到全面消毒，故消毒不完善、不彻底，只能起到辅助消灭病原物的作用。

4. 紫外线消毒法 紫外线消毒法是利用紫外线杀菌灯在雨天、夜间或室内进行的人工紫外线消毒。仅有波长为240~280 nm的紫外线才有杀菌力。紫外线的消毒机制，是通过紫外线强力照射菌体，抑制菌体的增殖，阻碍核酸合成，使之成为变性的核酸，使菌体不能增殖而死亡。紫外线的照射距离同杀菌力有密切关系，用10 W的紫外线灯，照射距离5 cm时，5 min内可以完全杀菌；照射距离10 cm时，10 min有效；照射距离30 cm时，则需30~40 min才有效；照射距离100 cm时，即使照射12 h以上也无任何灭杀作用。

四、消毒的步骤

在柞蚕生产的各个阶段（暖茧、制种、孵卵、养蚕）开始前，对蚕室、蚕具进行严格的洗刷消毒，是预防蚕病发生的根本途径。消毒的步骤大致可以分为扫、洗、换、晒、消五步法。

1. 扫 将制种、孵卵、养蚕室的地面、屋顶、四壁彻底打扫干净，把垃圾运走，远离制种养蚕场所，防止病原扩散传染。

2. 洗 对制种、保卵、养蚕室及用具，先用清水冲洗干净，除去附着在地面和蚕具上的病原物，减少一定数量的存在，再使用20%的新鲜石灰浆喷洒消毒。

3. 换　对于农村用房病毒传染严重的地面可刮去3 cm厚表土，然后填换上一层新土。把旧土拉往远离制种的地方填埋。对于水泥地、砖铺地和木质架杆，应采用刮擦器具清理，将附着在上面被污染的残留斑迹清除掉，然后再用清水洗刷干净。

4. 晒　将洗刷干净的制种或养蚕用具利用日光暴晒的方法来灭毒。高温暴晒可凝固病原原生质，使其干燥后失去活性。日光多次暴晒，强烈的紫外线可起到有效杀灭病原的作用。

5. 消　利用化学药物进行消毒，可将养蚕用具放在室内一起进行消毒。

五、注意事项

1. 清扫要彻底　所用房屋、用具应洗刷干净彻底，不留死角，不留后患，达到整洁干净，一尘不染。

2. 配药要准确　严格按照原液浓度和用药标准，配药时要计算好加水数量，然后稀释配成目的浓度。若遇病毒多、消毒条件差的房屋，可提高消毒药液的浓度，适当增加药量。

3. 药液要配足　首先要准确计算消毒面积和体积，根据原液稀释比例和喷药要求配足药量，所配制消毒液宁多勿少。若循环使用消毒液，可适当增加一定的药量。

4. 消毒要严格　按消毒的技术操作规程，消毒时要做到药物喷洒均匀彻底，不留死角。喷洒后保持室温，封闭门窗24 h，达到有效消毒作用。

5. 严格进行消毒后管理　消毒后的房屋用具，在使用前要严格封存保管。人员不能随便进入房屋和使用用具，以免从外界携带病原造成蚕室、蚕具再次污染。

第十一章　柞蚕的敌害及其防治

柞蚕一直在野外放养，容易遭受外界虫、鸟、兽等敌害的侵袭。而柞蚕本身抵御各种敌害的能力又非常弱，因此采取有效的柞蚕保护措施是获取柞蚕丰收的重要保证。野外放养的柞蚕，其收蚁结茧率仅有 40%左右，制约了柞蚕茧的产量和效益。为害柞蚕的害虫、害鸟、害兽的种类较多，致使蚕期保苗工作繁重。在这些敌害中，以昆虫类为害最重，其次是鸟类和兽类，而其他动物为害相对较轻。因此，掌握柞蚕敌害的发生规律、生活习性、形态特征及防治方法，可最大限度地减轻对柞蚕生产的为害，并有的放矢地采取针对性防治措施，从而有效地夺取柞蚕茧的稳产丰收。

第一节　柞蚕的寄生性害虫

一、柞蚕饰腹寄蝇

柞蚕饰腹寄蝇的别名为柞蚕寄生蝇，俗称蛆蛟。在辽宁、吉林、河南和贵州等省均有发生，一般为害寄生率为 10%～30%，严重时可达 90%以上。

（一）成虫形态特征

雄蝇体长平均 12 mm，雌蝇体长平均 11 mm。体色墨黑，头部覆盖金黄色或淡黄色粉被，有丝绸光泽，胸背具有 5 条狭窄的黑色纵带，后足胫节背前方生梳状棕毛，雄蝇排列整齐，雌蝇则长短相间。腹部呈圆锥形，稍扁平，背面黑色，第 2~4 背片两侧及腹面为棕黄色，粉被为灰色或黄色。

（二）生活史

柞蚕饰腹寄蝇在河南省一年发生 3~4 代。第 1 代 4 月中旬开始羽化，从成虫到蛹共经 10 d 左右。第 2 代成虫 6 月下旬羽化，约经 10 d 化蛹。第 3 代成虫 8 月上旬羽化，经过 20 d 化蛹。第 4 代 10 月中旬羽化，约经过 60 d 化蛹，以蛹态在土中越冬。11 月羽化为成虫，但不能完成一个完整世代生活史。成虫一般在 6 时羽化，8~11 时为羽化高峰，阴天或雨天羽化较少，先期羽化雄蝇多、雌蝇少。成虫羽化后，需补充一定体力后才能交配，每天 10 时前后是交配高峰期。雌蝇寿命比雄蝇长，在自然条件下可存活 30 d 以上。

（三）寄生状态

柞蚕被蝇蛆寄生后，初期外表无明显症状。1 周后被寄生部位的蚕体呈淡蓝色斑点，有的开始变黄，刚毛开始卷曲。柞蚕发育到 5 龄初期，刚毛大多数脱落，瘤状突起变成黄色的秃顶，在气门处出现黑褐色斑点。但寄生蝇蛆数量少的柞蚕，到 5 龄中期或末期也不出现明显的特点或症状。

（四）发生规律

雌蝇产卵时，先落到食叶的柞蚕前面，距离柞蚕口器附近的地方产卵，产卵后立即飞走，每次产卵 1~2 粒，蝇卵连同柞叶一起被蚕食下，在胃肠中经肠液溶解后不久即可孵化。孵化的幼蛆会在肠内慢慢蠕动，穿过肠壁进入体腔，游走一段时间后，即钻入寄主毛原细胞内，不久便形成包囊。包囊壁透明，随着幼蛆的成长，包囊体积也不断增大。在柞蚕吐丝结茧时，幼蛆钻出包囊移至柞蚕气门附近寄生。幼蛆发育成熟，穿过柞蚕体壁，钻入泥土中化蛹。

（五）防治方法

防治柞蚕饰腹寄蝇为害的最好方法是用灭蚕蝇3号药剂浸蚕杀蛆，也可购买灭蚕蝇1号喷叶、喷蚕杀蛆，均可避免蝇蛆为害。

1. 灭蚕蝇3号浸蚕杀蛆

（1）浸蚕用具准备。用一只大缸盛上药液或在山坡上挖土坑，在土坑内铺垫塑料薄膜来代替大缸，竹筐若干，称量药液用的量杯1个，计时器1个。还要准备水桶、水瓢等小件用具。

（2）浸蚕适期。在大蚕5龄第4~8 d施药比较合适，浸渍时间为10 s，按照蚕体发育的早、中、晚批次，以早批蚕早施药、晚批蚕晚施药的原则进行安全、合理、有效操作。

（3）药液配制。取20%灭蚕蝇3号乳油，加清水配成800倍的稀释液。配制方法：称取20%灭蚕蝇3号药液100g，随即倒入缸中，再取清水80 kg，缓慢倒入缸中，边倒水边搅拌，使药液呈均匀的乳白色。

（4）浸蚕方法。把药缸放置在柞园里，药液温度以23~25 ℃为宜，把带小枝的柞蚕拾到蚕筐中，把装蚕竹筐放入药液里浸渍10 s立即取出，控过药液后撒在柞墩上饲养。每浸蚕1次都要用木棒搅拌药液1次。用20%灭蚕蝇3号所配成的药液80 kg可浸蚕5 000头左右，配1次药液可浸蚕15~20次，每次可浸蚕300头左右。

2. 灭蚕蝇1号喷叶喷蚕杀蛆 用25%灭蚕蝇1号乳油的300~400倍液装入喷雾器内，于柞蚕5龄第4~8 d，将药液喷在柞叶和蚕体上，喷至叶尖滴水为止。喷药时药液要全面均匀、不留死角、不遗漏柞墩，墩上撒蚕不宜过多，以保证柞蚕能够吃到带药柞叶 4 d 以上，喷药后遇雨天需重新喷施。

3. 注意事项　浸蚕用的药液要现配现用，用完之后应及时倒掉，严防牲畜饮用。撒蚕时，要把带枝叶的柞蚕摊开，防止堆积中毒。施药最好在晴天，雨天不宜浸蚕。施药人完成后要用肥皂或碱水洗手，防止发生中毒。

二、柞蚕追寄蝇

柞蚕追寄蝇俗称家蚕追寄蝇，是柞蚕、桑蚕都能寄生为害的一种寄蝇，河南省柞蚕的蝇蛆病大部分都是由此类蝇寄生引起的病症。

（一）形态特征

成虫头部呈三角形，头顶有 3 只单眼，倒“品”字排列。两单眼鬃与前单眼列于同一水平，复眼被覆密毛，口器为虹吸式，胸部背面有 4 条黑色纵带。中胸有翅 1 对，膜状，灰色半透明。腹部呈圆锥形，共 8 个环节，外观只看到 5 个环节，第 3~5 环节背板基部覆深黄灰色粉被。雌蝇外生殖器为圆筒形状的产卵管，末端有两丛感觉毛，雄蝇外生殖器为阳具，2 对把握钩，肛尾叶三角形，橙黄色、被黄毛。

（二）生活史

柞蚕追寄蝇是 1 个完全变态的昆虫，在河南地区一年发代 5~6代，1 个世代在 23~25 ℃环境下存活 1 个月。成虫期 7~10 d，卵期 1. 5~2 d，幼虫在 5 龄蚕体内寄生 3~5 d，蛹期 10~12 d，越冬蛹在土中潜藏数月之久。越冬蛹到翌年春暖时开始羽化，从早晨开始持续到下午均能羽化，以中午最多，刚羽化的雌蝇生殖器尚未发育成熟，以植物的花蜜液为食源，取食 1~2 d 开始交配。一般情况下，雌蝇交配后的次日开始产卵，嗅着柞蚕体的气味而接触，飞落在蚕体上，用腹部及产卵管的感觉毛找寻适当的产卵位置，进行产卵，每次产卵 1~2 粒，产卵后立即飞走。蝇卵多产于蚕体腹部环节，在同一环节中，以节间膜及下腹线附近为多，1 个雌蝇能为害近百头柞蚕。

（三）寄生症状

柞蚕在 3～5 龄期均可被寄生。蝇卵附着在蚕体表面，数小时即可卵化成幼蛆，然后钻入蚕体内寄生，形成黑褐色喇叭状的病斑。病斑上常附有卵壳，当卵壳脱落后，可见一微小的孔。此乃蛆体呼吸的通道，如被堵塞，蛆体则会向其他地方转移。由于蛆体在蚕体内生长变大，使蚕体环节肿胀或向一侧弯曲。当蛆体成熟后，钻出蚕体，在蚕体上形成穿孔，导致柞蚕死亡。被蝇蛆寄生的柞蚕一般都有早熟现象，在早熟蚕中寄生率较高。待蚕结茧后，蝇蛆从蚕体内钻出脱落，造成蚕体或蛹体死亡，蝇蛆也可将茧层穿破，成为蛆孔茧。

（四）防治方法

柞蚕追寄蝇的防治与柞蚕饰腹寄蝇防治方法相同。为避开蚕寄蝇产卵盛期，可适当提前柞蚕的收蚁日期，在放养时采取分批饲养，分批摘茧，使蝇蛆在室内脱出，以便集中消灭。

三、柞蚕蛹寄生蜂

柞蚕蛹寄生蜂是河南省柞蚕生产上的主要敌害之一，直接影响柞蚕茧质量和翌年种子繁育。一般年份的寄生为害率在 15%～20%，严重年份达到 50%以上，被害的柞蚕茧既不能留种繁育翌年的种子，又影响当年缫丝行业深加工生产。

（一）形态特征

1. 窝额腿蜂 成虫全身黑色发亮，体长 5～7.5 mm，体宽 1.5～2.0 mm。头胸宽度相近。头部扁平呈三角形，顶面呈哑铃形。触角凹陷较深，复眼较突出。触角丝状，棒节略膨大，膜翅上着生一条翅脉，有明显的翅痣。后足腿节粗大，胫节弯曲。雌蜂腹部呈卵圆形。雄蜂体形较小，体色较淡。腹部末端较尖细，卵长筒形，蛹为裸蛹。

2. 金小蜂　成虫身体青黑铜色、黑蓝色或黑绿色，具有金属光泽。复眼单眼红色，体长 3～4 mm，触角丝状，柄节为暗褐色。腹足腿节黑褐色，胫节、跗节黄色。雄蜂较小，体色较淡，腹部呈长椭圆形。

（二）生活史

窝额腿蜂一年发生 4 代，6 月至 9 月上旬为成虫羽化的盛期。繁殖 1 代时间为 30～40 d，自然日平均温度 25～30 ℃时，历时 30～32 d。金小蜂 1 年发生 5 代，6 月至 10 月上旬为成虫羽化的盛期。繁殖一代历时 28～40 d。窝额腿蜂和金小蜂均以老熟幼虫或蛹在柞蚕蛹体内越冬，成虫于 5 月下旬至 6 月下旬相继羽化，咬破茧层钻出茧壳，于当日 10～15 时交尾。交尾后的雌蜂飞入柞园寻找寄主，在蚕茧的适当部位（一般是在蚕茧的下部），将针状产卵器刺入茧壳中的蛹体产卵。也有的雌蜂先将茧壳咬破，而后钻入茧内，在蛹体上刺入产卵器产卵。寄生蜂卵在柞蚕蛹体内孵化为幼虫，幼虫吸收蛹体营养，不断生长发育。当蚕蛹内容物消耗殆尽时，幼虫发育成熟而化蛹。柞蚕蛹体内寄生蜂幼虫的数量，窝额腿蜂为 57～140 只，金小蜂为 147～363 只（一般为 300 只左右）。第一代寄生蜂幼虫，随柞蚕茧下山，转入柞蚕保种室，成为室内种茧受害的蜂源。

（三）防治方法

防治蛹寄生蜂为害，应采取防止越冬代蜂源的扩散、人工捕杀和药物熏杀相结合的方法。

1. 化蛹前采茧　根据蛹寄生蜂不寄生柞蚕幼虫的特点，采茧工作可以在柞蚕老熟化蛹前进行。即分批挑选老熟蚕入茧场，于营茧后 3～5 d 采茧。

2. 暗室保茧　在蛹寄生蜂羽化期，用黑布帘遮掩窗户，只留 1 个光亮孔口，孔口外设置黑纱网罩。每日成虫聚集在纱网罩中活动，可及时捕杀。

3. 淘汰被害茧 结合蚕茧摇选工作，把被害茧剔除蒸杀。被害茧的特征是茧重低于正常茧，高于“响血茧”，蛹体对茧壳的冲击力较弱，声音低沉。

4. 敌敌畏药杀 应于6月底至7月初经常检查被害蚕茧中蛹寄生蜂的发育情况，待大部分寄生蜂蛹变黑，少数成虫羽化飞出时，即可进行敌敌畏药杀工作。一般施1次药就可以控制寄生蜂为害。如果寄生蜂发育不齐，还可以增补施药1~2次。在密闭的条件下，窝额腿蜂接触敌敌畏蒸气经33~37 min死亡，金小蜂经22~45 min死亡。施药方法：先把保茧室的四壁糊封严密，根据茧室容积大小配好敌敌畏稀释液（每立方米容积需50%敌敌畏乳油0.3~0.5 mL或80%敌敌畏乳油0.2~0.3 mL，按房间大小计算敌敌畏乳油的总量，兑水10~20倍，即成稀释液），取草纸、布条或丝挠手等吸附物浸透稀释液，控下过量药液（以不滴水为度），分挂在保茧室四周茧架稍高的地方，然后关闭门窗，使药液自然挥发。保茧室施药后，可密闭7~10 d。室温高时，每隔1~2 d，于傍晚开窗换气。当寄生蜂大批发生、急待杀灭时，可取额定的敌敌畏加热，使药剂迅速挥发，效果也很好。

四、柞蚕线虫病

柞蚕线虫病是为害柞蚕的一种寄生虫病。柞蚕寄生线虫分布在辽宁、吉林、山东、河南、贵州等省的部分蚕区，其中以辽宁省蚕区的分布面积最广，分布数量最多。由于线虫寿命长，繁殖力强，寄主种类多及养蚕过程中的人为携带，发生面积不断蔓延扩大，为害日趋严重。一般年份柞蚕的受害率为50%~60%，严重年份或地区受害率可高达90%以上。

（一）形态特征

寄生柞蚕的线虫种类繁多，已通过鉴定的有6种，有秀丽两索线虫、柞蚕两索线虫、细小六索线虫、粗壮六索线虫、短六索线虫和基氏六索线虫。6 种线虫的形态大体相同，均为线状，乳白色，头钝尾尖。唯线虫体长和头乳突、尾乳突的着生情况，随种而异。如雌性两索线虫体长 25.6~89.1 mm，而短六索线虫为 2~3.2 mm；雄性两索线虫的交合刺为二次组合，而短六索线虫呈马刀状。两索线虫的幼虫生长发育分 4 期：第 1 期幼虫细长，头钝尾尖；第 2 期幼虫生有粗壮的口刺；第 3 期幼虫甚长，虫体透明或半透明，角皮薄；第 4 期幼虫为成虫前期，与成虫相仿，唯外部器官尚不明显，尾端着生 1 根粗而长的角皮突起。线虫卵为乳白色，椭圆形，略扁，长径为 0.1 mm，短径约 0.05 mm。

（二）生活史

柞蚕线虫在河南省年生 1 代，以成虫、幼虫和卵 3 个变态在土内越冬。越冬成虫于翌年 5 月上旬开始活动，中旬开始交尾，6 月上旬开始产卵，7 月下旬至 8 月上旬产卵最盛（该期产出率占总数的 51%），产卵期可延至 10 月。虫卵经 20 d 左右孵化为幼虫。1 期幼虫在土中生活，蜕皮后成为 2 期幼虫，开始侵袭柞蚕；越冬的 1 期幼虫，经蜕皮变成 2 期幼虫，以及越冬的 2 期幼虫，均于翌年 5 月上旬开始侵袭柞蚕；越冬的 4 期幼虫于 5 月中旬开始蜕皮变为成虫，当年不再繁殖，越冬卵于翌年 5 月上、中旬孵化，于 5 月下旬转 2 期时侵袭柞蚕；2、3 期幼虫在柞蚕体内营寄生生活（历时 20 d 左右），迅速生长，日增长度达 2.8 mm，发育到第 4 期，幼虫陆续脱出蚕体，钻入土中。线虫潜入土层 30~60 cm 深处（最深的达 90 cm），栖息在内径 10~15 mm 的土室中。每个土室有线虫 1~12 条（平均 5 条）。4 期幼虫再蜕皮 1 次变为成虫。柞蚕两索线虫的成虫寿命一般为 3~4 年，最长的可达 6 年之久。成虫每年均可交尾产卵，生长 3 年的雌虫年产卵 5 000 粒左右。雌成虫产卵于土层巢穴中，经常数百粒卵黏在一起。

（三）发病时期

柞蚕寄生线虫对春、秋柞蚕均能寄生，以秋季雨水多时寄生率高，为害甚为严重。

（四）寄生症状

被线虫寄生的柞蚕，初期症状不明显，蚕无异常表现。随着体内线虫的发育，病蚕表现出行动迟缓、发育滞后、体躯瘦小、体壁发硬、环节松弛，接着蚕体细长、体色暗淡、食欲不振、腹足抓握力差。被线虫寄生 12 d 以后的柞蚕，可从环节间膜和腹足基部透视到蚕体内的线虫。线虫在柞蚕体内寄生 17~23 d，于清晨 3~7 时空气湿度大时陆续钻出蚕体。脱出蚕体的部位多在蚕的口、腹足基部、体节间、肛门等处。

（五）发病规律

大雾天或降雨后柞树树干、枝叶、蚕体和土壤已经湿润，存在于柞园土壤中的感染期幼虫可以沿树干的湿迹蠕游上树，并且分散到各个枝叶，遇到柞蚕便从其腹面和节间膜处钻入，这与此处皮薄、湿度大有密切关系。当土壤和树干干燥时，线虫幼虫便不能出土上树寄生柞蚕，因此在雨水多的季节或年份，柞蚕被线虫寄生得就严重，故民间有“涝蛟”之说。

（六）防治方法

1. 防止线虫的人为传播　通过实地调查，摸清柞园线虫的分布情况。移蚕时不把有线虫为害的柞蚕移入没有线虫的柞园。

2. 药杀幼虫　柞蚕移入有线虫的柞园时，在雨后 7 d 内喷洒灭线灵药剂，可以药杀蚕体内的线虫。施药方法：配制 0.024%的灭线灵 1 号（50%灭线灵 1 号粉剂 1 kg，兑水 2 100 kg）或 0.01%的灭线灵 2 号（25%灭线灵 2 号粉剂 1 kg，兑水 2 500 kg），使用喷雾器把药液喷洒到已撒蚕的柞叶上（以叶面不滴水为度），应做到均匀喷叶。防治时期以降雨后 7 d 内为最好，最迟不能超过 10 d，同时保证柞蚕吃药叶 4 d 以上。喷药 2 h 后降雨不影响防治效果。灭线灵 1 号的残效期为 28 d。移蚕至未喷药的柞园，如果遇雨仍需喷药。此药对柞蚕比较安全，施药后柞蚕发育虽然略有不齐，但无生命危险，仅在连续施药时会发生少量茧中毒。近年来，河南省蚕业科学研究院又研制出一种防治柞蚕线虫病的新药剂，防治效果与灭线灵 1 号相当，且对柞蚕无任何药害。

五、柞蚕绒茧蜂

柞蚕绒茧蜂别名小茧蜂，对辽宁柞蚕为害较重，对河南柞蚕为害轻微。此蜂属膜翅目、茧蜂科。

（一）形态特征

绒茧蜂成虫的形态，体长 3 mm 左右，全体黑色。头部椭圆形，横置于胸的前方，复眼突出，黑红色，触角丝状，有 18 节。翅膜透明，在前缘脉 3/5 处着生三角形翅痣。腹部椭圆形，环节中部黑色，两侧为黄褐色，近尾端两环节呈黑色。

（二）生活史

绒茧蜂一生经历成虫、卵、幼虫和蛹 4 个变态期。化蛹前的幼虫，常受第 2 次寄生蜂的为害。第 2 次寄生蜂（即天敌）有 2 种：一为小蜂，二为姬蜂。

（三）发病症状

2~3 龄蚕期绒茧蜂成虫产卵于柞蚕体内，卵孵化为幼虫，幼虫在柞蚕消化管外的脂肪层内生长发育，成熟时多半从气门线上下的体壁中钻出，迅速吐丝营结小绒茧。小绒茧椭圆形，淡黄色，大小为 4 mm×1 mm。幼虫从吐丝到营茧结束历时 40 min 左右（9 月上旬调查），被害柞蚕发育缓慢，体躯瘦小。待绒茧蜂幼虫脱出，3~5 d 后毙命。从蚕体脱出的绒茧蜂幼虫的数量，平均为 58 只。

(四) 防治方法

一是淘汰被害柞蚕，在小蚕期移蚕时，早退敖枝，把迟眠迟起柞蚕另行一处，集中放养，一旦发现被绒茧蜂寄生的柞蚕，要立即淘汰。二是保护天敌，大量收集小绒茧，在绒茧蜂的幼虫化蛹以前，将小绒茧放在树荫下，诱引天敌寄生，停 2 d 再把小绒茧装入细沙袋内。先羽化的成虫，为绒茧蜂成虫，可随时杀死；羽化终止时，打开沙袋口，让后羽化的天敌成虫飞回林间。

第二节 柞蚕的捕食性害虫

在自然条件下主动取食为害柞蚕的昆虫称为柞蚕害虫，包括昆虫纲、蜘蛛纲中的一些种群。为有效保护柞蚕不受虫、鸟、兽的侵袭，就需要在掌握柞蚕害虫发生规律的基础上进行科学防治，把敌害密度控制在经济受害允许范围之内，从而获得柞蚕茧的丰收。

一、螽斯

为害柞蚕的螽斯种类繁多，如土褐螽斯、紫斑螽斯、青光螽斯、响叫螽斯、乌苏里螽斯等。这类害虫在东北各地都有发生，为害春秋柞蚕。河南蚕区主要发生的是土褐螽斯。土褐螽斯的若虫为害 2~3 龄柞蚕，成虫主要为害茧场中的蚕蛹。在螽斯发生多的年份，螽斯成为柞蚕生产的一种主要害虫，对柞蚕生产造成一定程度的损失。

(一) 形态特征

1. 土褐螽斯 土褐螽斯又称土乖子、土蛐子。土褐色或灰褐色。雌虫无翅，体长 37~40 mm，前胸背板宽大。于复眼后方前沿、后胸两侧面有一条黑色斑纹。腹部背面各环节着生 1 对小黑斑。产卵管长20 mm左右，向上弯曲，呈马刀状。雄虫体躯较小，生短翅，覆盖腹部1/3。

2. 紫斑螽斯　紫斑螽斯俗称紫乖子。分布在辽宁、山东、河南、河北、安徽、贵州等省，国外分布于朝鲜、日本、印度等国家和俄罗斯远东地区。雄虫体长33~50 mm，全身紫褐色，触角丝状，略长于体长，周身呈土褐色、暗褐色或黑褐色。前胸背板发达，后足发达，腿节基部外侧有1个黑斑。雄虫具有断翅1对，雌虫无翅，具有发达的产卵器，呈剑状，略向上弯曲，长20 mm左右。雌虫、雄虫均生长有与腹部等长的翅，翅表具红褐、黑褐和绿色相参差的色泽。雌虫产卵管略向下弯曲。

3. 青光螽斯　青光螽斯俗称青乖子。全身为绿色，体形与紫斑螽斯基本相似。前翅中室有1、2列褐斑，后腿节外侧带有褐色斑纹或不明显。

4. 响叫螽斯　响叫螽斯俗称叫乖子。体深绿色，体长35~45 mm。雄虫生短翅，长达腹部的一半。两翅摩擦可发出“蝈蝈”声。雌虫腹部肥大，翅极短，产卵管平伸。

5. 乌苏里螽斯　乌苏里螽斯俗称长翅乖子、飞乖子。体躯细长，头小，体长30~40 mm，黄绿色。前胸背板狭窄。翅比腹部长8~10 mm，善飞翔，产卵器平伸或向上弯曲。

（二）生活史及习性

螽斯为不完全变态昆虫，生活周期分卵、若虫和成虫3个阶段。上述5种螽斯1年发生1代，以卵在土中越冬。河南地区土褐螽斯于3月上中旬卵孵化为若虫，若虫蜕皮4次，于6月上旬化为成虫。辽宁地区，土褐螽斯的越冬卵于4月下旬孵化为若虫。紫斑螽斯、青光螽斯、响叫螽斯和乌苏里螽斯，其越冬卵的孵化时间分别延迟到5月上旬、中旬和6月上旬。5种螽斯的产卵活动情况大体一致。雌成虫将产卵管插入土层1~2 cm深处，产下单粒卵，然后用产卵管推动地表浮土封闭洞口，休息片刻再行产卵。越冬卵于翌年春暖时孵化为若虫，若虫在地面杂草丛中活动。

（三）防治方法

1. 人工捕杀 养蚕前结合柞园清理工作，捕杀螽斯若虫或成虫，或在山坡空隙低洼处堆放枯枝落叶，诱集螽斯藏匿，每天早晚翻寻捕杀。捕杀工具可使用塑料蝇拍或自编竹拍。

2. 毒饵诱杀 取毒药和饵料制成毒饵，于晴天下午把毒饵撒在柞墩基部诱杀。毒饵成分：麦麸（或红薯、豆腐渣、南瓜、土豆）50 份，氟硅酸钠 1 份，韭菜 1.5 份，羊脂 1 份。制作方法：把生羊油炼成油脂，把红薯或土豆、南瓜切成 1～2 cm^3 的小块，韭菜切成细末，再把羊脂、红薯块放在锅内混合炒 3～4 min（炒至红薯块表面发黏为止），加入韭菜末，停止加火。待饵料冷却，再加入氟硅酸钠，搅拌均匀即可。若使用麦麸当饵料，就需要用适量沸水浸烫至黏团；若用豆腐渣当饵料，则需要事先挤出水分（以手握成团为适宜）。然后再依次加入羊脂和韭菜末，饵料冷却后加入毒药。

二、黑广肩步甲

步行甲是柞蚕的主要害虫之一，属鞘翅目，步甲科。目前，全国各柞蚕区为害柞蚕的步行甲有 12 种，其中以黑广肩步甲为害柞蚕最为严重。步行甲俗称琵琶斩、土鳖、黑盖子、滑利、气不奋（辽宁）、树枝（山东）、臭牛子（河南）。

步行甲以成虫为害柞蚕，以 2～3 龄春柞蚕被害最重，4～5 龄蚕被害较轻。春柞蚕被害率为 20%～30%，有些年份，严重时被害区的柞蚕，被害率高达 80%以上，有的甚至造成绝收。无风、闷热、湿度大的夜间或阴雨天前后气压低时为害重，在有风、气温低于 17 ℃时为害轻，大风或大雨天则不为害。

（一）形态特征

成虫全身黑色，具有金属光泽。雌虫体长 34.2 mm，体宽 17 mm，雄虫较小。头部近梯形，上腭发达，呈钳状；胸部横宽纵窄，宽长比为 8∶5，两侧缘呈弧形，微翘，背面有细刻点及粗褶。腹部宽大，鞘翅上着生 15 条纵列隆起线，于第 4、第 8 和第 12 条纹脊上生有 9～12 个铜绿色小凹点，侧缘密布绿色小刻点，有闪亮的光泽。

（二）生活史及习性

河南蚕区步行甲 1 年发生 2 代，以成虫于土中越冬。成虫入土深度为 30 cm 左右，最深可达 1 m 以上。翌年 4 月中下旬成虫出土活动，5 月上中旬交尾产卵。成虫于产卵后陆续入土越夏。步行甲产卵经 3～6 d 孵化为幼虫。幼虫经 26～28 d 蛰土作土室化蛹，蛹经 8～9 d 羽化为第 1 代成虫。7 月下旬至 8 月上旬，越冬代成虫和第 1 批新成虫又陆续出土繁殖第 2 代步行甲。9 月上中旬第 2 代步行甲成虫蛰土越冬。步行甲的发生与柞园生态环境有着密切关系，土质贫瘠、杂草少的地方发生少，而土质肥沃、腐败落叶多的地方发生多。阴雨凉爽天气发生的少，高温闷热天气发生多。早晨气温低时发生少，中午、黄昏时发生多。河南省步行甲发生呈周期性，每隔 3～5 年发生 1 次，每次持续 2 年左右。

（三）防治方法

1. 人工捕杀成虫　白天巡视柞园，发现柞蚕有被害迹象时，就在柞墩中间或周围杂草丛、枯枝落叶和碎石中搜捕步行甲成虫。

2. 药杀步行甲成虫　一是用甲虫散粉剂撒在柞墩周围，每墩树下施药 15～25 g，围墩药环直径为 15 cm。施药时，先将柞墩下面的杂草、枯枝落叶清理干净，用纱布袋装药撒在柞墩周围，形成药环。施药期通常在步行甲发生量大时进行。施药时严禁粉剂飘落在柞叶上，以防蚕中毒。施药后要用肥皂水洗手，一旦发生中毒，可按有机磷类药物中毒解救。

3. 毒饵诱杀步行甲 使用毒饵诱杀步行甲，效果很好。制饵材料：茭瓜或南瓜 40 kg，废蛹废蛾 10 kg，羊脂或牛脂 0.25~0.5 kg，韭菜或葱 0.5 kg，80%敌敌畏 150 mL。配制方法：先把南瓜切成 2 cm^3的小块，把韭菜及废蛹、废蛾切碎。制作时，把羊油倒入热锅里化开，加入南瓜、废蛹、废蛾略炒，再加入韭菜炒一下，取出冷却；取 3 kg 清水将敌敌畏稀释成 20 倍的乳浊液，再把该液倒入饵料内，搅拌均匀。使用方法：一般在 8 月 5 日~25 日步行甲发生较多时施药，把配好的毒饵撒在柞墩周围，每墩柞树撒 5~6 块。步行甲为害严重时，每隔 5 d 左右撒药 1 次。1.3 hm^2柞园，撒一次药需要毒饵 50~75 kg。

4. 诱捕成虫 辽宁省推广埋罐诱杀步行甲成虫的方法，效果很好。埋罐方法：取罐头瓶数 10 个，装入诱引饵料 150~200 mL，制成饵料瓶。把饵料瓶埋入步行甲为害严重的柞园泥土中，瓶口高出地面 3.5 cm，每隔 7~10 m 埋设 1 只饵料瓶。为防止雨水灌入瓶内，应在瓶口上面架 1 块挡面板（可选用扁平的石块）。每隔 2~3 天检查 1 次，取出步行甲。饵料配制方法：取杂鱼头 200 g、羊脂 100 g、羊骨汤 100 g、食盐 100 g 和水 1~1.5 kg 为原料，先把食盐、鱼头、羊骨汤和清水放入铁锅内，加火煮沸 10~20 min，再将羊脂倒入锅内溶开即成。

三、马蜂

为害柞蚕的马蜂种类较多，常见的有二纹长脚蜂（即中华马蜂，俗称草蜂）、拖脚蜂（即亚非马蜂）和小长脚蜂（即斯马蜂，俗称小草蜂子）等。辽宁、吉林和黑龙江蚕区以二纹长脚蜂为主，河南蚕区以拖脚蜂为主。

（一）拖脚蜂的形态特征

雌蜂体长 23~25 mm，职蜂 18~22 mm。体躯棕黄色，有黑褐色斑纹。头部三角形。中胸背板黑色，有橙色纵斑。腹部第1节背板黑色，端缘橙色，第2~5节有黄褐色环斑，尾部生螯刺。雄蜂体长20~23 mm，头部近圆形，黄白色。腹部环斑比雌蜂窄，尾部不生螯刺。

（二）拖脚蜂的生活史及习性

拖脚蜂一年发生1代，受精的雌蜂群集于背风向阳的树孔、墙缝或房檐椽子空隙等处越冬。翌年3月下旬雌蜂出蛰，在房檐、石崖或树枝上营巢，繁衍后代。10月天气逐渐变冷，雄蜂和职蜂先后死亡，新雌蜂寻找适宜场所越冬。

（三）为害情况

马蜂多为害1~3龄柞蚕、4龄眠蚕和4~5龄刚起身的柞蚕。干旱季节的中午和晴朗闷热天气，马蜂为害柞蚕最重，可将整墩柞蚕食光。

（四）防治方法

1. 人工捕杀　于马蜂越冬期（11月至翌年4月）注意调查柞园周围马蜂越冬地点，使用黄泥堵塞有马蜂藏匿的洞穴。堵洞时，先塞入一团浸有敌敌畏的棉絮，然后迅速投泥封闭洞口。马蜂出蛰筑巢期（3~5月），应注意调查新巢室，做好标记，于夜晚点火烧毁巢室和马蜂。晴天10~14时，可到水沟旁捕打正在饮水的马蜂。5月以前的马蜂均系越冬雌蜂，应注意防除。平时使用捕虫网捕捉马蜂，或合掌拍击正在食蚕的马蜂。

2. 诱杀　制糖蜜朽木毒板，悬挂在柞园附近的水沟旁，可以诱杀前去饮水的马蜂。毒板制作方法：取年久腐朽的木板（或木棒）、胃毒剂（如红砒）和白糖为原料，把5份白糖溶于10份清水中，再加1份胃毒剂，搅拌均匀，然后把这种引诱剂涂于朽木上即成。

3. 保护天敌　蜂巢螟是马蜂的天敌。蜂巢螟产卵于马蜂巢上面的巢壁中。不久螟卵孵化为幼虫，幼虫钻入蜂巢室为害马蜂幼虫和蜂蛹，并吐丝结网封闭马蜂巢室。蜂巢螟对马蜂幼虫和蜂蛹的为害率高达20%~57%。为此，养蚕人员发现被蜂巢螟为害的马蜂巢应予以保护，不要伤害这些自然天敌。

四、蚂蚁类

柞园中的蚂蚁种类很多。为害柞蚕的蚂蚁有6种，已确定名称的有4种，分别是红蚂蚁、小黑蚂蚁、大黑油蚁和小家蚁。东北地区为害柞蚕的主要有红蚂蚁和黑蚂蚁，河南地区主要是小黑蚁。蚂蚁数量多、为害大的柞园称为蚂蚁塘，若不予以防治就难以放蚕。

（一）形态特征

红蚂蚁在东北地区称臊蚂蚁、红头骡子。职蚁体长6~7.5 mm，红色。红蚂蚁的巢穴一般在树墩下或树桩附近的地面上，用枯枝、枯草和小土粒堆积而成，呈圆锥形，高30 cm左右。

黑蚂蚁：东北地区称油蚂蚁、油机匠、黑老虎等。体长4 mm，全体黑色，有光泽。黑蚂蚁巢穴多在柞园枯树根部，巢外无明显蚁冢。

小黑蚁：体长1~1.5 mm，全身黑色。蚁巢一般在柞墩周围石块下面或地面裂缝中。

（二）防治方法

1. 诱杀　取新鲜鱼、蟹、牛、羊等骨骼放在蚁巢附近诱集蚂蚁，然后点火烧毁。

2. 药杀　把“蚁灭净”药粉撒在蚂蚁塘内柞树四周地面上，药带宽10 cm。凡从药带上爬过的蚂蚁，10 min后即死亡。

五、蜘蛛

蜘蛛属于节肢动物门蛛形纲，蜘蛛目，是柞园内的主要害虫之一。害蚕蜘蛛有8科18属26种，其中主要种类有鞍形花蟹蛛、隆肩圆蛛、棕管巢蛛、三突花蛛、草地逍遥蛛等。下面仅以鞍形花蟹蛛为例加以介绍，其余省略。

（一）分布

鞍形花蟹蛛分布于河北、山东、辽宁、吉林、内蒙古、陕西等省（自治区）。

（二）形态特征

雌蛛体长 5~8 mm，全身淡黄色或褐色，背甲两侧有红棕色纵纹。前列眼周围及侧眼球呈白色。前 2 对足比后 2 对足长且粗大，色泽较深。腹部长圆，后端较宽，中央有横走条纹，周边呈浅黄色。雄蛛体长 4~5. 5 mm，头胸部黑褐色，第 1、2 对足的腿节和胫节呈黑色。

（三）发生与为害

1. 发生 鞍形花蟹蛛在河南省 1 年发生 1 代，以成蛛、亚成蛛及若蛛在树洞、石缝或乱叶堆里越冬。翌年 5 月下旬越冬成蛛开始产卵，产卵盛期在 6 月中旬至 7 月中旬。若蛛发生在 6 月中旬至 10 月中旬，7 月中旬为发生盛期。雄若蛛经 7 龄成熟，雌若蛛经 8 龄成熟。10 月下旬进入越冬期。

2. 为害 鞍形花蟹蛛为游猎性蜘蛛，在草茎或柞叶间游动觅食，5 月初在柞树上猎食 1~2 龄小蚕。1 头鞍形花蟹蛛 1 d 最多可猎食 1 龄小蚕 4 头，是造成小蚕损失的主要原因。

（四）防治方法

1. 化学药剂防治 用 1%灭蚁粉在柞树墩下施药环，可起到有效防治作用。

2. 生产措施防治 蚁蚕上山前清理柞园。在可能的情况下，集中枯落物并进行焚烧，可烧死大量蜘蛛。

3. 人工诱杀 利用蜘蛛喜在卷叶内隐藏的习性，春季在养蚕的树膛内放纸团，早晨取出纸团捕杀。

六、螳螂

螳螂也是柞蚕的主要害虫之一，属于网翅目、螳螂亚目、螳螂科，为害柞蚕的主要种类有广腹螳螂、华北螳螂、薄翅螳螂。下面仅以广腹螳螂（俗称刀螂）为例加以介绍，其余省略。

（一）分布

国内主要分布于辽宁、吉林、山东、河北、河南、贵州等省，国外分布于日本、印度、菲律宾和印度尼西亚等国。

（二）形态特征

成虫体长50~70 mm，雌虫略大于雄虫，体绿色或褐色，头三角形。触角与前胸背板等长，丝状。卵鞘长圆形，深棕色，长25 mm左右，宽约13 mm，高约12 mm。有卵室8~19层，每层有卵8~9粒。卵黄色，长约3.8 mm，宽1 mm。若虫与成虫相似。

（三）发生与为害

1. 发生　广腹螳螂1年发生1代，以卵或在卵鞘内于石块下、树枝（干）等处越冬，翌年6月下旬越冬卵孵化为若虫，8月上旬出现成虫，8月中下旬为羽化盛期，9月上旬全部羽化为成虫。8月中旬成虫开始交尾，9月上中旬开始产卵。

2. 为害　螳螂分布广，数量大，可为害1~5龄柞蚕。在有螳螂的柞树上养蚕，若不及时防除，螳螂可将整墩树上的蚕全部害尽，为害极为严重。

（四）防治方法

1. 采集卵块　秋末或早春，到背风向阳的柞园，尤其是准备翌年放蚕的柞园采集卵块，集中烧毁或送到农林田野中，发挥益虫的作用。

2. 捕杀成虫　根据螳螂的习性，晴天的早晨在树的东南向，傍晚在树的西南向，大雨后在树的向阳面，可捕捉到成虫。

七、四星埋葬虫

四星埋葬虫属鞘翅目，埋葬虫科，国外分布于朝鲜、日本和俄罗斯等国，国内分布于辽宁、吉林、黑龙江等省。成虫每鞘翅近肩角和顶角处各有 1 个大黑斑，使翅面呈四星状，是识别该虫的明显标志。在河南省该虫 1 年发生 1 代，以成虫在土室中越冬。其成虫与幼虫食性均是肉食性，可食一些林业害虫，是林业的益虫。喜食柞蚕，食害 1~3 龄春柞蚕，1 头成虫 1 d 可食 5~10 头 2~3 龄春柞蚕，常造成春蚕严重减产，为害率可达 60%~70%。

防治方法：目前没有十分有效的防治方法，可采取人工捕杀与药杀相结合的防治办法。在成虫活动盛期的 5 月中下旬，每天 10~15 时进行人工捕杀。另外，在柞园地面喷施 1.5%辛硫磷粉剂或 2%杀螟松粉剂灭杀爬行的成虫与幼虫，可起到一定的防治效果。

八、瓢虫

害蚕瓢虫隶属于鞘翅目，瓢虫科，俗称花大姐、花盖虫、放牛小、花媳妇等，种类不多，为害不重，分布于全国大部分省、自治区。瓢虫可为害 1~2 龄春、秋蚕，特别对此期眠蚕为害更为严重。为害时，瓢虫咬破蚕体皮，吸食血液，蚕因失血过多而死亡。在高温干旱的晴天发生较重。对该虫的防治，可采用人工捕杀的方法，在冬季或春蚕上山前，寻找此虫的越冬场所集中消灭。

九、椿象

椿象属于半翅目，蝽科，种类较多，为害柞蚕较重的主要有丽绿蝽和益蝽，俗称臭椿、臭大姐、打屁虫、打针先生等。为害时以成虫和若虫刺吸柞蚕血液，致使蚕死亡。若虫为害春蚕，成虫为害秋蚕。以秋期 2~3 龄眠蚕被害最重。

防治方法：一是清理柞园。将枯枝落叶和杂草集中烧毁，可杀灭虫卵。二是人工捕杀。在柞园内巡视，特别是成虫交尾期和若虫孵化期，极易被发现。三是使用化学药剂防治。在椿象大量发生为害严重的柞园，于养蚕前 7 d 向树上喷 0.05%敌敌畏乳剂，还可杀灭其他害虫。施药后一定注意要在药物残效期过后再放蚕。

第三节　柞蚕的害鸟

为害柞蚕的害鸟种类繁多。山雀、白头等鸟类常在柞墩枝头逗留觅食，为害 1~3 龄柞蚕。杜鹃、喜鹊、乌鸦、黄鹂、啄木鸟等大型害鸟常年为害 4~5 龄壮蚕。特别是在靠近树林的柞园和新建零星柞园，附近的鸟类容易聚集，害鸟较多。有时成群结队的害鸟袭击柞园，在无人防护的情况下数小时内就把蚕取食殆尽。所以说蚕期做好柞园防护、驱赶害鸟、保足蚕苗关系到蚕农增收和蚕业生产的健康发展，应引起蚕业主管部门和养蚕农户的重视。另外，考虑到鸟类又是农林害虫的天敌，为保护自然生态，促进人类与自然的和谐相处，所以对为害柞蚕的各种鸟类，应遵循保护益鸟、不能杀伤的原则，积极采取以驱赶为主的方法，减少其对柞蚕生产的为害。

一、树麻雀

树麻雀异名麻雀、家雀，属留鸟，食害 1~3 龄小蚕。

（一）形态特征

树麻雀成鸟嘴圆锥形，头顶及颈部为栗褐色，颊及颈侧白色，中央有 1 个黑斑。上体褐色，背部及两侧夹有黑褐色纹（尾羽暗褐，羽缘浅棕色），下体除颈黑色，其余均为浅灰色，雌雄鸟体形差别不大。

（二）生活习性

在河南每年 3 月下旬树麻雀一雌一雄成对交尾。多在房檐、屋脊瓦下或距地 3~4 m 高墙的孔洞中营巢，用鸡毛、草絮、乱麻等杂物筑内径 7~8 cm、高 6 cm 的巢，筑巢需 10~15 d。筑巢 1 周后（一般 4 月上旬）产第 1 枚卵，连续产齐为止，每窝产卵 4~6枚。产卵时雄鸟不进窝，只在附近休息。卵产齐当日或次日开始孵卵，双亲鸟轮流孵卵，以雌鸟为主。一般孵 11~12 d，卵孵化率约达 99%。双亲鸟每日 5~19 时不停地外出觅食入巢喂雏。平均每日喂雏 70 多次，多的可达 100 次。在柞园周围生活的树麻雀进园取食小蚕占其食量的 60%，其余是取食其他昆虫、糠、谷物、草籽、细沙粒等。树麻雀在河南省一年繁殖 3 窝，每窝经 30~31 d 出巢，出巢率一般达 98%。幼鸟离巢时由成鸟带领，待其能自行觅食时，成鸟不再饲喂，育雏期一般 15 d 左右。自然生长多数在 4 年以内死亡，其寿命雄鸟略高于雌鸟。树麻雀体小羽短，一般只能做短距离飞行，活动常在几千米范围以内。

二、大杜鹃

大杜鹃又称布谷鸟，属夏候鸟，每年小满前后为害 4~5 龄壮蚕，食下量大，为害较重，是柞园的主要害鸟之一。

（一）形体特征

大杜鹃体中形，外形似鸽子，头颈、胸为灰色，腹下面为黄白色，带有明显的黑色横点，嘴的尖端上下黑色，其余为黄色，足黄色，尾部褐色，有不规则的白斑，白斑尖处有黑色横带。

（二）生活习性

此鸟 4 月下旬或 5 月上旬由南方飞来，喜欢生活在近水的开阔林地，夜间叫声似“布谷”。不成对，性孤独、机警，人不易接近，常着落在树尖、干枝等固定点上，5~6 月繁殖，杜鹃自己不造巢，也不孵卵，卵产于其他鸟巢，如苇莺的巢中，由其代为孵育。在大蚕期，经常在柞园周围飞翔停留，以蚕为食，一次可捕食 4~5 龄蚕 4~5 头。据调查，2 h 内可捕食大蚕 20 头。除食蚕外，还捕食其他鳞翅目昆虫。食蚕时，将蚕体撕开，甩掉内容物，再取食皮肉和脂肪。

三、喜鹊

喜鹊属留鸟，主要食害 4~5 龄壮蚕。

（一）形态特征

喜鹊雌、雄鸟羽色相同，体躯大都是黑色，后头及后颈带紫色，背部稍带蓝绿色，腰部有 1 块灰白色斑，肩羽洁白。初级飞羽外羽片及羽端黑色，显蓝绿色亮灰，尾羽黑色，具有深绿色反光，先端有紫红色和深蓝色宽带。喉部羽灰白色，腹部除下腹中央、肛周及覆腿羽外，均洁白。嘴、脚、爪均为黑色，一般雄鸟稍大，雌鸟略小，雌鸟体重 180~250 g，雄鸟体重 190~260 g。

（二）生活习性

喜鹊常停留在疏散的大树上，很少到密集或黑暗的森林中，在旷野、农田及周围活动，林内觅食。常成对或三四对在一起活动。机警性强，在觅食时雌雄轮流守望，一方觅食，另一方则站在较高处瞭望，飞行时也从不齐头并进，雌雄总是一前一后，两者还保持一定距离。每年 3 月中旬至 4 月下旬，雌、雄鸟共同营巢，鸟巢多筑在高大的树上，也常在高压电线支架上筑巢。建造材料喜欢用带刺的枝条，有些混杂落叶松及其他树种的细枝条。鸟巢的结构相当精巧，除鸟巢侧留出入孔洞外，均封结严实，整体似球形。鸟巢的外径 52~85 cm，高 45~60 cm。内设有直径 35 cm的空间。鸟巢内层选用较细的枝条，编织细密，底部用泥、碎麻、畜毛、羽毛、苔藓及其他类似物成窝，窝的直径 18 cm，深 12 cm。鸟巢距地面较高，一般为 8~15 m，由鸟巢下部向上 2/3 处，有宽 13 cm、高 10 cm 的椭圆形洞口，筑巢期一般 30 d 左右。若 1 个鸟巢被毁坏，便立即另行筑巢，重新建巢时间 15 d 左右。营巢毕即开始产卵，每日产 1 枚，每窝产卵 5~8 枚，最多可达 11 枚，以 7 枚的占多数。卵产齐即开始孵卵。雌鸟孵卵 16 d孵出雏鸟，双亲鸟共同觅食育雏，经 30 d 幼鸟开始离巢，离巢前 1~2 d，双亲鸟用食物在巢外引幼鸟出巢取食。食性杂，食物有农作物种子及多种昆虫，如螽斯、蝗虫、金龟子、象甲、地老虎、蟏象、蝇蛆及鳞翅目昆虫的幼虫。在柞蚕放养区域内，常食害 4~5 龄蚕和茧，也有认定一个地方赶去复回的习性，往往将成片或区域内的大蚕食尽。

四、小嘴乌鸦

小嘴乌鸦俗称黑老鸹、乌鸦，属夏候鸟，食害 4~5 龄壮蚕。

（一）形态特征

小嘴乌鸦雌、雄羽色相似，体羽纯黑色，头和背带蓝色光泽，额部羽毛为鳞状；后颈羽干显著并发亮，亦见蓝色光泽。翅稍带紫色光泽。下体余部灰亮较差，喉及胸部羽毛略呈锥针形。嘴黑色，嘴端稍向下弯曲，基部是刚毛，嘴峰较大嘴乌鸦较低；跗遮、趾和爪均黑色，雄鸟比雌鸟略大，雄鸟一般体重 450~550 g，雌鸟体重 440~520 g。

（二）生活习性

小嘴乌鸦常栖息于低山树林及村庄附近，喜活动于疏散的大树上，常成群结队，在遇有动物尸体时，同鸦科其他鸟结成大群，争抢食物。3 月下旬开始营巢，其材料的 90%为落叶松细枝条，混杂有少量的刺荆条、蒿草秆等。巢较简单，将树枝平摊在靠树主干的侧枝上，上面垫有牛毛、猪毛、旧棉花及少量的泥土，巢高 25 cm，宽 60 cm，直径 25 cm。营巢结束即产卵，每窝卵数 1~4 枚，孵卵由雌鸟担任，在雌鸟外出觅食时，雄鸟替换孵卵，孵卵 16 d，雏鸟孵出后，双亲鸟共同觅食育雏，育雏 20 d，雏鸟出巢。小嘴乌鸦食性较杂，多食谷物、树种、昆虫及动物尸体，有时也到小溪边吃小鱼、虾等水生动物。在柞蚕饲养地区，食害 4~5 龄蚕及茧，食量较大，在柞园附近的大树下常可拾到上百个乃至几百个蚕蛹被食尽而弃掉的茧壳。

五、黑枕黄鹂

黑枕黄鹂俗称黄莺、黄雀，属夏候鸟，食害 4~5 龄柞蚕。

（一）形态特征

黑枕黄鹂雄鸟头、上体、下体大都鲜黄色。下背沾绿，上喙基部、眼先、过眼至枕部连成 1 条宽阔的黑色环带。飞羽黑色，除第 1 枚飞羽外，各羽的羽毛均是黄白色，内侧延伸成黄白先端。次级飞羽外侧羽缘黄绿并且较宽阔；三级飞羽的黄绿色扩展到外羽片全部及内羽片先端。尾羽黑色，除中央尾羽外，均具有黄色羽尖；外侧尾羽的黄斑更宽，其内羽片的黄斑与黑色呈横截状。雌性成鸟与雄性成鸟羽色相似，但黄色较暗淡，背部绿色显著，飞羽羽缘及翅上覆羽的黄色沾绿色。嘴粉红色，脚铅灰色。雄鸟体重约 94 g，雌鸟体重约 85 g。

（二）生活习性

黑枕黄鹂常活动在低山丘陵及村落附近的乔木林中，多在林间活动，很少到空旷的地方。每年的 4 月下旬迁到柞园，9 月下旬离去。5~7 月间繁殖，营巢在阔叶林内较粗大的树上。一般 5 月中旬产卵，巢筑在远离主干的侧枝上，巢的上口与枝干平行，巢挂在侧枝上，巢的外径 11~13 cm，内径 8. 8~9. 5 cm，巢高 9~12. 5 cm，巢深 7~8. 5 cm。巢用干草叶、细小树枝、玉米叶、树皮纤维及撕裂膜围成。有的巢内垫细草根、棉花等物，有的无任何内垫物。双亲鸟共同觅食育雏，7 d 左右雏鸟睁眼，16 ~ 18 d 可认出为黄鹂雏鸟，此时已能做短距离飞翔，而后逐渐离巢跟随成鸟觅食，不再回巢。黄鹂在蚕区主要为害 4 ~ 5 龄蚕，主食昆虫如松毛虫、梨毛虫、金龟子、蝗虫等。

六、防治措施

在这些食蚕害鸟中，有的专食小蚕而不食 4 ~ 5 龄大蚕，有的专食大蚕，它们在食蚕的同时，能食掉大量的农林、果树、柞树的害虫，可谓益害兼有。因此，在减少这些鸟类对柞蚕为害的同时，还要尽量保护益鸟。

1. 响声（听觉）恫吓法　鸟类对突然的响声是很惧怕的，利用这一特点，在实际生产中常用放爆竹、敲锣、扎草人、甩鞭子、播放鸟类惨叫声等方法来防治，效果明显。

2. 视觉刺激法　利用闪光带驱鸟，将闪光带悬挂在柞园内，5 d 内驱鸟率达到 100%，挂带后随着时间的延长，驱鸟效果会逐渐降低。因此悬挂闪光带不宜太早，并应于悬挂 5 d 后变换悬挂形式和地点，以此提高驱鸟效果。

3. 利用益鸟防鸟法　认真保护益鸟的种类。猫头鹰能捕食大量老鼠和小鸟，松雀鹰捕食麻雀，在这些小鸟和老鼠的繁殖期，成鸟和成鼠被捕捉后，巢中的雏鸟和仔鼠就会全部饿死，对柞蚕放养有很大好处。

4. 柞蚕饲养技术防鸟法　柞蚕放养时，可以采取一些技术措施，躲避食蚕鸟对柞蚕的为害。如小蚕期采用室内育、塑料大棚坑床育和塑料纱网罩墩育等方法饲养小蚕。尽量缩短小蚕在野外放养的时间，减少鸟类食害柞蚕的机会。

5. 药剂防治　常使用的药剂有呕吐剂、麻醉剂和群体威吓剂等，利用这些药物防鸟，既不伤害鸟，又能保护柞蚕。

第四节 柞蚕的兽害

为害柞蚕的兽类有很多，比较常见的有狐狸、獾、貉、刺猬等。兽类对柞蚕的为害不如鸟类严重，因其在夜间为害，不易看守，对柞蚕也会造成不同程度的减产。可采取驱赶、惊吓等方法防治，以生产上不造成大的损失为原则。

一、兽害的种类

（一）狐狸

1. 分布与为害 狐狸在河南省各蚕区均有分布，狐狸喜食柞蚕幼虫和茧蛹，尤其喜食老熟蚕，一夜可食百头以上，柞园内一经狐狸取食，接连不断，为害严重。

2. 形态特征 狐狸体长 60～70 cm，尾长超过体长的 1/2，为 40～50 cm，身体细长，四肢较短，尾部毛密而蓬松，有刺鼻的狐臊气味。颜面狭呈棕红色，尤以眼下较为鲜明。背部毛红棕色，颈肩部和身体两侧带有黄色。头部毛的毛基棕色，毛尖白色，唇部和下颚到前胸部为白色。耳大、背面黑或黑棕色。

3. 生活习性 狐狸的栖息环境相当广泛，常见于丘陵、低矮山地灌木丛，多穴居于岩缝、树洞、土坑或废弃的旧兽洞中，昼伏夜出。性狡黠、机敏，听觉、嗅觉发达，行动灵活。狐狸的食性较杂，主要以鼠类、蛇类、鸟类、蛙类和昆虫为食，也食野果。柞蚕大蚕期为害最重。夜间侵入柞园，寻找柞蚕，比其他兽类入园寻食较晚，最喜食熟蚕，往往撕破薄茧取食柞蚕。一夜可食百头以上。白天蜷伏洞中，常抱尾而卧，一般 2 岁成熟，寿命最长可达 15 年。

（二）獾

1. 分布与为害　獾在河南省各蚕区均有发生，主要为害 3 龄蚕、大蚕、熟蚕及茧蛹。

2. 形态特征　成年獾体长 70~90 cm，重约 10 kg，体灰黄带黑色，背部圆宽，颈部短粗，口吻短宽，眼小，耳宽而短。四肢粗短呈棕黑色。

3. 生活习性　獾洞穴土居，洞穴多在幽僻的山丘或岩石下，洞穴深达 30 cm 以上，喜清净，粪便排到洞穴周围的浅坑处。1 穴内常住 1 獾，也有数头者。有冬眠习性，冬季匿居于深穴中。眠中逢天暖时，有出穴饮水的习性。在活动季节，昼伏夜出，性机警凶猛，行动敏捷，嗅觉特别灵敏。食蚕时大口嚼食，有“喳喳”声。

（三）刺猬

1. 分布与为害　刺猬在河南省各蚕区均有发生，主要为害 4~5龄蚕、老熟蚕及茧蛹。一般为害低枝上的大蚕和茧蛹。取食后留下被害蚕的消化管、血液及蚕头、蚕尾等。食下量很大，为害较为严重。

2. 形态特征　刺猬体长约 22 cm，全身密被棘刺，吻尖、耳短，耳长不超过其周围的棘毛，爪发达，乳头 5 对，脸部呈褐色，体背棕色，前后稍染棕色，其余部分浅灰色或浅灰黄色。

3. 生活习性　刺猬一般栖息于山地森林、开垦地或荒地、灌木、草地等多种类型的环境中。它们在低洼地方或沿山谷的树根处、石缝或古墙根下的洞穴中做窝。窝内铺以干草、树叶等。白天隐匿于窝内，晚上出来活动取食。刺猬行动迟缓，体小力弱，遇惊时立即全身紧缩成一团，形如刺球。有冬眠习性，一般于 10 月或 11 月开始休眠，翌年 3 月出蛰，休眠期 5~6 个月。每年繁殖 2 次，每胎产仔 2~6 头。

二、害兽的防治方法

（一）烟熏法

貉、獾有冬眠习性，若发现洞穴可将洞穴口挖宽挖大，堆放柴草燃烧冒烟，让烟进入洞穴，貉、獾难以呼吸而外逃，人可在洞穴口放置兽网或兽笼加以捕捉。

（二）诱捕法

在放养大蚕的柞园和营茧园里，夜间在刺猬经常出没柞园活动的时候，寻找木棒或石头摩擦地面，发出如同刺猬行动的声音，诱出刺猬前来或用刺猬喜食的大豆、瓜类等做成诱饵，加以诱捕。

（三）驱赶法

采用敲锣鼓、放鞭炮等方式驱赶，或在柞园周围、主要道口燃烧一些火药，狐狸、貉等害兽闻到火药味，便远离柞园不敢侵入。

第五节　柞蚕的鼠害

柞蚕在卵、幼虫、茧（蛹）期经常受到鼠类的侵袭，致使柞蚕茧减产，尤以 4~5 龄蚕和茧蛹受害最重。一般年份受害率在 20%~30%，鼠害严重时可达 50%以上。鼠害是造成柞蚕茧歉收和损失的重要因素之一，在河南省为害柞蚕的主要鼠类有花鼠、黑线姬鼠、褐家鼠、小家鼠 4 种。

一、花鼠

花鼠在河南省各蚕区均有分布，常活动于低山中下部柞园，尤以邻近的针叶混交林地带发生较多，食害蚕、蛾、蛹、卵。1

只花鼠一次可食老熟蚕 10 余头，1 昼夜可食大蚕几十头，在秋季将茧蛹拖入洞穴备作过冬食物。

（一）形态特征

花鼠体长大小如家老鼠，长约 15 cm，毛浅灰色，背部有 5 条黑色纵线，尾毛蓬松，尾巴长度与体长相当。

（二）生活习性

花鼠穴居，常在树墩下或倒木下掘洞，昼夜活动，以 15~16 时最盛。行动敏捷，有锐利的牙齿和爪，善爬树，能跳跃，食性杂，除为害柞蚕外还取食树木杂草、农作物种子、昆虫、鸟卵等，每年繁殖 1 次，每胎 4~6 仔。

二、黑线姬鼠

（一）分布与为害

黑线姬鼠在河南省各蚕区均有分布，以柞园灌丛、农田、休闲耕地分布较多，为害 4~5 龄蚕，一般一次能食完柞蚕 3 头左右，1 夜可取食 5 龄柞蚕多达 9 头，是大蚕饲养中的主要鼠害。

（二）形态特征

黑线姬鼠体形较小，体长 76~120 mm，尾长约为体长的2/3，耳短，四肢较细。背毛棕褐色，中央自头顶至尾有 1 条黑线。腹部及四肢内侧灰白色，尾上为黑色下为白色。

（三）生活习性

黑线姬鼠穴居，在山区栖居于草丛、荒坡、菜地、柴草堆、屋内等。洞穴一般有 2~3 个出口，一般在夜间出外觅食，饥饿时亦外出取食柞蚕。每年繁殖 4~5 窝，每窝产仔 6~7 头。

三、褐家鼠

（一）分布与为害

褐家鼠在河南省各蚕区均有为害，主要为害柞蚕茧。

（二）形态特征

褐家鼠体形较大，体长 14~18 cm，尾长短于体长，耳短且厚。背毛棕褐色至灰褐色，毛基深灰色，毛尖棕色。腹面灰白色略带乳黄色，尾背面黑褐色、腹面灰白色。

（三）生活习性

褐家鼠穴居，常栖息于住宅、仓库、畜舍、沟渠、厕所、草堆、耕地、草原等。家栖褐家鼠洞口多在墙角下或阴沟中，洞长且分支多，能从室外墙根挖到室内，洞深可达 1.5 m，昼夜均能活动。1 只家鼠一夜间最多盗食种茧 200 多粒，食蛹 10~11 粒，是柞蚕种茧保护期的主要鼠害之一，也有的在种茧堆中做巢、吃蛹。有明显季节迁移现象，冬季在居室内越冬，繁殖能力强，全年都能繁殖。

四、小家鼠

（一）分布与为害

小家鼠在河南省各蚕区均有为害。小家鼠主要为害柞蚕茧，为害程度仅次于褐家鼠。

（二）形态特征

小家鼠体形小，体长 60~90 mm，尾略短于体长。尾麟环较明显，背毛暗灰褐色，略带黄色。背中部色深且暗，大部分为黑色毛尖。背毛与腹毛无明显分界，背面棕褐色，腹面近乎白色。吻短，上额门齿从侧面观看有 1 个明显缺刻。

（三）生活习性

小家鼠活动范围广泛，常栖息于住宅、仓库、厨房、畜舍、沟渠、厕所、草堆、田野等多种环境。小家鼠食性杂，主要以粮食为主，在野外生活的小家鼠取食少量草籽及昆虫。为害柞蚕的小家鼠，主要是潜入保茧室，多藏匿于墙缝间及杂物堆、茧堆中。1 只小家鼠 1 夜间可为害种茧 4~7 粒。1 个保种期可食害种茧 600 粒以上。小家鼠有季节迁移现象，冬季多数在室内越冬，少数在室外草垛底越冬。日夜均能活动，一年四季均能繁殖，每胎产仔 2~12 只。为害的种茧，一般是咬个小洞，吃光脂肪，留下蛹皮。

五、害鼠的防治

根据柞蚕害鼠发生、活动及害蚕规律，可采取以下方法进行防治。

（一）灭鼠一号

作为专用于柞园灭鼠的首选药物，防治效果良好，已经在生产上广泛应用。在实际生产中防治效果达 90%以上，可有效控制鼠类对柞蚕的为害。

（二）毒饵灭鼠

（1）用废蚕蛹或废蚕蛾加少量水炒熟，切成两截，每 5 kg 加磷化锌 100 g 拌成毒饵，撒在老鼠经常活动的场所。药鼠以后加以清理。

（2）用麦麸 5 kg 混入炒熟或半熟的玉米面 0. 5 kg，再加少量水使其呈湿润状，再加入 150g 磷化锌拌成毒饵，撒在老鼠经常活动的场所。药鼠以后加以清理。

（3）用亚砷酸 100 g 兑水 1 kg，放在锅中煮沸 0. 5 h，等药液溶解后，把 1 kg 玉米倒入锅中，随煮随拌直至玉米裂开为止，取出晾干，在每个鼠洞口投放 5~6 粒或投放在活动场所进行毒杀，药鼠以后加以清理。

（4）用马前子粉撒入香瓜或西瓜皮中，置于洞口旁进行药杀。

（三）物理方法捕鼠

在鼠害经常出没的地方，通过放置捕鼠夹、捕鼠笼等工具进行物理方法捕鼠。

（四）加强柞蚕种茧管理

选用封闭严实的保种室保管种茧，柞蚕种茧保护室最好选有水泥地面和天花板的房间。门窗要堵严，严防老鼠进入，杜绝鼠害发生。

第十二章　柞树病虫害及其防治

柞树病虫害为害重点是柞园，集中暴发时不仅会造成柞叶被害虫吃光，而且会造成柞叶的光合作用减弱，致使柞树枝干枯萎，严重时还会导致整株死亡，同时又缩短了柞树的寿命，影响了柞园生态效益的进一步发挥。在害虫大量暴发的年份，大面积柞叶被食光，蚕期没有足够的饲料满足蚕的生长发育需要，从而影响柞蚕茧的产量和质量。为此，无论是对柞蚕生产发展还是对生态林建设与保护来讲，加强柞树病虫害防治都非常重要，不能掉以轻心。在柞园生产管理上要切实做好柞树病虫害防治工作，最大限度遏制或减少其对柞蚕生产造成的损失。

第一节　柞树的虫害及其防治

柞树害虫种类繁多，目前已发现的有150余种，对柞树为害较重的有10多种。为害柞叶、柞芽的害虫主要有天幕毛虫、舞毒蛾、栎枯叶蛾、栎黄斑舟蛾、花布灯蛾、栎褐舟蛾、栎粉舟蛾、黄二星舟蛾、刺蛾和栎卷蛾等鳞翅目昆虫，也有栎芽象虫、金龟子等鞘翅目昆虫，还有栎二叉蚜等同翅目昆虫。

一、柞树叶芽害虫

（一）天幕毛虫

天幕毛虫别名带枯叶蛾、天幕枯叶蛾等，俗称顶针虫、戒指虫、春黏虫、毛毛虫等。属鳞翅目枯叶蛾科。

1. 主要分布与为害 主要分布在我国东北、华北、华东、华南、西北及西南等地区，国外主要分布于美国、朝鲜、韩国及日本等国家。天幕毛虫以幼虫为害辽东栎、蒙古栎、黑栎、麻栎、杨、柳、榆、槐等多种植物。1 龄幼虫取食冬芽，2~3 龄幼虫吐丝结幕，并把枝梢包裹于丝幕内，取食嫩芽。4~5 龄为暴发期，严重时，柞树新萌发的嫩芽叶几乎被食光，影响柞树的生长发育。

2. 形态特征 雌成虫体长约 20 mm，翅展 40~45 mm。虫体枯褐色，前翅中央有深褐色的宽阔横带，后翅枯褐色。雄虫体长约 19 mm，翅展约 32 mm，体色淡黄，前翅中部有 2 条枯褐色的横带，后翅近外缘有 1 条深褐色横带，与前翅外缘的 1 条横带相衔接。卵为椭圆形，颜色为灰白色，直径约 1.0 mm，中央稍凹陷。卵数有数百粒，呈顶针状缠绕在枝条上，故有“顶针虫”之称。老熟幼虫体长 52 mm 左右。头部暗蓝色，颅顶两侧各生 1 个黑色斑块。前胸背部及臀部均为暗蓝色，上面着生 2 个黑色斑块。背中线淡黄色或黄白色相间。蛹为被蛹，体长 18 mm，黑褐色，上覆盖淡褐色短毛。茧长椭圆形，白色致密，茧衣黄色松软，上附淡黄色粉絮物。

3. 生活习性 天幕毛虫一年发生 1 代，以完成胚胎发育的幼虫在卵内越冬。幼虫一般在每年 4 月上中旬孵化，经 4 眠 5 龄，约 45 d 即可老熟。老熟幼虫于 5 月下旬至 6 月上旬化蛹，蛹期 2 周左右。成虫于 6 月下旬至 7 月上旬羽化，羽化后即可交配、产卵。卵经半月时间完成胚胎发育，完成胚胎发育的幼虫在卵内休眠，待到翌年4月上旬孵化。成虫一般在14时至夜间羽化，18~20时是羽化高峰期，成虫羽化后30 min左右开始伸展翅膀，静伏不动，待天黑后便陆续飞到外面寻找配偶交尾。成虫交尾一般在20~22时开始，交配过程1.5 h左右。雌虫只交尾1次，当天晚上便可产卵。产卵时，雌虫腹部缠绕枝条一圈接一圈地把卵产下，排成环状。1只雌虫产卵约270粒，成虫有趋光性，寿命只有3 d左右。雌虫比雄虫长些，未交尾的成虫寿命为1周。成虫喜欢在栎树上产卵，卵块多集中在1~2年树龄、树冠直径平均为3 cm的枝条周围。

天幕毛虫的幼虫经常吐丝结幕、群居生活，1~3龄丝幕由薄加厚，由最初的1~2层到后期的7~8层。取食芽叶时出幕活动，不食时静卧幕内。1~2龄幼虫以夜间出幕取食为主，3龄以后以白天取食为主，眠期在幕内休眠。4龄以后不再吐丝群居，而向其他寄主转移。4~5龄幼虫的取食量占全龄取食量的95%以上。天幕毛虫全龄取食芽叶量约5g/头，全龄经过大约45 d。

4. 天敌　该昆虫的天敌有寄生蝇、寄生蜂、步行甲、蚂蚁、线虫、蜘蛛等20几种，另外还有核型多角体病毒等。天幕毛虫抱寄蝇、松毛虫赤眼蜂、黑瘤姬蜂等天敌寄生天幕毛虫的幼虫。同时，毛虫核型多角体病毒对天幕毛虫也有致病力，一般该病毒在3龄期使天幕毛虫体感染发病，4~5龄期为虫体感病盛发期，导致天幕毛虫成虫严重患病死亡。病虫体破裂溃烂后在柞树上形成干瘪尸体。另外蚂蚁、蜘蛛、步行甲、螽斯等天敌主要取食天幕毛虫的幼虫。

5. 防治方法

（1）杀灭虫卵。在冬春农闲时节，组织相关人员在柞园内采集1~2年生栎树小枝条上各种害虫的卵块，然后集中处理。

（2）捕杀幼虫。在放养期间及时护园巡逻，发现幼虫，立即捕杀。

(3) 灯光诱杀。在6~7月成虫羽化高峰期间，采用黑光灯诱杀天幕成虫。

(4) 天敌防治。利用大自然中的天敌昆虫，主要是卵寄生蜂等产卵寄生天幕毛虫。

(5) 药杀幼虫（或成虫）。在养蚕前10 d，用残效期短的农药（如敌敌畏）对2龄之后的柞蚕无为害的药剂喷施柞墩或柞枝，药杀该幼虫（或成虫）。准备用来放养秋蚕的柞园，在春蚕进行施药的同时，可采用长效杀虫剂（如甲基对硫磷）喷洒柞园。施药时要注意人畜安全。一般选用80%敌敌畏乳油150~200倍液，或50%马拉硫磷乳油100~150倍液。常量喷雾可应用各药剂的2 000~3 000倍液，可起到最佳的防治效果。

（二）舞毒蛾

舞毒蛾别名秋千毛虫，俗称红刺毛虫、柠椤狗子等。属鳞翅目毒蛾科。

1. 主要分布与为害　舞毒蛾在我国各个柞蚕区均有发生，是春蚕柞树的主要害虫之一。但以辽宁蚕区发生最多，为害最重。平均每墩柞树上有幼虫300~500头，最多时可达1 000余头，柞叶全被食光。此虫除为害柞树叶芽外，还取食杨、柳、苹果、杏、桦、榆等数百种植物的叶芽。

2. 形态特征　雌成虫体长约30 mm，翅展60 mm左右，颜色为白色或米白色，前翅有4条灰褐色波浪状条纹，翅的外缘散落有数个褐色斑点。腹部比较肥厚，末端生有细密的黄褐色丛毛。雄虫体长18 mm左右，翅展40 mm上下，体色黄褐色，前翅与雌虫具有相同的4条波浪状条纹，腹部比较瘦小，末端稍尖。卵圆球形，卵块上堆积的卵粒有数百粒之多，表面附着一层黄褐色毛。卵刚产下时为黄白色，数小时之后变为紫褐色。刚孵化的舞毒蛾幼虫体黄褐色。

3. 生活习性　舞毒蛾1年发生1代，以胚胎发育完成的卵在树枝、屋檐及石块下越冬。第2年4月下旬至5月上旬越冬卵开始孵化，幼虫经历2个月左右，6月下旬至7月初化蛹，蛹期约经2周时间羽化。羽化的成虫紧接着交配、产卵，完成胚胎发育的卵便越冬滞育。初孵化的幼虫多停留于卵块上，借助风力传播而爬上树枝，刚上树的幼虫毛长体轻，多群集于栎芽鳞片及新绽放的芽叶上取食。1~2龄幼虫，遇惊扰便吐丝下垂，体躯随风飘荡，似秋千摇摆，故称“秋千毛虫”。为害多从顶梢开始，逐渐向下转移。幼虫活动无规律，雌、雄幼虫的龄期有差异，雄虫5龄，雌虫6龄。幼虫的迁徙能力很强，为寻找食物可做长距离迁移，并形成新的为害区域。老熟后的幼虫会用自身吐出的浮丝把柞叶卷起将体躯包围，然后在树枝上化蛹。雌虫化蛹后经10 h左右羽化，羽化后便能交尾。交尾时间大约1 h。卵粒大多产在树干基部、中部或屋檐下。1头雌虫集中产1个卵块，卵粒大约800粒。成虫具有较强的趋光性，生命时限7~10 d。舞毒蛾呈周期性发生，其发生周期一般为5~8年，增殖为害期2~3年，肆虐期为2年。但遇干旱天气则增殖期缩短，而肆虐期则会向后延长。

4. 天敌　舞毒蛾的天敌有200多种。卵期的天敌是大蛾卵跳小蜂，寄生为害率为10%~30%；幼虫期的天敌是绒茧蜂，寄生为害率在30%以上；幼虫和蛹期的天敌主要是寄生蝇，寄生为害率在85%以上。舞毒蛾感染核型多角体病毒而使患病虫体发病致死的概率很大。山麻雀、杜鹃、啄木鸟对舞毒蛾的大量暴发也有明显的预防和抑制作用。

5. 防治方法

（1）收集卵块，集中处理。利用秋冬季节，组织有关人员上山采用刀刮剔除树干上卵块的办法，将卵块铲除销毁。

（2）利用灯光诱杀。在每年7月成虫高发期，根据成虫趋光性的特点，利用黑光灯、白炽灯或汞灯诱捕成虫，然后集中消灭。

（3）药物防治。选用50%敌敌畏乳油500倍液或50%辛硫磷乳油1 000倍液喷雾药杀3龄前幼虫。

（三）花布灯蛾

花布灯蛾别名黑头麻栎毛虫，俗称贴虫、包虫等。属鳞翅目灯蛾科。

1. 主要分布与为害　花布灯蛾集中分布在我国东北三省及安徽、湖北、山东、江苏、福建、广东等省，以幼虫为害柞树芽叶，越冬幼虫啃食柞树的芽苞。特别是幼虫大龄后，啃食柞树叶片，严重时，成片的柞叶被食光，影响柞树生长发育。

2. 形态特征　成虫体长约15 mm，翅展30 mm左右，体躯橙黄色，前翅黄色。前翅上有6条斜纹。在外缘的后半部，有赤红色的2组斑纹，在靠近臀角外缘处，有方形黑斑点3个，后翅橙黄色。雌虫腹部尾端有稠密的粉红色绒毛。卵扁椭圆形，浅黄色，卵粒单层排列，上面覆以粉红色的绒毛。老熟幼虫体长约30 mm，头部黑色，前胸黑褐色。腹部灰黄色，各环节上着生数根雪白色长毛。蛹为被蛹，茶褐色，腹部尾端有1个短排刺突。茧土黄色，与柞蚕茧颜色类似，略呈纺锤形，一端稍平，一端稍尖。

3. 生活习性　花布灯蛾1年发生1代，以幼虫在柞树树干基部的表土层和杂草落叶下的虫包内越冬。越冬幼虫于第2年4月上旬蛰出上树啃食芽苞，幼虫于5月中下旬老熟，在树干基部结茧化蛹。成虫于6月中下旬开始羽化，即可交配、产卵。7月下旬或8月上旬孵化幼虫，幼虫生长到10月中下旬便寻找合适场所吐丝做虫包并在里面滞育越冬。花布灯蛾成虫白天羽化。白天一般集中在6~11时、14~18时，先羽化的雄虫数量多，后羽化的雄虫数量少，羽化率可达60%左右。成虫从羽化孔爬出，一般停留在直立物上，头部朝上，腹部朝下展翅。展翅后的成虫在树冠枝叶背面静伏不动。待天黑后，雄虫到处飞舞，选择合适配偶交尾，交尾时间 30 min。成虫活动交配时间大约从 20 时开始，21 时交尾结束。当夜便可产卵，也有第 2 天早晨产卵的。卵多产在栎树枝条中下部的叶背。整齐紧密排列，单层卵粒，卵块圆形。上面覆以赤红色的尾毛，成虫每产完 1 个卵块需 2 h 左右，卵粒数约 250 粒，成虫具有一定的趋光性。雌虫寿命仅有 6 d，雄虫约有 5 d。卵期 20 d 左右，孵化率高达 95%以上。孵化的幼虫先从卵壳底部咬破 1 个小孔钻出，刚孵出的幼虫乳白色，后在卵块的覆毛之下吐丝结幕，再将卵块所在的柞叶与柞枝以丝缚好，然后取食叶肉。被害柞叶只留表皮和叶脉，呈网状、白色，俗称白叶。特别是在霜降后柞叶发黄变硬时，幼虫食叶时间较长。集中取食的幼虫，一般是整枝、整墩的取食，幼虫进出虫包排成一队，前面领队幼虫一边爬行一边吐丝，后面跟进的幼虫以丝为向导紧随其后。冬眠前的幼虫，其食叶量减退，生长缓慢。越冬的幼虫在 4 月中下旬开始活动，虫包逐渐向树干上部迁移。白天幼虫藏匿于虫包内，黄昏后开始爬向树枝蛀食芽苞，芽苞蛀空后，继续蛀食其他树梢嫩叶嫩芽。据调查，1 头越冬幼虫可蛀食芽苞 40 多个，造成连片柞树不能萌发新芽。老熟幼虫于 5 月上旬下树寻找附近的落叶杂草吐丝结茧化蛹，时间约需 3 d。

4. 天敌　花布灯蛾幼虫天敌有褐色小蚂蚁、黑色小蚂蚁和红色蚂蚁等，蛹的天敌有寄生蜂、寄生蝇、山鼠等。

5 . 防治方法

（1）灭杀幼虫。幼虫多在虫包内生长，可摘取虫包捕杀幼虫。幼虫有群居活动蛀食的习性，可采集虫包来捕杀。

（2）消灭虫卵。卵块表面附着一层鲜红色尾毛并常产卵于柞树树冠中下部叶背，可收集卵块进行消灭。

（3）灯光诱杀成虫。在 6、7 月，利用成虫羽化高发期，采用黑光灯诱杀羽化成虫。

（四）栎褐舟蛾

栎褐舟蛾别名栎蚕舟蛾、麻栎天社蛾、尖柞天社蛾、栎褐天社蛾，俗称红头虫子。属鳞翅目舟蛾科。

1. 主要分布与为害 栎褐舟蛾在辽宁、江苏、湖北、河南等省均有发生。幼虫取食柞叶，最喜爱取食麻栎叶，通常有数百头幼虫群居在柞枝上取食柞叶。

2. 形态特性 成虫体长 16~20 mm，翅展 40~50 mm。虫体淡褐色，前翅灰褐色有光泽。

头部和胸背部灰白色，间杂有红褐色。触角黄褐色，栉齿状。雌虫色泽暗灰，尾部着生黑褐色毛丛。雄虫体色深灰，体躯瘦小。卵粒白色，圆球形，卵粒数百粒集聚成条状卵块，上面附着黑褐色丛毛。老熟幼虫体长约 50 mm，体色淡黄，头部橘红色，背部及两侧密生排列整齐的紫褐色斑纹。蛹为被蛹，体躯长约 20 mm，暗褐色，背部凸起，腹部扁平，茧色暗褐，茧层坚固硬实。

3. 生活习性 栎褐舟蛾 1 年发生 1 次，以卵在柞树枝条上越冬。5 月上旬越冬卵开始孵化，6 月中下旬化蛹，10 月初成虫羽化，同期产卵越冬。1~2 龄幼虫群集于柞叶背面取食叶肉，3 龄后吃叶量增加，5 龄期盛食。具有很强的群集性，为害严重时，可将大片柞墩柞叶吃光。暴发期具有周期性，十多年为 1 个周期。幼虫深褐色，体表有数条橙红色纵线，各环节还有 1 条橙红色横带，全身长黄白色长毛。幼虫 4 眠 5 龄，老熟幼虫下树爬入根基附近 5~10 cm 深的土中吐丝窝茧化蛹。成虫白天蛰伏，天黑后出来活动，寻偶交配、产卵。成虫具有趋光性，虫卵多产在细小柞枝条上，密集成条状卵块，整齐排列数行，上覆黑褐色毛。成虫寿命为 10 d，卵块有 200 多粒。

4. 防治方法

（1）捕杀幼虫。利用幼虫群居的习性而在幼虫活动期（5~6

月）采集捕杀。

（2）消灭越冬卵。在每年 12 月柞园修剪整伐之时，把产有卵块的枝条剪去，集中处理。

（3）灯光诱杀。在成虫羽化期间，采用黑光灯诱杀成虫。

（4）药剂防治。用 80%敌敌畏乳油 2 000 倍液或 0.2%～0.5%杀虫灵（或辛硫磷）喷杀 1～3 龄幼虫，可取得良好的防治效果。

（五）栎枯叶蛾

栎枯叶蛾又称毛虫、油茶枯叶蛾，俗称贴树皮毛虫。全国各地均有发生，以辽宁蚕区发生最多。成虫翅呈灰褐色，类似秋后枯萎的柞叶，故称枯叶蛾。幼虫胸部三环节背面两侧生黑蓝色毛丛，而腹部各环节背面两侧瘤状突起仅生数根刚毛。雌虫 1 年发生 1 代，以卵越冬。4 月下旬越冬卵孵化为幼虫，蜕皮 8 次，于 8 月末老熟幼虫下树，钻入杂草落叶、灌木丛中结茧化蛹。幼虫为害柞叶时间较长。

（六）栎粉舟蛾

栎粉舟蛾别名旋风舟蛾、细翅天社蛾，俗称罗锅虫、花罗虫、屁豆虫、气虫等。属鳞翅目舟蛾科。

1. 主要分布与为害　栎粉舟蛾在东北地区及河南、河北、四川、湖北等省均有发生。以幼虫为害柞叶，发生期与秋蚕放养期比较接近。

2. 形态特性　成虫头、胸背褐色间杂灰白色，腹背灰黄色。前翅灰褐色，后翅灰色，外缘稍重。卵色灰白呈圆形，大小如米粒。老熟幼虫头黄褐色，上有 4 条黑褐色纵线。体色淡绿，掺杂有黄褐色。第 3～6 腹节肥厚粗大，其他各节细小似罗锅状，又称罗锅虫。经手触动会从前胸腹面排出类似乙酸的液体，又称气虫、屁豆虫。蛹为褐色的被蛹，长约 20 mm，在土茧内越冬。

3. 生活习性　栎粉舟蛾 1 年发生 1 代，以蛹在茧中于土下越冬。成虫于6月下旬至7月底羽化，羽化高峰集中在7月中下旬。成虫的趋光性很强，羽化之后便可交配、产卵。虫卵多产于柞树中上部背面，7月底开始孵化，幼虫期可生存至9月下旬。刚孵化幼虫食下量小，5龄期幼虫食下量剧增，在幼虫为害严重的地方，会造成许多窝茧场所的柞叶被食光，致使柞蚕茧减产严重，经济效益较低。

4. 防治方法

（1）灯光诱杀。在成虫羽化阶段，设置黑光灯进行诱杀成虫。

（2）生物防治。利用舟蛾赤眼蜂，在栎粉舟蛾羽化高峰期后2~3 d放蜂，放蜂量为75万头/ hm^2，蜂卡间距18~20 m，防治率可达90%以上。

（3）药杀幼虫。喷洒20%杀虫灵乳剂2 000倍液或50%敌敌畏乳油500~1 000倍液。杀虫灵对柞蚕的残效期为10~15 d，敌敌畏为5~7 d。在收蚁前5 d，采用50%敌敌畏乳油1 000倍液对蚁蚕进行喷洒，可有效杀死刚孵化的幼虫。

（七）黄二星舟蛾

黄二星舟蛾又称槲舟蛾、栎天社蛾、背高天社蛾，俗称大头虫、大头光、大头皇、豆虫。属鳞翅目舟蛾科。

1. 主要分布与为害 黄二星舟蛾在东北地区及山东、河南、河北、湖北、江苏、浙江等省均有发生。此虫主要为害柞叶，严重时能将柞叶连同叶脉全部吃光。

2. 形态特性 幼虫肥大无着生刚毛，背面淡绿色有光泽，体侧绿色。第1~7环节有白色斜线。每条斜线横跨2个环节。老熟幼虫体长约70 mm，刚孵化时浅蓝色，2龄体淡绿色，老熟时体绿色。蛹体深褐色或黑褐色，在土茧内越冬。成虫体长约30 mm，翅展75 mm，体黄褐色，胸背中央有高而突起的毛丛，故有“背高天社蛾”之称。前翅有2条明显的暗褐色横线，内线与后缘齿形毛丛相接，外线向内凹斜，外缘脉间呈月牙形缺刻。在靠近翅前缘近内线地方有 1 对白色圆点，故称黄二星舟蛾。卵扁平略圆形，初产时乳白色，后变成黄褐色。

3. 生活习性　黄二星舟蛾在辽宁 1 年发生 1 代，山东 1 年发生 1~2 代，以蛹在土中越冬。成虫于 6 月下旬至 7 月上旬羽化，羽化多在夜间 20~22 时，有很强的趋光性。虫卵多分散产于叶背，每头雌虫产卵 700 粒左右，1 周后孵化出幼虫。8 月初至 9 月末为幼虫活动期，初期幼虫食叶量小，为害程度较轻，到了 5 龄盛食期，随着幼虫食叶量大增，其为害程度进一步加剧，严重时柞叶全被食光。老熟幼虫爬到树下土中做茧，而后进行越冬。

4. 防治方法

（1）捕杀幼虫。在 8 月初始为害柞叶时及时进行人工捕杀。

（2）药物防治。防治方法同栎粉舟蛾。

（八）刺蛾类

刺蛾类幼虫通称洋辣子、剥刺毛、毛辣虫等。属鳞翅目刺蛾科。

1. 主要分布与为害　刺蛾类害虫在我国各个蚕区都有分布。以幼虫为害柞叶，1~3 龄幼虫取食叶表或叶肉，4 龄以后通常把柞叶食光，仅剩枝条、叶柄。幼虫体躯上毒毛可蜇人皮肤而出现红肿、疼痛等情况。此类害虫除啃食柞叶外，还啃食柳树、栗树、榆树、桑树、茶树、苹果树、梨树、桃树叶等。刺蛾种类很多，有褐边绿刺蛾、中国绿刺蛾、黄刺蛾、梨刺蛾等。

2. 形态特征　成虫体长 10~20 mm，翅展 25~42 mm。头顶和胸背绿色、黄色或红褐色不等，前翅绿色、褐色、黄色或暗褐色，基部和外缘棕褐色、黄色，后翅淡黄色、黄色，外缘呈淡褐色、黄白色。卵扁平椭圆形，乳白色、淡黄绿色或黄褐色。老熟幼虫体长 17~25 mm，刚孵化幼虫为嫩黄色，后逐渐变成青绿色，每一体节生有 4 丛刺毛，腹部末端有 4 丛蓝黑色球状刺毛，中后胸及腹部第 6 节背面各有 1 对黑刺毛。蛹为被蛹，淡黄色、黄褐色，椭圆形，藏匿茧中。茧椭圆形，色暗褐，坚硬，其上有数条暗褐色条纹，呈花卵状，俗称洋辣罐。

3. 生活习性 幼虫体色体形有很大差异，但在瘤突上丛生球状毒毛。7~9 月以幼虫为害柞叶，还可用毒毛蜇伤人体皮肤，对放养秋蚕的蚕农会造成一定的影响。刺蛾类分布地区比较广泛。我国北方分布的刺蛾 1 年发生 1 代，南方分布的刺蛾 1 年发生 2~3 代。越冬幼虫于翌年 5 月中旬至 6 月上旬化蛹，5 月下旬或 6 月中旬羽化，成虫产卵于叶背，卵期 7~10 d。第 2 代幼虫 8 月上旬发生，9 月上中旬结茧越冬。成虫具有很强的趋光性，刚孵化幼虫又有群集特性，幼虫孵化后先咬食卵壳，而后在叶背取食叶表及叶肉，残叶呈网状透明，4 龄幼虫取食成孔洞，5 龄后取食仅剩叶脉。老熟的幼虫爬到树下靠近树干的土下结茧越冬。

4. 防治方法

（1）捕杀越冬虫茧。在冬春农闲时节，组织相关人员上山对柞树上越冬虫茧进行采摘收集，然后集中处理，对土下越冬虫茧可挖土拾茧再消灭处理。

（2）消灭幼虫。初孵化幼虫常群聚于叶背，可摘除带虫柞叶再捕杀。

（3）灯光诱杀。通过设置黑光灯、白炽灯、汞灯等诱杀羽化成虫。

（4）生物防治。利用松毛虫赤眼蜂进行天敌防治。

（5）药剂防治。放养秋蚕前 5~7 d，于柞树中下部柞叶喷洒 25%亚胺硫磷乳油 3 000~4 000 倍液。喷洒 50%敌敌畏乳油 1 500~2 000 倍液，对 1~3 龄幼虫药杀效果明显，1 000 倍液对各龄幼虫防治效果均有效。喷洒 1 周后即可放养秋蚕。

（九）栎卷蛾

栎卷蛾为害栓皮栎、麻栎较重，而为害槲栎相对较轻。为害火芽（芽柞）较重，为害老梢（老柞）较轻。1~3 龄幼虫，常 3~5 只共同吐丝连缀几枚枝端嫩叶，做成 1 个虫苞，藏在虫苞内蛀食叶肉，留下叶脉。4~5 龄幼虫分散卷叶为害。此虫 1 年发生 2 代，第 1 代在 4 月中旬至 5 月底为害柞叶。老熟幼虫在柞树根周围的表土层营结土黄色茧（茧壳上黏附土粒），在茧中化蛹。

（十）栎芽象虫

栎芽象虫也称象甲，河南俗称放牛娃。象甲的成虫为害栎芽。成虫纺锤形，体色有变化；初羽化时体表有光泽，有时变成黄绿色；粉被脱落后呈灰黑色；秋冬季变成古铜色。象虫 1 年发生 1 代。河南于 4 月初开始出现象甲成虫，4 月末至 5 月末发生较多。

（十一）金龟子

为害柞树的金龟子有苹毛金龟子、小金花金龟子、铜绿金龟子等。幼虫（俗称蛴螬）在土中生活，成虫为害柞树芽叶和栎花。我国各地均有发生。金龟子 1 年发生 1 代，4 月上旬开始出现成虫。

（十二）栎二叉蚜

栎二叉蚜俗称腻虫。全体黄绿色，体长 1~2 mm。栎二叉蚜以胎生（无性生殖）和卵生（有性生殖）两种方式迅速繁殖后代。河南蚕区 4 月下旬至 5 月下旬栎二叉蚜为害栓皮栎、麻栎的火芽（芽柞）。被害的柞叶卷缩，叶色减退，叶面附着蚜虫所分泌的黏腻性糖蜜。4~5 龄柞蚕虽然能够同期食取蚜虫和被害的柞叶，但影响蚕的正常生长发育。

综述柞叶害虫的为害时期可分为 2 个阶段：一是春季，有些害虫（如天幕毛虫、舞毒蛾、栎枯叶蛾、花布灯蛾等）于 4~6 月为害柞树的幼芽和嫩叶；二是秋季，有些害虫（如栎黄斑天社蛾、栎粉舟蛾、黄二星舟蛾、刺蛾等）于 7~9 月为害柞叶。因此，防治柞叶害虫工作，应参照虫害发生规律及虫口发生密度，抓住防治有利时机进行捕杀、诱杀或药杀等方法，可取得事半功倍的防治效果。

二、柞树枝干害虫

柞树枝干害虫主要有天牛类、蚜虫类、瘿蜂类等。

（一）栗天牛

栗天牛又称栗山天牛、深山天牛、栎天牛。属鞘翅目天牛科。

1. 主要分布与为害 栗天牛主要分布在我国东北地区及河南、山东、福建、四川、湖北等省。以幼虫蛀食柞树枝干及根部，形成不规则隧道，阻隔树干养分与水分的传输，使树干逐渐枯萎。根部被害后，经水浸泡腐烂，易招致蚂蚁为害及菌类寄生，导致树势衰弱，为害严重的，整株枯死。

2. 形态特征 体躯灰棕色或灰黑色，全身密生黄褐色短细绒毛。触角及两复眼的中央有1条深沟，延伸到头顶。雌虫触角较雄虫短，雄虫触角稍长。前胸背板及两侧有不规则的皱纹，两侧较圆。鞘翅周缘有细黑纹，足密生灰白色毛。卵为圆柱形，两端稍尖，白色细长。老熟幼虫乳黄色。体躯肥大，似长圆筒形。头部和前胸背板骨化，呈黄白色或黄褐色。前胸宽大，背面近方形，其上有2个凹字形纹，腹足退化。裸蛹，蛹初期乳白色，以后变深黄褐色。

3. 生活习性 栗天牛在河南蚕区2年发生1代，以幼虫（河南俗称木花儿）在树干、树根内的隧道内越冬。老熟幼虫越冬后于翌年5月化蛹，6月上旬开始羽化，羽化高峰期为6月中下旬，羽化后即可交配、产卵，虫卵于7月下旬孵化。孵化后的幼虫蛀食到11月越冬。越冬幼虫第2年3月下旬蛰出活动，10月下旬老熟，移入枝干或根部隧道内越冬。成虫具有趋光性，喜食枝液，常3~5头集聚在柞树枝杈处或树皮裂缝处，吸食枝液。

虫卵多产于树干茎部或根部的树皮缝内，每次产卵 1~2 粒，初产卵色为白色，然后变为黄褐色，卵粒经 10 d 左右孵化为幼虫。刚孵化的幼虫先蛀食皮层，再蛀食木质核心。幼虫为害柞树中刈树干，高发期是每年 4 月，幼虫在枝干内每隔一段距离向外蛀食 1 个排泄孔，从排泄孔内排出黄白色粪便和木屑。通常排泄孔内聚集一定数量幼虫，并由上向下移动，较大的幼虫多在柞树的根部为害。

4. 防治方法　防治栗天牛，可采用以下几种方法，其效果较为明显。

（1）消灭虫卵。在中刈树干中下部的树皮缝内寻找天牛虫卵，可用铁锥或木槌刺杀、击杀。

（2）刺杀幼虫。在树干基部寻找新鲜排泄孔，将铁丝从孔洞入口插进隧道内刺杀幼虫。

（3）药剂防治。使用注射器，向新鲜排泄孔中注入 50% 敌敌畏乳剂 100~200 倍液，再用黄泥封闭孔口，以此来药杀隧道中的幼虫。

（4）毒饵诱杀。把土豆、南瓜煮熟，使其自然发酵，加入少许蜂蜜和料酒，再添加适量杀虫剂，配制成毒饵，涂抹于栗天牛经常出没的树杈及树干上，诱杀成虫。

（二）栎大蚜

栎大蚜别名栎枝大蚜，属同翅目蚜科。

1. 主要分布与为害　栎大蚜主要分布在江苏、浙江、河南、河北、山东、辽宁等省。成虫、若虫刺吸柞树嫩枝汁液，影响枝条生长发育，减少柞叶的质量和产量。由于该虫会在枝叶上分泌糖蜜类代谢物，容易吸引蚂蚁、寄生蝇等害虫，从而加重了对柞蚕生产的为害。

2. 形态特征　有翅胎生雌蚜，全身黑色，体长 4 mm，翅暗灰色，有 2 对翅，翅上生有透明不规则的斑点，后足胫节细长，腹管退化。无翅胎生雌蚜与有翅胎生雌蚜相近，无翅，体长大于有翅雌蚜。卵椭圆形，黑色富有光泽。

3. 生活习性 1年发生多代，以卵在树干基部的树皮上越冬。翌年4月末越冬卵孵化为无翅胎生雌蚜进行孤雌生殖。5月中旬产生有翅胎生雌蚜，雌蚜向外活动到其他柞树上刺吸柞枝汁液，再进行孤雌生殖。繁殖数代以后，于秋季产生有翅胎生雌蚜和有翅雄蚜，两性交配后，雌蚜在树干基部的树皮上产卵。雌蚜一般群集在一起产下数百粒卵。被害的柞树产叶量明显下降，影响柞蚕茧产量。

4. 防治方法

（1）灭杀虫卵。虫卵多集中在树干下半部，应于冬季消灭越冬虫卵。

（2）药剂防治。用80%敌敌畏乳油2 000~3 000倍液喷洒成虫、若虫，防治效果比较理想。

（三）壳点红蚧

壳点红蚧别名黑绛蚧、栎绛蚧。属同翅目红蚧科。

1. 主要分布与为害 壳点红蚧国内主要分布在辽宁、山东、河南、山西、陕西、江苏等省，国外分布在韩国、朝鲜、日本等国。以若虫、雌成虫寄生为害柞树的枝干，被害的柞树长势衰弱，发芽较晚，幼龄柞树通常在被害后3~5年整株枯死。

2. 形态特征 雌成虫呈球形，黑色或黄褐色。其虫体颜色稍淡，上面覆有几条黑色横纹或由黑色点缀的横纹，臀部硬化突起似指状，带有白色蜡质的分泌物，触角和足退化为锥形。雄成虫红褐色，单眼5对，黑褐色。中胸背板黑褐色，中间有白色膜质区2块。触角细丝状10节。足比较发达，密生一层刚毛和绒毛。前翅有纵脉2条，颜色洁白透明，后翅有纺锤形平衡棒，上面有端钩毛1根。腹部每个环节着生1对背毛，2对侧毛。虫卵扁椭圆形稍长，呈乳黄或淡橙黄色，临近孵化之际，可现黑色眼点。1 龄若虫淡红褐色，臀棘毛 2 条，白色，触角有 6 节；口器和足相对发达。2 龄若虫雌、雄分化明显。雄若虫凸椭圆形，触角 7 节，体覆白色蜡粉，分泌白色蜡丝营茧。雌若虫扁平，椭圆形，6 节触角，体覆白色蜡粉，体缘有白色蜡缘刺，臀瓣明显。3 龄雌若虫半圆形，臀瓣有明显退化倾向。预蛹红褐色，长椭圆形。蛹的触角和足有分节现象。茧为白色扁长椭圆形，茧后端有横裂羽化孔。

3. 生活习性 壳点红蚧 1 年发生 1 代，以 2 龄若虫，雌、雄分群越冬。雌若虫群聚在枝干裂缝伤痕或树杈基部；雄若虫则群聚在粗枝干的裂缝及伤痕处。越冬雌若虫于 4 月中旬时（寄主枝叶开展期）蜕皮进入 3 龄。10 d 之后雌若虫蜕皮进入成虫期。其蜕皮在头部开始裂开，然后逐渐向后退缩，体臀在背部边缘开裂，成虫体背保留 3 龄若虫灰褐色的头盔状背壳，腹蜕一直蜕到尾端，2~3 d 后成虫分泌 1 滴蜜露将腹蜕顶落，标志着成虫生殖器官发育成熟，即将交尾产卵。雄成虫羽化集中，交配多发生在 8 时和 14~16 时。一般 5 月下旬开始产卵，卵产于母体凹陷的腹面内，并伴有分泌白蜡粉，卵粒不便粘连，从而有利于虫卵自然孵化。若虫孵化后，可从母体腹面凹陷处爬出。若遇大风、阴雨等极端天气，可在母体下躲避 1~2 d。1 龄若虫攀爬找寻枝干裂缝、伤痕处群集生活，吸食寄主汁液。6 月中旬，1 龄若虫进入越夏滞育期。11 月，1 龄若虫正常蜕皮为 2 龄若虫，然后不食不动进入越冬期。

4. 防治方法

（1）在雄虫羽化集中期，采用洗衣粉 200~1 000 倍液喷洒寄生树干或地面上的雄茧，以使雄成虫无法出茧，还可杀死蛹。

（2）利用天敌防治，可利用蒙古光瓢虫、红点唇瓢虫、草蛉等进行有效防治。

（3）结合春季柞树修剪整伐工作，有效消灭在树干裂缝、伤痕处及树杈基部越冬若虫。

三、橡实害虫

橡实害虫主要为害柞树橡实，橡实被害后不能正常萌发。橡实害虫主要包括橡实象虫、剪枝栎实象甲、橡实卷叶蛾、榛实象虫等。在河南省柞园中，以橡实象虫最为常见，对柞树橡实造成一定的为害。

（一）橡实象虫

橡实象虫又称橡实象甲、橡实象鼻虫。属鞘翅目象甲科。

1. 主要分布与为害 橡实象虫发生于我国的黑龙江、吉林、辽宁、河北、山东、河南、江苏等省，主要以幼虫为害橡实，被害率为30%~50%。被害橡实大部分不能正常发芽，成虫也能为害幼嫩的橡实和嫩芽，幼虫除为害橡实外，也为害栗树果实。

2. 形态特征 成虫体长约1 cm，体赤褐色，略呈纺锤形，体上密生灰褐色绒毛。头管细长，前端稍向下弯曲。雌虫触角着生位置靠近头管基部。前胸背板绒毛稍长，沿背中线向两侧倾斜。鞘翅呈倒三角形，上面生有不规则的诸多棕褐色条纹。足的腿节发达，呈纺锤形。卵乳白色，椭圆形较扁平，老熟幼虫体长1.2 cm，头部黄褐色，腹部乳白色或米黄色。蛹为裸蛹，初期为乳白色，随后变为棕褐色。

3. 生活习性 橡实象虫1年发生1代，以老熟幼虫在土中越冬。翌年5月幼虫化蛹，6~7月相继羽化为成虫，8~9月成虫逐渐发育成熟，即行交尾。其卵产于柞树上的橡实内，卵经4~8 d孵化为幼虫，10月幼虫老熟后脱离橡实进入泥土中越冬。

4. 防治方法

（1）收集橡实消灭幼虫。收集脱落在树下的橡实，摊放在平整硬化地面上，待幼虫脱出橡实时进行灭杀。

（2）浸种药杀。

1）浸种药杀。橡实采摘后，可用25%乐果乳剂350~500倍液浸种48 h，药液温度保持在22 ℃，然后取出橡实晾干，杀虫率在90%以上。

2）河水浸种杀虫。在小溪或小河流平缓的地方开挖1个水坑，将采回的橡实盛放在竹筐或荆条篓中移入挖好的水坑内，其上覆盖竹制或塑料盖子，以防橡实被水冲走。浸种10 d后，便可杀死橡实内的幼虫。

3）药剂熏蒸。把采回的橡实贮放在密闭房舍内（或用塑料薄膜搭成简易的密闭空间）。一是用二硫化碳20~30 mL，室温保持23 ℃，熏蒸20 h，杀虫率可达95%以上。二是使用磷化铝8 g，室温保持23 ℃，熏蒸72 h，效果明显。三是使用溴甲烷25~30 g，室温保持15 ℃，熏蒸30 h，杀虫率可达98%以上，但对橡实发芽率会造成一定影响。

4）温水浸种杀虫。把采回的橡实倒入60 ℃温水中浸泡10 min或用55 ℃的温水浸泡15 min，取出晾干，其杀虫率可达90%以上。

（二）剪枝栎实象甲

剪枝栎实象甲又称剪枝象甲、剪枝橡实象鼻虫、锯枝虫。属鞘翅目象甲科。

1. 主要分布与为害　该害虫主要分布在我国辽宁、吉林、河南、河北、湖北、四川、山西、陕西、山东、江苏、云南等省，国外主要分布于日本、朝鲜、俄罗斯等国，以幼虫为害辽东栎、蒙古栎、黑栎、白栎、槲栎、板栗等壳斗科植物的坚果。成虫有咬断树枝产卵的习性，使植物果实没有成熟便被咬断落地，造成相应植物果实的歉收和减产。

2. 形态特征　成虫体长7~9 mm，身体黑色富有光泽，上面密生一层向后倾斜的黄色或银灰色绒毛。头管与鞘翅相平，雌虫触角在头管的中部生长，雄虫触角在头管前端生长，前胸窄长，背部及两侧有球状突起，着生细密的斑点。虫卵为椭圆形，孵化时又变为淡黄色。老熟幼虫乳白色或黄白色，体形弯曲有皱褶，黑褐色口器，体躯各节排列一行丛生的细刚毛。蛹为裸蛹。刚化蛹时呈乳白色，而后变为黄白色，头部上面两侧着生 1 对刚毛，头管基部两侧也着生 1 对刚毛，头管端部有横列刚毛 4 根，腹末生有深褐色的尾刺 1 对。

3. 生活习性 剪枝栎实象甲 1 年发生 1 代，以老熟幼虫在土中筑室越冬。在河南翌年 5 月中旬化蛹，6 月上旬成虫出土，8 月上旬开始羽化。成虫破土后稍停数小时之后就能取食，以幼嫩的橡实为营养，经取食补充体内营养后即行交配。一生发生交尾多次，交尾后 2~3 d 便可产卵，产卵时在未成熟的果实一侧咬 1 个小孔，然后把卵产进去。产卵期一般在每年 6 月下旬至 8 月下旬，每头雌虫通常产卵 20~30 粒。成虫白天四处活动，夜间静伏不动，有伪装假死习性。黄昏时分交配产卵比较活跃。卵经 5~8 d即可孵化为幼虫，幼虫一般在脱落的橡实中发育，在其内经过 2 次蜕皮，经 20 d 左右便发育成熟，咬破橡实而脱出。幼虫脱出后即钻入泥土中筑室越冬。

4. 防治方法

（1）消灭虫源。在成虫羽化产卵盛发期，每隔 10 d 收集一次落地的产卵橡实枝条，然后集中处理。

（2）药剂防治。在成虫羽化的早期、高发期和晚期，各喷洒 1 次 25%亚胺硫磷乳油 1 000 倍液，或 5%杀螟硫磷乳油 800 倍液，或 75%辛硫磷乳油 1 000~2 000 倍液。

第二节 柞树的病害及其防治

柞树病害根据为害部位主要分为柞树叶部病害、柞树枝干病害和柞树根部病害。为害柞叶的病害有柞树白粉病、褐斑病、锈病、褐粉病等，为害柞干的有柞树枯枝病、干枯病、干基腐朽病等，为害根部的有柞树幼苗根腐病、根朽病，为害橡实的有橡实僵干病等。

一、柞树叶部病害

（一）柞树白粉病

1. 主要分布与为害　柞树白粉病普遍发生于各个柞蚕区，对柞树的生长发育和柞蚕生产造成了严重的为害。白粉病菌侵染柞叶后，吸取柞叶内的营养，致使柞叶内叶绿素含量下降，柞叶的光合作用减弱，叶片发育逐渐停止，叶质老化硬化，柞叶形状改变，叶色变为褐色，局部或全部萎缩，呈半枯萎状或枝叶完全脱落。该病为害的主要是当年生幼枝，被病菌侵染的幼枝易遭受冻害。被害柞树一般枝叶短小，发育不良，柞叶含糖量减少。

2. 为害症状　受害初期，柞叶变化不明显，随着病情的进展，柞叶表面呈现白色霉状斑，并不断向整个叶片扩展，侵染整个叶片，如覆白粉。待秋季患病后期，粉被上出现肉眼观察到的白色小颗粒（病原菌的闭囊壳），在发育过程中，小颗粒由白色逐渐变为黄色，成熟后变黄褐色。

3. 病原菌　病原菌为子囊菌门锤舌菌纲白粉菌目白粉菌科白粉菌属，根据该菌发育周期的异同而分为有性世代和无性世代。无性世代营养菌丝无色透明，附着在寄主表面，生长出掌状侵入丝，吸胞，侵入寄主组织细胞而吸收营养。到后期，受环境条件影响，在菌丝体上形成闭囊壳，形状呈球形，成熟的闭囊壳生有子囊，子囊卵形，无色透明，每个子囊内生有数个椭圆形子囊孢子。

4. 侵染循环　病原菌以闭囊壳在柞叶上越冬。第 2 年 5 月上旬，在适宜的环境下，闭囊壳吸水膨胀破裂，释放出子囊和子囊孢子。子囊孢子开始着生，首次频繁寄主内部组织。子囊孢子吸收水分后长出掌状菌丝，菌丝紧贴在寄主表面，从侵染部位向四周扩散形成网状分枝。菌丝体长出突起的掌状附着胞，牢牢地把菌丝固定在柞叶表面。附着胞生出细长的侵入丝，渗透表皮侵入寄主叶内形成吸胞，汲取柞叶内的养分。当菌丝生长到某个阶段，菌丝体上垂直向上生出分生孢子梗，分生孢子进入成熟→分裂→增殖→侵染反复循环时期。9 月中旬以后，菌丝体上就形成了闭囊壳。

5. 发病规律

（1）发病时期。柞树白粉病在河南发生初期为 4 月下旬，终止期至 9 月中旬，6 月至 8 月下旬为盛发期。

（2）温湿条件。4 月下旬，当平均气温达到 10 ℃以上，降雨量适宜时，闭囊壳吸足水分开裂，释放出成熟的子囊和子囊孢子。子囊孢子在温度 20～25 ℃、相对湿度 65%环境条件下发芽着生菌丝。

（3）树种、树龄。该病发生因树种、树龄不同而异。一般情况下蒙古栎和槲栎发病较重，其次是波罗栎，而麻栎发病相对较轻；在同一树种中，1～3 年生的幼树及发芽后 1 月内的柔嫩柞叶病情严重。

（4）地势及肥培条件。地势较低、闷热窝风、灌木杂草茂密的柞园发病相对严重。在肥培管理上，病害常因低氮高钾而有所减轻，受磷元素影响小，而补充硼、硅、铜、锰等微量元素后病害能够减轻。

6. 防治方法

（1）人工防治。秋后清除病叶、病枝、集中焚毁，减少翌年初次侵染病原菌来源；通过剪除低侧枝，适当疏冠，改善柞园通风透光条件，可有效预防或减轻柞树白粉病发生。

（2）化学防治。在发病初期，使用 2%的硫酸钾或 5%的多硫化钡液，抑制病害发生；发病期选用硫黄粉或硫黄石灰粉(2∶1)喷洒柞叶，也可用硫化钾120倍液喷施叶面，用0.3~0.4波美度石硫合剂或5%的肥皂液进行叶面喷洒防治，效果比较显著。

（二）柞叶褐粉病

1. 主要分布与为害　柞叶褐粉病又称栎褐粉病、青冈栎褐粉病，主要发生于河南、四川、江苏、浙江、湖北、湖南、安徽等省。

2. 为害症状　柞叶背面着生栗褐色粉状小霉点，似煤污病，排列等密而不脱落。发病初期，柞叶背面出现小霉点并向四周扩散，有的多点相连，整个叶背覆盖一层褐色霉状物。后期霉层内潜生诸多暗褐色小颗粒，为病菌的闭囊壳。柞叶表面着生部位则显现出不规则枯斑。

3. 病原菌　病原菌为子囊菌门锤舌菌纲白粉菌目白粉菌科离壁壳属的赖氏离壁壳菌。菌丝体在叶背着生，初期为淡褐色，后期呈栗褐色。菌丝体布满黄褐色丛毛，丛毛硬实而弯曲，形状似月牙形或镰刀形。闭囊壳潜伏于毛丛中，暗褐色，呈椭圆形或球形，基部生有2~4根附属丝，双层囊壁，外层壁细胞呈褐色不规则多边形，内层壁由淡黄色规则的六角形细胞组成。内有子囊孢子数个，子囊孢子无色、椭圆形。

4. 防治方法　与柞树白粉病防治方法相同。

二、柞树枝干病害

（一）柞树枯枝病

1. 主要分布与为害　柞树枯枝病主要发生我国东北地区，而河南地区相对较少，重点为害柞树枝条，造成受害枝条枯死，减少柞叶产量，影响柞树长势。

2. 为害症状　受害的枝条会横生或斜生出椭圆形子囊盘，

子囊盘破裂后会释放出灰色粉末状子实层，子囊盘外部黄褐色。发病末期枝条皮层腐烂，枝条干枯。

3. 病原菌 病原菌为子囊目斑痣盘菌科弯壳菌属的栎弯壳菌，子囊盘呈长椭圆形。

4. 发病规律 病原菌为弱寄生菌，只对长势衰弱的柞树有侵染力。遇地势低洼、土壤贫瘠、干旱少雨等不良条件容易使柞树生长发育不良而诱发此病。人为机械因素导致柞树枝干创伤，枯死的树桩等有利于病原菌入侵而发生此病。

5. 防治方法

（1）加强柞园管理，改善柞树肥水条件，增强树势，认真做好树干害虫防治，减少枝条乱砍滥伐，避免枝干损伤而引起病原菌侵入，发生枝干病害。

（2）做好柞树剪伐，及时清除病枯枝，在柞树剪伐的创伤截面涂上波尔多液或石硫合剂，促使伤口愈合，防止病原菌入侵。

（二）柞树干基腐朽病

1. 主要分布与为害 柞树干基腐朽病重点发生在我国东北地区、内蒙古、西北地区和河南四部地区，主要为害阔叶栎，如柞树、栗树、桦树、柳树、杨树等，有时也为害针叶树，引起树木干基严重腐朽。该病多发生于老龄树木，致使树势衰弱退化，叶色变小发黄，严重时造成树木死亡。

2. 为害症状 柞树干基腐朽病的柞叶小而发黄，树干基部肉眼可见病菌子实体，菌盖扇形，无柄，似瓦状排列，呈鲜橙色或硫黄色。病株长势缓慢，干基部或主干腐烂，导致整株枯死。腐烂初期木质层浅黄色，有白色纹理线条，后期变为红褐色并沿年轮与射线方向破裂，破裂缝隙中会长出白色菌膜。

3. 病原菌 病原菌为担子菌门伞菌纲多孔菌目拟层孔菌科绚孔菌属的硫色绚孔菌，又称硫色干酪菌、硫黄多孔菌、硫色多孔菌、鸡蘑。子实体初如瘤状或脑髓状，随后长出无柄扇形菌盖，似扇贝壳状，在树干基部水平延伸，常多个似覆瓦状重叠排列，表面着生细小绒毛，有皱褶纹，边缘较薄，波浪状无环带。菌盖肉质，上表面鲜橙色，下表面硫黄色，菌肉浅黄色或乳白色。菌管细长，多孔，硫黄色，担子棒状，前端较宽，有数个锥状小梗。担孢子卵为球形，无色光滑，其中一端有小型突起。

4. 发病规律　病原菌由伤口、断枝、冻裂处侵染树干木质，引起干基腐烂枯朽，腐朽部位在树干距离地面 5 m 以下范围内，引起主干枯死而腐朽。病原菌还侵害已砍伐枯立木、伐根和原木，有时还侵害活立木的心材部分，造成活立木腐朽枯死。该病阴雨多的年份发病严重，地势较低窝水、通风不畅、郁闭度大的柞园柞树发病较重。

5. 防治方法

（1）精心管护柞园。养蚕用的柞园，定期对柞树进行合理修剪，养成的树型要通风透光，加强病虫害防治，促进柞树生长发育。

（2）从源头上控制病菌传播，及时清理病死株和病菌子实体，集中销毁处理，防止病原菌进一步扩散和蔓延。

（3）药物治疗病株。对病灶皮层清除干净，在发病部位涂抹 10 波美度石硫合剂进行消毒灭菌。

三、柞树根部病害

柞树幼苗根腐病

1. 主要分布与为害　柞树幼苗根腐病常发生于柞树幼苗生长期，引起柞树枯萎，根部腐烂，导致整株死亡。

2. 为害症状　病株根部表面密集分布一层菌丝体，菌丝为乳白色，有分枝，随后变为灰色。在侧根与主根相接部位有黑色菌核，在靠近土壤的幼茎上出现乳头状子实体。发病柞树由顶梢叶片开始发黄、脱落，紧接着枝条干枯，最后整株枯死。

3. 病原菌 病原菌为子囊菌门粪壳菌纲角菌目炭角菌科座坚壳属的栎座坚壳菌。菌丝体淡灰色或乳白色，密布于柞根表面，菌素羽纹状分布，并形成黑色球形的菌核。子囊壳球形，长有乳头状孔口，排列紧密，子囊圆柱形。子囊孢子棱形、褐色，单细胞，于子囊中排列成“1”形。

4. 发病规律 病原菌以病根上的菌核和菌素潜伏于土壤内，与柞树根部接触后，菌丝从根部表面皮孔入侵，可渗透到根部组织深处。子囊孢子也可侵染幼苗，但在病害发生与传播环节所起作用较小。气候温暖潮湿有利于该病发生，而干燥寒冷气候却不利于该病发展。

5. 防治方法

(1) 挑选没有发生过此病、土质条件较好、有利于排水的苗圃地培育柞树幼苗，尽量少施氮肥，多施复合肥。

(2) 剪除病株，刮除发病部位皮层，消毒处理伤口，对周围土壤采用20%石灰水浇注消毒。所使用工具用0.1%氮汞水溶液消毒。

(3) 严格开展异地苗木检疫工作，发现带病的苗木就地销毁，防止外来病菌侵染感染。

四、橡实病害

橡实病害重点是指橡实僵干病，现将此病的分布、病症、发病规律及防治方法介绍如下。

1. 主要分布与为害 橡实僵干病主要发生在我国陕西、甘肃、辽宁和吉林等省。自然情况下发病率为30%~50%，被害橡实发芽率低，对柞树育苗生产造成一定的影响。

2. 为害症状 橡实僵干病发生初期，果壳表面出现病斑，前期颜色稍浅，后期颜色加重，为灰色褐色，剥开果壳，可观察到子叶表面有橙黄色小斑，发病后期，子叶变黑，被浅灰色菌膜包被，全身布满菌丝，吸食子叶内的营养和水分，促使子叶干瘪，最终使橡实失去发芽能力。

3. 病原菌　病原菌为子囊菌门锤舌菌纲柔膜菌目核盘菌科杯盘菌属的橡实杯盘菌，又称橡实假核盘、栎杯盘菌。该菌只有菌丝体及子囊盘，无分生孢子。菌丝有分枝，无色，表面有疣状突起，感病橡实中菌丝和子叶组织形成假菌核。吸水膨胀后的假菌核遇适宜温湿度，会渐生出小喇叭状子囊盘，然后着生排列整齐的子囊，子囊孢子成熟后，从子囊中释放出来，随风在空中传播。

4. 发病规律　橡实僵干病 1 年发生 1 次，通常在秋季发生。高温多湿条件易于本病发生，在 20 ℃温度下，病原菌入侵橡实后 2~6 周即可完全破坏子叶，并形成假菌核，橡实在贮存过程中，若有病果混入则成为侵染源。当橡实内含水量适宜，病菌则容易扩散。在春季橡实发芽之时，遇霜冻则有利于病菌感染，导致叶、根、幼芽变色、枯萎、死亡。

5. 防治方法　秋季橡实落地后要及时收集，淘汰去除病果、虫伤果。在贮存橡实前，先把橡果晒干，其含水量保持 30%~40%，再掺入一些细沙贮存。

第十三章　柞蚕业资源的综合利用技术

近年来，随着科学技术的迅猛发展和人们生活水平的不断提高，柞蚕作为河南省一项古老的传统产业，除了养蚕缫丝织绸之外，柞蚕的各个变态在食用、药用、保健等方面的应用越来越广泛，形成了柞蚕多元化开发利用的格局。

第一节　柞树其他资源综合利用

一、柞园剪伐枝干栽培灵芝技术

（一）原料的选择

河南省是全国典型的一化性柞蚕放养的主产区，每年可利用柞园面积有 20 万 hm^2 以上，剪伐下来的枝干有上百万吨。这些粗壮的枝干是仿野生原木栽培灵芝的优质原料，其中有些直径达 3 cm 以上，选用其材料栽培灵芝，不仅能变废为宝，增加山区农民的经济收入，又能带动灵芝药材种植产业，积极拓展柞蚕产业多元化发展空间，从而提升整个产业链的综合效益，从根本上实现河南省柞蚕副产物的综合利用和多元化的可持续发展。

（二）菌种的选择

灵芝品种挑选辽灵芝，由辽宁省农业科学院食用菌研究所提供。母种培育基为“棉花壳及花生壳复合培育基配方”，原种和栽培种培育基配方为木屑 75%、麦麸 23%、糖 1%、石膏粉 1%。将引进的母种按常规繁种技术要求制备原种和栽培种。

（三）主要技术要点

1. 原木灭菌　选用规格在 3 cm 以上麻栎、黑栎、槲栎等枝干截成 20 cm 左右短木，然后以 3~5 根短木扎成 1 捆装入 25 cm×40 cm×0. 05 cm 的聚丙烯塑料袋内，用高压灭菌锅灭菌，温度为 120~130 ℃，压力为 1. 3~1. 5 kg/cm^2（0. 13~0. 15 MPa），灭菌时间控制不少于 2 h。

2. 接种　按无菌操作技术规程进行，接种前对接种室进行全面彻底消毒。接种过程操作要求稳妥、精准、快速，接种的横截面力争均匀，分布合理，接种后要用手压实封袋，接种量要充足，保证菌丝正常生长并能在短时间内长透段木。一般一瓶菌种可持续接种 10 袋左右。

3. 发菌　接种后的原木袋应及时移入发菌室内的发菌架上发菌。发菌室内的温度保持在 20~22 ℃，注意保持室内卫生清洁，空气新鲜。发菌时，要经常观察原木菌丝生长情况，温度保持在 22 ℃，一般接种后 2~3 d 菌丝即可萌发，1 周后截面上便出现白色块状菌丝。随着菌丝的进一步生长扩散，其增殖时呼吸量也逐渐增大，当塑料袋内壁上出现露珠时，说明菌袋内的湿度饱和，要注意通风降温排湿，促使菌丝向内延伸。同时，若发现感染的杂菌袋应及时剔除。质量性能较好的原木标准：每捆原木连接紧密，不易剥离，表层覆盖着红褐色菌被，手压时富有弹性，木质部变为浅米黄色 。在发菌关键时期，应及时通风换气、排湿降温，有效地降低杂菌感染。当菌丝生长到 60 d 左右，原木横截面上出现黄褐色菌膜，劈开原木可见木质部呈黄色，此时可进行埋木处理。

4. 埋木　当地温回升到 13 ℃以上，河南省一般在 4 月上中旬开始利用晴好天气，把原木移栽到灵芝生长培育基地。若利用柞园周围小环境地带栽培，可因地制宜，直接在林下空地上挖坑埋木，上面覆土 3 cm 厚。若利用庭院空地栽培，则需作畦或作池埋木处理，四周埋设立柱，搭建支撑骨架，上盖草帘或扯黑网遮阴，保证有一定的散射光进入棚内即可。埋木时要先打开塑料袋拿出原木，按 5~7 cm 的间距埋入土中，上面覆土 3 cm 厚，轻轻压实土层，用清水喷洒均匀，使畦内或池内原木保持一定湿度。

5. 后期管理 灵芝后期管理比较容易，一般掌握温度 23~28 ℃，空气相对湿度 82%~90%。埋木后，经 20 d 左右便可出灵芝。子实体裸露时，上部为白色，基部呈褐色。当菌柄伸长一定程度后，遇适宜温度、湿度、光线条件便开始分化出菌盖，菌盖横向扩展。此阶段应做好子实体粘连管理工作，及时留强去弱、留大去小，发菌土层保持疏松湿润状态。当菌盖边缘不再生长，色圈由白色变淡黄色，逐渐加深呈红褐色时，即可成熟采收。

二、柞枝木屑栽培香菇技术

柞园中修剪的柞枝是柞蚕生产中数量最多的副产品，河南省每年修剪柞树时剩余的无用柞枝高达数百万吨，原材料资源潜力巨大，成本低廉，若将这些废弃的柞枝用于食用菌种植，可年生产 15 亿~20 亿袋香菇。柞枝木质部发达，营养丰富，取材便利。据试验测定表明，柞枝含粗蛋白 5.4%，纤维素 52%，木质素 18%，半纤维素 23%，灰分 1.6%。其中纤维素含量达 70%以上，是种植食用菌的上等原料。现将柞园修剪柞枝栽培食用菌袋料（香菇）技术要点总结如下。

（一）原材料栽培（袋料）的选择

栽培袋料采用冬季修剪柞园产生的无用柞枝，并把柞枝通过袋料香菇专用粉碎机加工成粗颗粒状（玉米粒大小）的粗木屑。

（二）菌种的挑选

栽培的香菇品种为河南省农业科学院食用菌研究所春栽中温早秋香菇品种。该品种具有立秋前后见菇，头茬、二茬产量好，单菇生产个大、柄粗短、菇肉厚实等特点，是种植香菇的主要品种之一。

（三）主要技术方法

1. 添加柞枝比例及配方　一个袋料香菇混合料的配方为柞枝木屑 1 kg、硬杂木屑 2 kg、麦麸 0. 25 kg、石膏粉 0. 01 g、营养素 6. 3 g。混合，用自动式拌料机搅拌均匀，含水量保持在50%～55%，用自动装袋机装袋。一人负责免割口薄膜内袋，一人负责套塑料外袋，一人负责用锁口机锁扣。每个菌袋装满填实后，外形大小为 18 cm×60 cm，每袋重量为 3. 25 kg 左右。

2. 灭菌　把装好的菌袋放入常压灭菌灶内，用常压蒸汽炉将蒸汽送入灶中，利用 6～8 h 将灶内温度升高到 100 ℃，保持 12～14 h 后冷却，然后出灭菌灶等待接种。

3. 接种　待菌袋温度冷却至 28 ℃以下，可在接种箱或接种室内按无菌操作技术规程接入香菇菌种，再套上套袋。

4. 发菌　接种后的菌袋移入培养室或培养棚内进行发菌。室温控制在 24～28 ℃，前期开始升温，中期保持温度，后期注意降温，同时要把菌袋散开堆放，严防堆积烧袋。随后进行脱袋、刺孔、割袋头、拉直外塑料袋，之后移入菇棚过夏。

5. 袋菇管理　春栽香菇必须在菇棚中过夏，刺宽大孔，7 d 左右可把菌袋放在出菇棚架上进行过夏。注意搭好草帘或遮阳网，防止棚内温度过高。一般在立秋前后，菌袋自然出菇，当香菇长到八成熟时即可采收。从开始出菇到翌年 4 月可出菇 4～5 批，每袋产鲜香菇 1. 3 kg 左右，每袋原材料成本可节约 0. 2～0. 3 元，产量和效益十分可观。利用修剪的柞枝作香菇袋料培养基可有效节约林木资源，是一种资源节约型、环境友好型生态发展模式。近年来，用柞枝粉碎代替食用菌栽培营养基，已成为栽培香菇、金针菇、平菇、黑木耳、灵芝、猴头菌、姬菇等多种食用菌生产中重要的培养基之一。柞枝因富含香菇生长需要的营养成分，不含有害油脂、松脂、苦味、臭味及其他异味，所以生产出的香菇品质优良、口感好、产量高。

三、袋料黑木耳高产栽培技术

（一）黑木耳生长发育的环境条件

1. 温度　黑木耳属中温型，发菌和出木耳温度在 20~25 ℃较为适宜。

2. 湿度　培养菌丝体时，环境湿度 55%~65%即可，出耳时要求环境湿度达 80%以上。培养料的湿度要偏大，以使后期出耳时水分充足，一般应达到 65%左右，可凭手感粗略测定，用手攥紧培养料，当指缝间出现水珠而不滴下即可。

3. 空气　黑木耳属于好气型菌类，菌丝生长和子实体生长发育时需要有新鲜的空气，以保证有充足的氧气来维持其正常代谢作用。必须注意每天通风换气 1~2 次，每次 30 min，以加快菌丝生长。

4. 光照　发菌时需要暗光，出耳时需要散射光（能达到看书的程度）；当菌丝发好要出耳时需要强光刺激，引导出耳。

5. pH 值　黑木耳菌丝生长适宜的 pH 值为 6~6.5，一般拌料时应使 pH 值达到 9.0 左右，经过灭菌后 pH 值自然降到 6~6.5。

（二）培养料的选用

选用不过夏不经雨淋的新稻草、剪伐柞枝锯末、玉米棒芯、棉籽壳，必须是没有发霉的新料。辅助原料有麦麸子、米糠、石膏粉、生石灰等。

（三）常用的几种配方

（1）杂木屑 78%、米糠 20%、蔗糖 1%、石膏粉 1%，料与水的比例为 1：（1.2~1.3）。

（2）阔叶杂木屑 78%、麦麸子 15%、豆粉 2%、生石灰 0.3%、石膏粉 0.2%，有条件者可加 20%~30%的棉籽壳。

（3）木屑 56.5%、玉米棒芯 30%、糠麸 16%、豆饼粉 2%、生石灰 0.5%、石膏粉 0.5%。

（四）拌料与装袋

拌料有 4 个要求，一要力求均匀，二要严格控制含水率，三要 pH 值适宜，四要杜绝污染源。拌料时先干拌、后湿拌，一定要拌匀，否则杀菌不彻底易感染杂菌。料拌后要闷 2~3 h，使水分均匀。装袋前再拌一拌，pH 值达到 9.0 左右即可装袋。栽植黑木耳的塑料袋为规格 17 cm×33 cm 的聚丙烯塑料袋，每袋装 500~600 g 的干料，由于料与水的比例为 1：（1.2~1.3），所以装完袋后称重应为 1.1~1.2 kg。装袋时先装袋容积的 1/3，将袋底撑起，装满后用木棍于袋中央扎眼（深度达总长的 4/5 即可），然后套上颈圈，塞上棉塞。装料后袋高为 16~17 cm。

（五）灭菌

装完袋需经过灭菌后才能接种黑木耳。目前常用土蒸锅灭菌，一次可灭菌 500~800 袋。一般保持 100 ℃ 10 h 以上，随着每锅料袋数量的增加，灭菌时间也随着延长。灭菌时锅内材料不能排列过密，以便蒸汽流动畅通，灭菌彻底。灭菌时间为 10~12 h。灭菌时要防止漏气，防止中途降温，防止烧焦料袋，防止灭菌死角，防止搬运时污染，从而使锅内温度达到需要的温度，以取得较好的灭菌效果。

（六）接种

接种室大小可根据接种量而定，一般每 5~6 m^2 可接种 1 万袋。有条件可设置 1 个冷却间，灭菌后的料袋在冷却间冷却到

35 ℃左右时即可接种。接种前 1~2 d 要对接种室消毒，具体方法：①将白灰在接种室内四处扬撒。②放置 5~6 堆硫黄和锯末混合物点燃熏 24 h。③按每立方米用甲醛 5~10 mL 和 5~7 g 高锰酸钾的比例混合放在容器内使其燃烧产生气体熏蒸 24 h，或按每 15 m^2 的房间用 0.75~1 kg 的福尔马林熏蒸杀菌一昼夜。

接种前，对镊子、接种钳等接种工具用 75%酒精擦拭后点燃消毒，操作人员要用肥皂洗手，并用 75%酒精擦拭。接种时将菌种弄成玉米粒大小，用镊子夹出，一手打开培养袋棉塞，一手将菌种放入袋内。一般在培养孔放 4~5 块，在袋上部周围放 4~5 块，然后用手在外面按一按，使菌种和培养料充分接触，便于萌发。最后塞上棉塞。

（七）菌丝体培养

接种前 10 d，要把菌床准备好，选择地势高燥、通风、排水良好的地方作为栽培场所，床宽 1.5~2 m，长度不限，床面低于地面 5 cm，床与床之间留有作业通道。菌床准备好后晒几天使之干燥，在床面上铺河沙 1~2 cm 厚，沙子上面铺上一层白灰，将培养袋一个挨一个排好，外面盖上草帘子。在发菌的前 20 d 主要是遮光、保湿，使温度达到 20~25 ℃。20 d 以后菌丝能长至菌袋的 1/3 左右，此时注意通风，检查是否感染杂菌。若发现袋内有黄、红、绿、青等颜色的斑块即为杂菌，较轻的可用福尔马林液注射患处，移到另室单独培养，仍会有一定产量。对污染严重，特别是有橘红色链孢霉时，要立即隔离，在远处深埋或烧毁，以免蔓延和污染环境。无杂菌的集中管理，大约 50 d 以后能发好菌，其表现是洁白的菌丝长满菌袋，菌料表面出现黄色水珠或黑色水珠。

（八）出耳期管理

重新调整床面，将菌袋取走，把床面灌 1 次大水，发现有虫时，可喷 1 次药。待水渗入后，将菌袋口沿颈圈下部剪掉，然后倒置于床面上，袋与袋之间应留有空隙。间隔 5~6 cm 割口引耳（用锋利的刮脸刀片在袋中部周围将耳料割一下）。一般 1 袋从上到下可割 3 行，每行 10~12 个，口呈“V”字形，3 行的剖口应呈“品”字形。“V”形口规格约 1.5 厘米见方。结合开口增加光照，刺激出耳。管理上湿度应达到 80%~85%，在外面盖上草帘子，当湿度不够时可用喷雾器往草帘子上喷水保湿，必要时外面再覆上一层塑料薄膜。大约 10 d 左右，黑木耳原基即全部形成。

（九）采收

当黑木耳长至八成熟时（耳片没有完全展开时）采收，采收前 2~3 d 停止喷水，加强通风换气，让耳片表面水分蒸干，采收时不易破壁，采收时一次摘净。否则留下的耳根极易碰伤导致腐败发霉，影响下一次出耳。采完后停浇水 7 d，可以暗光培养，促使继续出耳。一般可收获 3 茬，每茬间隔 20 d，头茬产量占 50%。

刚采下的新鲜木耳含水量很大，重量为干品的 10~15 倍，应及时进行加工。采下的木耳要修剪耳根、晾干，最好是阴干。遇上阴雨天气，则必须烘干，一般用自制的简易木制烘箱，下放 1 000~1 500 W 电炉，在距电炉 30 cm 处放铁丝网，每层相距 15 cm，箱内分 5~6 层，铁丝网置于各层的架上，箱上端设有通风管，排除烘干时放出的湿气。开始烘干时，温度不要超出 45 ℃，以防烤焦或自融，经过 24 h 即可烘干。加工后的木耳放在塑料袋内或箱子里封存。

干制好的黑木耳变得硬脆，容易吸湿回潮，应当妥善贮藏，防止变质或被害虫蛀食造成损失。贮藏多使用无毒的双层聚乙烯塑料袋包装密封，存放在干燥、通风、洁净的库房里。木耳在仓库内贮藏期间，为防止害虫蛀食，可用二硫化碳熏蒸，即把少量二硫化碳装入玻璃瓶内，用松软的棉塞塞住瓶口，把药瓶放在仓库中，使药气缓慢散失，既可熏蒸防虫同时又可保持黑木耳干燥不受潮。要定期进行抽查，若发现受潮变质或虫蛀时，应及时进行干燥处理和虫害清除。

四、柞树轮伐枝干栽培天麻技术

柞园轮伐的柞树枝干可用于人工栽培天麻，但因柞树种类不同、径级粗细不等，栽培年限长短也有差异。如蒙古栎树的径级为3.5~4.5 cm，利用其段木可以栽培2年，第1年、第2年的重量产出比分别为1∶13和1∶11；利用槲柞段木可以栽培2年，但第2年因段木营养成分损耗较大，其产量有所下降；尖柞只能栽培1年。径级以4.5 cm以上为最好，可连续栽培2年，第1年、第2年的重量产出比分别为1∶13和1∶11.4；径级在3.5~4.5 cm，第2年营养开始匮乏；径级在3.5 cm以下的只能栽培1年。蜜环菌对不同柞树小径木均能寄生，其菌索覆盖率以槲柞最好，高达10.2%。柞树轮伐枝干栽培天麻技术要点如下。

（一）菌材制备

菌材的培养方法有两种，一是利用柞枝接种培养，二是直接用优质菌棒培养。首先将柞树枝干截成60 cm长的木段，砍出鱼鳞口接种，然后在柞园内或有遮阴条件的庭院内做畦培养。畦宽60 cm、深30 cm，长度自定。菌棒培养，菌棒拌菌材，覆土20 cm。菌材培养过程中湿度要大，高温期间要注意遮阴。

（二）栽培形式

柞园内开挖鱼鳞坑栽和庭院畦栽。

（三）场地选择

柞园中鱼鳞坑栽应选择腐殖质土层厚、无石头、遮阴好的场所；庭院畦栽应选择土壤疏松、排水良好、坡度角在10°~15°的地方。

（四）栽培时间

每年 3~4 月，土壤化冻后即可栽培。栽培时间早，产量高。

（五）栽培方法

1. 柞园鱼鳞坑栽　柞园鱼鳞坑栽培天麻，方法简便。利用柞树自然遮阴，高温季节坑内温度在 30 ℃以下，雨季可做到坑内不积水，从而保证天麻正常生长发育。产量稳定，效果显著，投种与产品重量产出比可达 1∶8.5 以上。具体方法：在距离柞树基部约 50 cm 处，挖 60 cm×60 cm×15 cm 规格的鱼鳞坑，坑内摆放 2 层木棒。下层菌棒顺山坡摆放，将麻种栽培在菌棒一侧；上层木棒用于培养菌材。然后用柞园枯落物填满坑后覆土 15 cm。

2. 庭院畦栽　首先做畦。畦宽 60 cm，深 15~20 cm（地势涝浅作，地势旱深作），长度自定。畦与畦间留出 50 cm 宽的作业道。畦底平整后，铺 2~3 cm 厚的铁板沙，以利于渗水。畦内摆放 3 层木棒，呈“井”字形，间距 4~6 cm。上、下两层摆放新木棒，用于培养菌材或后期供给天麻营养；中间一层顺着畦的方向摆放菌棒，将麻种栽培在菌棒一侧，麻种距离 4~7 cm。栽完后用铁板沙填充料填实，上面覆土 20 cm。

3. 管理　天麻栽培后，随着气温的回升要注意遮阴。庭院栽培，可在作业道两侧种植高棵作物遮阴，防止强光直射而使温度过高。天麻最适生长温度为 20~25 ℃，超过 30 ℃蜜环菌停止生长。雨季应注意排水，防止畦内积水造成减产或绝收。

第二节　柞蚕蛹虫草人工培养技术

蛹虫草又名北虫草，是一种名贵的中药和滋补品，其所含虫草素、腺苷等活性成分，具有独特的药理和保健功效。开展蛹虫草的人工培养，一方面可防止滥挖野生冬虫夏草，保护生态环境；另一方面可解决虫草资源稀缺的问题，以蛹虫草替代天然虫草使用，可以产生显著的经济效益和社会效益。

一、蛹虫草栽培适期

蛹虫草是一种药用真菌，适宜在 20～30 ℃自然条件下栽培，炎热夏季和寒冷冬季不适宜真菌子实体生长。因此春、秋两季为蛹虫草栽培适期，一般安排春季 2～3 月和秋季 9 月为接种适期，此时温度适宜，子实体及子座生长粗壮饱满。

二、技术要点

该技术主要利用虫草属真菌培养虫草菌体的方法，将蛹虫草菌种利用穿刺接种的方法接种到柞蚕的活蛹中，利用适宜的温度、湿度促使虫草菌培养生长的人工栽培技术。一般把接种后的蚕蛹放在 22～25 ℃温度下避光培养，待菌丝长满柞蚕蛹体，采用室温 18～22 ℃，湿度 65%～70%，每天感受 12～14 h 光照时间，诱发子实体生长，待子座长至 3～5 cm 便可收获菌虫体。

蛹虫草人工栽培技术流程：

柞蚕蛹→消毒→洗涤→接种→采收→干制→包装

三、蛹虫草形态特征

柞蚕蛹虫草子实体生长直立不弯曲，每个蚕蛹长菌草 5 根左右，菌草颜色呈橘红或橘黄色，有芳香气味，放在嘴里细嚼略有腥味，放在水中则变为黄色。活性营养成分和药用功能与野生冬虫夏草非常接近，且虫草素等主要活性物质含量高于野生冬虫夏草。18 种游离氨基酸和 17 种酸解氨基酸分析结果相近，柞蚕蛹虫草内在成分质量指标符合最新版本国家食品安全食用菌标准，是一种食用和药用价值较高的天然绿色保健药品和滋补营养食品。

四、产品市场前景

柞蚕蛹是纯天然绿色有机食品，利用柞蚕蛹培育的蛹虫草又是一种具有滋补作用的营养保健品，是国家卫生健康委员会批准的新资源食品。虫草素具有抗病毒、抑菌、抑制肿瘤生长的功效，与环磷酰胺协同作用，有降血糖的功能；腺苷经磷酸化生长腺苷酸，参与心肌能量代谢、对心血管系统和肌体组织有明显的生理促进作用。经常食用蛹虫草能滋阴补肾，强筋壮骨，增强人体免疫力，有利于预防恶性肿瘤和心血管疾病的发生，尤其对中老年人群，具有延年益寿、抗衰老的养生、医疗、保健等功效，其市场潜力巨大，前景极为广阔。

第三节　柞丝绵制作技术

一、手工柞丝绵的制作方法

制作柞丝绵的主要原料有蛾口茧、削口茧、双宫茧和响茧等。技术流程：一是在制作时，先除去杂物，然后把原料茧装入塑料袋或网袋内放入清水中浸泡 10 h 左右，中间换水翻动 1~2 次，沥水后冲洗污物。二是煮茧，用 0.5%~1.0% 碱溶液，即 100 kg 水加入白碱 0.5~1.0 kg，加热煮沸 30 min，其间要翻动茧袋 2~3 次，若内外茧层均已蓬松即可把茧袋捞出沥水，然后放入清水中待拉。三是漂除杂质并拉片，将煮过的蚕茧倒入盛有清水的大盆中，漂除茧内杂质，并用手拉扯蚕茧，把蚕茧拉扯成薄绵片。四是叠合、拉绵，将 6~8 片叠合的小块绵片放入水中漂洗除杂，纵横撕拉后，先套在竹制或木制小弓上制作 1 小块丝绵片（小弓绵）。重复上述操作流程，然后再将 6 块重叠的丝绵片套入大型竹制或木制弓上，制作成厚薄均匀、平整光滑、富有弹性及张力的手工大丝绵片（大弓绵），晒干后装入网袋。五是漂洗、干燥。将网袋内丝绵片放入离心机内脱水，再放入漂洗池内漂洗，取出漂洗后的丝绵片进行烘干或直接在阳光下晒干，把干燥的丝绵片整理打包，放入仓库贮存或直接进行线上（线下）销售。

二、机制丝绵的制作方法

1. 选料 一般选用缫丝过程选剩的畸形茧、次下茧、蛹衬等下脚料为原料，采用丝绵机械设备进行生产加工制作而成。该工艺技法简便易行、省工省力、生产效率高，可进行大批量生产，加工的丝绵松软、柔韧、舒适，呈洁白色网状特性机制丝绵片。

2. 开片 将去除杂质的原料茧送入到开绵机中，通过滚筒的高速转动，就会将热碱水浸泡蚕茧的丝纤维吸附到顺时针转动的滚筒外壁表面。随着滚筒不停地高速运转，蚕茧的丝纤维不断地被剥离并缠绕在滚筒外壁表面，形成交互接续网络状丝绵片。而蚕蛹因丝纤维的剥离而通过机下槽口流出。

3. 脱水 将缠绕在滚筒上面的湿润丝绵片用切割刀取下，然后放入高速离心机中脱水。

4. 精炼 把脱水后的丝绵片网袋，放入蒸汽桶内脱胶，脱胶液中加入 0.5%硅酸钠（泡花碱），1.0%～2.5%过氧化氢，0.2%食用碱，添加适量的亮光剂、柔软剂等，脱胶 1 h 后拿出丝绵片。

5. 漂洗、烘干 把精炼后的袋装丝绵片，移到离心机中脱水，再放入漂洗桶中漂白清洗，然后用烘干机烘干或利用阳光晒干，整理打包并存放。

三、柞蚕丝被的加工制作

柞蚕丝被是指填充物含量在50%以上的柞蚕丝类被胚产品，填充物含量为100%蚕丝的称为纯真柞蚕丝被，填充物含量在50%以下蚕丝的称为混纺蚕丝被。柞蚕丝被根据柞蚕丝含量多少、做工精细程度、蚕丝质量优劣等因素可分为优良产品、一等产品和合格产品3个等级。

1. 原料提供　加工柞蚕丝被的丝绵纤维按蚕丝长度可分为长丝绵、中丝绵和短丝绵纤维3种类型。以完整的蚕茧为原料加工的丝绵一般为长丝绵，利用削口茧、缫丝下脚料加工的丝绵为中长丝绵，而经过梳绵工艺或绢纺下脚料加工的丝绵则为短丝绵。丝绵中蚕丝纤维的长度会直接影响柞蚕丝被的耐用性、保暖性、舒适性。

2. 被胎外套　直接包裹固定填充物的被套，可选用2 m×2. 3 m或2. 3 m×2. 3 m纯棉或涤棉布料制成。

3. 丝绵被胎加工　采用经纬层叠交错的立体拽拉方法制作而成，在制作时要使上下左右丝绵有序向四周伸展，丝胎表面平整、光滑、均匀呈网孔状，确保丝绵被轻柔、蓬松、保暖、透气、绝缘。

4. 绗缝　将手工绵片或精梳绵片制成2 m×2. 3 m或2. 3 m×2. 3 m丝绵被装到纯棉或涤棉外套里，并在绗缝支架上固定，然后选择精美的绗缝图案，采用电脑编程人工操作的方式进行绗缝制作，将做好的柞蚕丝被装入精美的包装袋或高档皮箱中，制成高质量、高档次的蚕丝被商品。

第四节　柞蚕手缫丝的制作工艺

柞蚕手缫丝系河南先民采用木制缫丝车进行手工缫制柞蚕丝的方法。一般手工缫丝方法分为水缫丝和干缫丝两种，用于水缫丝的原料是新鲜柞蚕茧及其烘干茧，用于干缫丝的原料是蛾口茧、薄皮茧和响茧等。水缫丝的质量明显好于干缫丝。

一、柞蚕水丝制作的工具和技法

（一）水缫丝的工具

水缫丝的主要生产工具是木制水缫车。使用这种缫丝车，可以坐在缫车旁边板凳上进行作业。木制缫丝车由框架、缫水锅、导丝架和丝框等部件构成。缫车长 130 cm，宽 62 cm，右腿高 107 cm，左腿高 95 cm。缫车的右端放丝框，左端安装缫丝锅。缫丝锅呈椭圆形（长径 55 cm，短径 45 cm，平底，深 15 cm）或圆形（直径 50 cm，平底，深 15 cm）。专门用砖、泥砌成的灶台用于盛放缫丝锅。导丝架安装在缆车的后边框上。导丝架高 73 cm，装备鼓轮和集绪器。丝框为木制品，六棱形。每部缫丝车配备 2~3 个丝框。丝框有 6 个框背，其中 5 个框背固定在中轴上，另一个框背能够活动，便于拆卸。丝框周长 150 cm，直径 53 cm。框背为三角形长木板，选用坚实的木料（如栎木或枣木）制造，长 45 cm。丝框中轴为圆柱状，直径 8 cm，长 50 cm。中轴两端安装铁制运转轴，其中一端运转轴呈拐状。中轴的中部刻凿长方形榫眼，上口为 13 cm×2. 2 cm，下口为 10. 7 cm×2. 2 cm。中轴榫眼是为装卸活动型框背而设置的。

（二）水缫丝的技法

1. 选茧　若缫制上等水丝，需要选择茧形端正、大小均匀、茧层厚薄一致、茧色纯正的鲜活蚕茧，剔除下等的劣质茧。若缫制普通水丝，选茧工作不用过细，标准不用过严，仅剔除同宫茧、油烂茧、蛾口茧和虫伤鼠咬茧。死蛹茧可另行缫丝。

2. 煮茧　待丝锅水温接近沸点时，将柞蚕茧放入缫丝锅中，搅拌均匀，使茧层完全湿润，然后用笊篱轻翻 5~6 次。此时，要保持温火，煮茧 1.5~2 h，随时抽查茧层解舒情况。待茧色由褐变青、茧形由扁复圆、茧层蓬松软化、有大多数的竖立茧并可以取得正绪时，再添加一定量的冷清水，同时火势稍减，保持 1 h 左右，再将水温升高，即可进行水缫丝作业。

3. 缫丝　柞茧煮好后，还需要取绪、集绪和做鞘。取绪，俗称剥茧。将煮熟的柞蚕茧置于空盆中，从中拿出 1 粒茧，自茧的下端向茧柄端剥去茧衣，理出顺绪，分批移入缫丝锅，并把茧绪置于丝锅边沿，以备随时添绪。在缫丝锅内一般放茧 200 粒左右。集绪，是集中数粒蚕茧的顺绪（如七八条顺绪），将其合并为一条生丝，扯断丝条先端的乱丝，从下向上穿过集绪器的磁丝眼。做鞘，将穿过磁眼的丝条先端提起来，由内向外绕过第二鼓轮，继续下行，由外向内绕过第一鼓轮，再上行至 1/3 处，与穿过磁眼的丝条相交，遂用右手拇食两指搓捻，使两条生丝相互缠绕 15~20 绞，牵引丝端，绕过第 3 鼓轮，穿入移丝钩，抵达丝框，把丝条拴在框背上。完成上述工序，再促使丝框旋转，缫水丝的初始工作已正式启动，水温宜保持在 95 ℃左右。

在缫丝过程中，为使丝条匀整，当发现茧粒落绪或内外层丝绪（内层丝细，外层丝粗）配合不当时，需要立即添绪或摘绪。添绪方法：用右手取茧粒的正绪，在食指外留 3 cm 绪头，移至集绪器下，迅速抛向上行丝的中央，被添的丝绪随即附着而上。添绪数量，要求一次只添 1 绪。在丝锅热水中取绪，可用取绪帚（通常选用高粱带穗秸）。摘绪方法：以右手中指、食指引取欲摘之丝绪，于集绪器下 1.5 cm 处，拇指按压丝缕于食指、中指之间，则丝缕自断。因丝尾甚短，随即通过磁眼，不发生螺旋类节。据调查，缫 150～200 粒柞蚕茧，可形成一个宽 7 cm、厚 1 cm、周长 150 cm 的丝片，丝片重 50 g 左右。一个丝框可存放 4～5个丝片。

4. 丝片的整理与保管 为防止丝缕紊乱或返潮霉变，对缫制的丝片，还要进行晾丝、留绪、编丝、卸丝和绞丝等工序的处理，之后妥善保管。

（1）晾丝。将缠满丝框的丝片从缫丝车上卸下，放在室外晾干，遇阴雨天应放置在室内晾干。

（2）留绪。取晾干的丝框，就地留绪编丝。编丝前，先找出表里 2 个绪头，合并施捻，留于框背间隔 1/4 处，然后用带有白棉线的编针从丝片中间穿入，将表里丝绪与白线缠绕在一起，结扎于丝片右边，结端线长留 0.6 cm。

（3）编丝。用带有白棉线的编针，在两框背之间的丝片上编丝，把丝片编成 4 股，棉线结应留在丝片的右边。

（4）卸丝。拔掉丝框中轴榫眼上的木楔，收缩丝框的活动框背，依次卸下丝片。

（5）绞丝。将丝片一端固定在绞丝钩上，另一端插入 1 个细木棒，右手中指、食指向下拉紧木棒，左手整理丝片，然后右手向右方旋转，连续旋转数次，折转已上绞的丝片，使丝绞扭结在一起，抽出木棒，将一端绞丝头包于另一端绞丝头的丝片内。

（6）贮放。针对农户小批量生产的生丝，可免除搁丝和包装两道工序，直接贮存，直至售出为止。大批量生丝存放时，应选地势干燥的地方，还要做好虫、鼠伤害及灰尘污染防护工作。

二、柞蚕干丝制作的工具和方法

（一）缫干丝的工具

缫干丝的工具为木制干缫车。干缫车的构造及形状和水缫车相似，仅仅是框架略小一些。一般干缫车长 120 cm，宽 50 cm，高 80 cm。干缫车的左端为木板制的缫茧台，右端安装丝框。若利用水缫车缫干丝，则可撤去缫丝锅，在灶台上放一块木质或石质的板材。

（二）缫干丝的技法

1. 选茧　选择大小、厚薄一致的蛾口茧、薄皮茧或油烂茧为缫干丝的原料。不同蚕茧要严格区分，然后分类缫丝。严格淘汰被虫蛀伤、鼠咬伤蚕茧及被尖锐利器戳伤丝缕的劣质蚕茧。

2. 蒸茧　用于缫干丝的原料茧，需要通过高温方法进行脱胶处理。高温处理的方法有熏蒸法和喷蒸法两种。缫丝作业的人员可根据实际情况任意选择其中一种。

（1）熏蒸法。将蚕茧放入塑料盆（或瓷缸）内，在蚕茧上面放上 1 个竹编盖（或荆编盖），在盖子上面放置 1 块大石头或水泥砖。取 4%的热碱水倒入盆中（千粒蛾口茧需要白碱 120 g 左右；倒入碱水量，以淹没蚕茧为宜），浸润 12 h 左右（夏季浸茧 6~8 h，冬季 18~20 h，春秋 12~14 h），然后将蛾口茧置入蒸锅笼屉内，加火熏蒸 1.5 h。蒸好的蚕茧，需用清水冲去碱性物质和污渍。冲茧方法：在蚕茧上面盖一条麻袋（或粗棉布），均匀洒水，待茧温下降后，再把茧内的水分脱去。

（2）喷蒸法。取千粒蛾口茧放入笼屉内，然后用 1%碱水 12 kg 均匀地喷洒于茧壳上（俗称冲茧），喷洒至茧层全部湿润，再盖上一条麻袋，继续用热碱水喷茧，反复喷洒 4~5 次，茧层逐渐蓬松软化，可以从茧壳上理出丝绪。这时，把锅中碱水倒掉，更换清水，放好笼屉，加盖密封后升火蒸茧 70~90 min。蒸茧的火势不可太旺，谨防蚕茧浸水，出现破头茧。蚕茧蒸熟后，移出蒸笼，上覆麻袋，用清水反复冲洗数次，以挤压脱水的方式除去茧内的碱质和污浊的废液。

3. 缫丝技法　缫干丝的方法与缫水丝大致相同。缫干丝省去用水环节，仅将蛾口茧放在干缫车的木板或石板茧台上作业即可。添绪只需用捻添法。

第五节　手工柞丝绸的制作工艺

手工柞丝绸是河南省独具特色的丝织工艺品，其织作方法是选用手工柞丝为原料，利用古老传统工艺技法，经多道工序精心织作而成，主要的品种有一六绸、二六绸、二八绸等十几个，均为平纹结构。其传统的丝织技艺至今仍在河南省鲁山、南召、镇平等县得到广泛传承与发展。

一、选配丝

手工柞丝绸的原料为手工柞丝。因手工柞丝来源和选料不同，丝条粗细和丝缕颜色深浅各异，故于牵经打纬前，要认真选丝和配丝。选丝，将绞状原料丝（简称绞丝）排列在 1 个平面上，采用目测、手触的方法进行初选；再从中抽出部分绞丝，打开丝绞挂于丝架上，认真观察比较，根据丝条的粗细、颜色的深浅进行合理搭配，确定其功能及用途。选留的上等丝，可直接用于织绸的经纬；柞干丝和部分有疵点的水丝，则需要另行加工处理，而进行后续利用。配丝，根据绸面经纬的要求，把选留的生丝搭配成 33-38D、40-44D、55-65D 或 65-70D 的丝缕。一般单经需要双纬，双经需要三纬。配丝时，将粗丝与细丝搭配，深色丝与浅色丝搭配。确保所织绸面厚薄一致，颜色纯净，绸缎密实。

二、疵丝处理

柞干丝、硬背丝、污丝和抱合差的水缫攘丝，需要分别处理。

（一）柞干丝和水缫攘丝的处理

这两种丝的处理办法是浆丝。

1. 浆丝工具 浆丝工具有浆杆、抖棍、瓷缸、塑料盆等。

2. 豆浆制作 将黄豆投入清水盆浸泡1夜，用一般豆浆机或精制破壁机粉碎。一般的豆浆机要用滤网除去豆渣，把豆浆加水稀释后放入锅内煮沸，倒出放凉。在豆浆熬制降温期间，要用细棒不停地搅动浆液，确保浆液冷却不凝结。

3. 浆丝方法 将绞丝松开，置入清水中浸泡。待绞丝完全浸润后，从水中取出，轻轻拧去水分。如此反复操作数次，脱去丝缕上的碱性物质。将漂洗过的绞丝放入浆液中浸泡，轻揉慢搓绞丝，使浆液浸渍均匀，而后取出绞丝，拧去多余浆液，略展丝片上的丝绞，穿挂于浆杆上。待丝片晾至半干发黏时，在丝片下端插入抖棍，双手把持抖棍两端，用力向下抖丝。抖丝操作反复进行，直至丝片干燥为止。上浆后胶结的丝条，随着丝条抖动及重力作用，丝条下垂，丝缕自动分开。

（二）硬背丝的处理

在丝框背角处的丝条，如果胶结过于紧实，而不便于丝缕分解，可用温水浸泡丝片的胶结处，待丝缕浸润后即可自行分离。

（三）污丝的处理

油腻或脏物污染的丝片，丝质的亮度有可能受到影响，可用肥皂水或洗衣液除去污物。

三、络丝

将绞丝缠绕于小型丝篗上，以利牵经和打纬，这种工序流程称为络丝。

（一）络丝工具

络丝工具有络丝架、络床、挑丝杆等。挑丝杆的底座用铁钉钉在络丝人员身后的墙壁上。

（二）络丝方法

将丝篗安装于络线轴上，打开绞丝套在络架中部，取丝头穿过丝圈，缚于篗背。完成以上准备工作之后，右手拉络绳，使丝篗旋转，左手掌握丝条的走势，促使丝条全部缠绕于丝篗上。

四、牵经

按照柞丝绸制作的标准要求，将小丝篗上的生丝牵挂于特制的工具牵耙上，使之成为前后有序的经丝。一般每轴经丝可供织绸数匹。

（一）牵经工具

牵经工具有牵架、牵耙（分左右两个）和制绞弓等。

（二）牵经场地布置

选洁净宽敞的平地为牵经场所。在场地前方搭牵架，后方放置牵耙。左右两牵耙相距 6.5 m（按牵耙中线计算）。在牵耙下脚之横梁上压砖石，以固定牵耙。

（三）牵经方法

1. 牵经挂柱　在牵架下面放置 40 个丝篗，分别取丝头穿过牵架上的丝圈和制绞弓的磁眼，将丝条汇集一处，挽一丝结，牵向左牵耙，把丝结挂在前排第 3 铁柱上。接着左手握制绞弓，右手握丝束，向右牵引，经前排第 2 和第 1 柱，再向右拐牵至右牵耙，挂丝于第 1 柱，再牵丝返回，挂丝于左牵耙中排第 1 柱，此后左右轮回，按 1、2、3，…，20 的顺序挂柱。牵丝至左牵耙末柱时，制小绞；牵丝至左牵耙前排铁柱，制大绞。此后再继续进行第 2 回牵丝挂柱工作。前后牵丝 71 回（二六绸），计 2 840 根丝。另牵蓝色边线丝 60 根。

2. 制绞　为形成上下 2 排经丝，于每回牵丝至左牵耙末柱时制小绞。制小绞方法：左手握制绞弓，右手拇指和食指将邻近的丝条拨开，分别制成“X”字形的丝绞，套在左牵耙后排和中排末柱上。为了计数和刷丝方便，每回牵丝至左牵耙前排铁柱时（在制小绞之后）再制大绞。制大绞方法：牵丝至前排铁柱，绕过第4柱，沿第3柱内侧和第2柱外侧前行；第二回牵丝制绞时再沿第3柱外侧和第2柱内侧前行。此后交替绕柱，即成大绞。

3. 结扎丝绞　牵丝达到定量时，随即使用白棉线结扎小绞，以保持小绞的形态和前后丝条的顺序。大丝绞也按前后次序结扎好。然后从前排第4和第3柱间截断丝束。

五、刷经

刷经的主要功能有两项：一是把牵好的经丝按顺序卷缩在经轴上，二是在经丝上涂一层浆料，借以保护丝缕，以此减少接绪次数，防止在织绸过程中出现断头。

（一）刷经用具

刷经用具有经框架（俗称卧或托）、支经轴架、经框、经刷、大绞杆、过绞板和杼等。

（二）刷经场地选择

通常选用开阔平坦、干净整洁、背风向阳的地方作为刷经的场所。在场地左端放置1个经框架，取砖石压在腿部横梁上。在场地右端放置1个支经轴架，并用木楔、绳索固定好。

（三）淀粉浆调配

取精制面粉，加适量水搅拌均匀，倒入热水锅内调成稀释浆液，用滤网过滤，再添加少量小磨油（1满盆浆液加1匙油），搅拌调和成均匀的稀释液，待冷却后使用。制浆液时要不停地搅拌，避免出现调配不匀的现象。

（四）经丝梳理

按大绞顺序将丝头绑在框背上，经丝缠于经框，放下压框杆（俗称卧盖），并在上面压重石，以固定经框中轴，此后解开小绞端的棉线，按顺序将同绞的2根丝穿入第1道杼（称定幅箝），拉出丝头，相继安放跟杼棍，再穿入第2道杼，插入过绞板和大绞杆，把丝头固定在卷经轴（俗称圣子）上。此后拉紧经框架，使经丝形成一个悬空的平面。

（五）刷经作业

刷经人员用经刷蘸好淀粉浆液，在两杼之间轻涂经丝，将上下左右的丝条分开，并配合杼、过绞板和大绞杆移动，依次展开涂经刷丝工作。待经丝干爽时，将已理顺的经丝卷绕在经轴上。然后按照上面的程序反复操作，至涂经刷丝工作完成为止。

六、打纬

将纬丝卷绕在纬管上，供装梭织绸用。

（一）打纬用具

打纬用具有打纬车、导丝架、润丝盆等。

（二）打纬技法

在打纬车的铁锭上安装纬管。索取两丝篗的丝头，相继穿过丝圈、润丝盆内卵石的小孔，在导丝架上制绞，而后引丝至纬管。右手转动纬车，左手拇指和食指轻捏丝条，将丝条缠于纬管。或将丝篗浸入温水盆中，待内外丝缕全部浸湿，再拿出来打纬。打纬前后均用湿布覆盖丝篗，以减少水分蒸发量。

七、织绸

手织柞丝绸，一般使用木织机。从20世纪60~70年代起，部分农户使用半自动化织机。木织机结构简单，造价低廉，适合一家一户使用。现将木织机织绸方法介绍如下。

（一）织绸用具

织绸用具有木织机和刮刀等。木织机由机床、机楼、拉梭框、机撞、综、卷经轴和卷布轴等部件构成。

（二）刮刀（亦称刮板）

呈圆形或月牙形，厚 2 mm，直径 10 cm，制刀材料以铜为优。

（三）穿综倒筘

按丝绞的顺序，在经丝中横插 2 根绞杆（更换刷经时的大绞杆），把经丝分为上下 2 层。然后，由 2 人相互配合，共同协作完成穿综倒筘工作。其中 1 人按丝绞排序有条不紊地侍弄经丝，另外 1 人按织物要求把经丝穿入综眼，再把同绞的两根丝合并穿入一孔杼齿。随后取数 10 根丝为 1 束，挽 1 个小结。

（四）经丝装机

穿综倒筘工序完成后，将经轴（圣子）移入织机，接着把综吊在开口摇臂上，把杼装入拉梭框中，再取挽过小结的丝头，分别与拴机头（也就是卷布轴上一小段丝绸）上的丝束连在一起。再将经丝拉紧，按织绸工艺标准灵活采取 2 综（或 4 综）开口的尺寸来调整经丝的力度。

（五）绸面织造

织绸时在木织机后腿下面放置数块砖头，前腿下方垫 1 块小砖，使机床稍向前倾斜。织绸人员坐在机床的横木上，两脚轮换踩踏脚板，促使经丝上下分离；右手拉动投梭绳，纬丝被流梭牵引；然后拉梭框在右手前后移动的情况下，纬丝被快速推移至织口，自动制成绸幅。在绸面织到 30 cm 长左右时，用剪子剪掉拴机头，把新织绸面固定在织机卷轴上，承上启下，继续织造。为了避免绸面向中间紧缩，用 2 根竹篾紧撑左右蓝绸边。绸面每织 10~15 cm，用毛刷蘸水浸湿绸面，并用小刀轻轻刮擦，保持绸面平整熨展。此后用摇机棒转动卷布轴，将绸面滚卷于轴上。所织一六绸幅长 17 m，一匹绸重 1.5 kg；织二六绸，幅长48 m，一匹绸重 4 kg 左右。

参考文献

[1] 秦利，李树英．中国柞蚕学［M］．北京：中国农业出版社，2017.

[2] 周怀民，胡则旺．柞蚕生产技术［M］．郑州：河南科学技术出版社，1995.

[3] 包志愿，周志栋．河南柞蚕业生态高效技术集成［M］．北京：中国水利水电出版社，2013.

[4] 程国辉，倪振田．柞蚕场轮伐小径木枝干栽培灵芝的研究［J］．北方蚕业，2003，24（2）：25–26.

[5] 宋喜云，董延宣．蚕蛹罐头的加工工艺研究［J］．中国蚕业，2004，25（3）：86–87.

[6] 田兰英，朱兴友，刘隽彦，等．柞蚕幼虫的营养成分研究［J］．北方蚕业，2011，32（4）：47–49.

[7] 陈贵攀，汪德宪，陈正余．桑枝混合料春季栽培香菇的试验初探［J］．北方蚕业，2011，32（4）：47–49.

[8] 范作卿，郑淑湘，邹德庆，等．蚕蛾的研究与开发利用现状［J］．北方蚕业，2005，26（4）：6–7.

[9] 赵春山，姜福林．柞蚕放养及综合利用技术［M］．北京：金盾出版社，2013.

[10] 邓真华，姜义仁，杨瑞生，等．应用 PCR 技术检测柞蚕微孢子虫［J］．蚕业科学，2010，36（2）：359–362.

[11] 姜义仁，宋佳，秦玉璘，等．柞蚕感染微孢子虫后血淋巴免疫应答蛋白质的分离与鉴定［J］．昆虫学报，2012，55（10）：1119–1131.

[12] 辽宁蚕业科学研究所．中国柞蚕［M］．沈阳：辽宁科学技术出版社，2003.

图1　麻栎

图2　黑栎

图3　胡栎

图4　中刈放拐树形

图5　塑料大棚坑床浴

图6　生态高效柞园

图 7　鲁红

图 8　河 13

图 9　伏牛山天蚕

图 10　河 33

图 11　白一化

图 12　胶蓝

图 13　蚕卵

图 14　柞蚕蛾

图 15　柞蚕蛹

图 16　柞蚕茧

图 17　埋木天麻

图 18　埋木灵芝

图 19　袋料香菇

图 20　袋料黑木耳

图 21　稚蚕保护育新技术

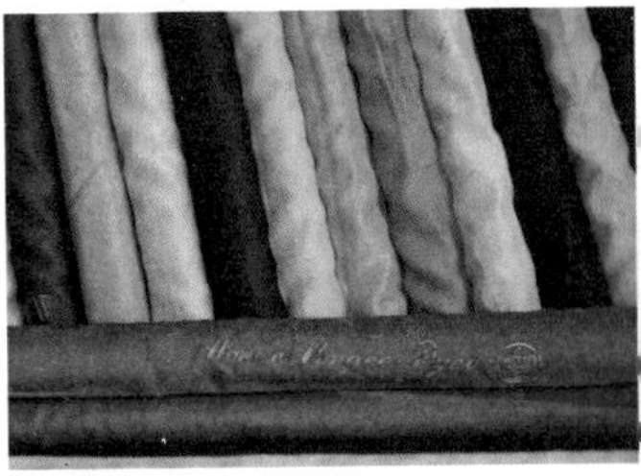

图 22　印染的柞丝绸

图 23　精美丝织品

图片 24　印染和天然柞丝